高等数学

下 册

敬晓龙　谢小凤　贾堰林　主　编
郑志静　王　璐　柴英明　黄　冉　副主编

重庆大学出版社

内容提要

本书共分为 6 章,内容包括空间解析几何与向量代数、多元函数微分法及其应用、重积分、曲线积分与曲面积分、无穷级数及微分方程等.以上各章之后配有一定数量的习题,书后附有习题参考答案.

本书可作为高等院校非数学专业类高等数学的教材,也可供工程技术人员参考.

图书在版编目(CIP)数据

高等数学.下册 / 敬晓龙,谢小凤,贾堰林主编.
—重庆:重庆大学出版社,2016.1(2020.12 重印)
ISBN 978-7-5624-9615-1

Ⅰ.①高… Ⅱ.①敬…②谢…③贾… Ⅲ.①高等数
学—高等学校—教材 Ⅳ.①O13

中国版本图书馆 CIP 数据核字(2016)第 005161 号

高等数学
下 册

敬晓龙 谢小凤 贾堰林 主 编
郑志静 王 璐 柴英明 黄 冉 副主编
责任编辑:李定群 版式设计:李定群
责任校对:关德强 责任印制:邱 瑶

*

重庆大学出版社出版发行
出版人:饶帮华
社址:重庆市沙坪坝区大学城西路 21 号
邮编:401331
电话:(023)88617190 88617185(中小学)
传真:(023)88617186 88617166
网址:http://www.cqup.com.cn
邮箱:fxk@ cqup.com.cn(营销中心)
全国新华书店经销
重庆市国丰印务有限责任公司印刷

*

开本:720mm×960mm 1/16 印张:20.75 字数:308 千
2016 年 1 月第 1 版 2020 年 12 月第 6 次印刷
ISBN 978-7-5624-9615-1 定价:45.00 元

前　言

　　高等数学是高等院校理工科专业的一门非常重要的公共基础课，它不仅为后继课程提供了大量的理论依据，而且对学生的抽象思维能力、逻辑推理能力、自主学习能力、创新能力等综合素质的培养起着极其重要的作用．随着科学技术的迅速发展，数学正日益渗透各行各业，已成为人们学习和研究专业知识的工具．此外，高等数学也是理工科院校硕士研究生入学考试的必考科目．因此，高等数学的学习，不仅关系学生本科期间、研究生期间的学习水平，还关系学生科学思维方法、解决问题能力以及个人文化素质修养的培养．

　　本书是以 TOPCARES-CDIO 教学理念为指导思想，结合各专业需求，充分吸收了编者们多年来的教学实践经验与教学改革成果所编写的一本教材．在编写过程中，首先，本书充分考虑了高等数学课程的特点，力求浅显易懂，适合学生自学；其次，在基本理论的叙述上重新调整了结构，使其更便于学生理解；最后，在习题的处理上，考虑了各个层次学生的不同需求，分别设计了基础题与提高题．本书可作为高等院校理工类各专业的本科教材，也可作为其他相关专业的教材或教学参考书．

　　本书主要为高等数学下册内容．其中，第 6 章由王璐编写，第 7 章由郑志静编写，第 8 章由贾堰林编写，第 9 章由谢小凤编写，第 10 章由敬晓龙编写，第 11 章由黄冉编写．最后由柴英明、蒙立、何曦统审．

　　由于编者水平有限，书中难免有不妥之处，敬请专家、读者批评指正．

编　者

2017 年 11 月

目　录

第6章 空间解析几何与向量代数

§6.1 向量及其线性运算

6.1.1 向量的概念

在现实生活中,我们会遇到很多量,其中一些量在取定单位后用一个实数就可表示出来,如长度、质量等. 还有一些量,如在物理中所学习的位移,是一个既有大小又有方向的量,这种量就是本章所要研究的向量. 向量是数学中的重要概念之一,向量和数一样也能进行运算,而且用向量的有关知识还能有效地解决数学、物理等学科中的很多问题,在这一章,我们将学习向量的概念、运算及其简单应用.

定义 既有大小,又有方向的量称为**向量**,也称**矢量**.

可将向量形象化地表示为带箭头的线段:箭头的指向,代表向量的方向;线段的长度,代表向量的大小,又称向量的模. 如图 6.1 所示,以 A 为起点、B 为终点的有向线段表示向量 $\overrightarrow{AB}$. 我们约定用黑体小写字母表示向量,如 $\boldsymbol{a} = \overrightarrow{AB}$;为了以示区别,书写时,在小写字母头上加上箭头来表示向量,如

图 6.1

$\vec{a} = \overrightarrow{AB}$. 当然,向量既可以是平面上的向量,也可以是空间中的向量,我们将在后面专门研究.

在学习过程中,同学们还会遇到以下的一些概念:

向量的模:向量的大小称为向量的模. 例如,向量 $\boldsymbol{a}, \vec{a}, \overrightarrow{AB}$ 的模分别记为

1

$|\boldsymbol{a}|,|\vec{a}|,|\overrightarrow{AB}|.$

单位向量:模等于 1 的向量称为单位向量.

零向量:模等于 0 的向量称为零向量,记作 $\boldsymbol{0}$ 或 $\vec{0}$. 零向量的起点与终点重合,它的方向可看成任意的.

向量的平行:两个非零向量如果它们的方向相同或相反,就称这两个向量平行. 向量 $\boldsymbol{a}$ 与 $\boldsymbol{b}$ 平行,记作 $\boldsymbol{a}\ /\!/\ \boldsymbol{b}$. 零向量认为是与任何向量都平行.

当两个平行向量的起点放在同一点时,它们的终点和公共的起点在一条直线上. 因此,两向量平行又称两向量共线. 类似还有共面的概念. 设有 $k(k \geqslant 3)$ 个向量,当把它们的起点放在同一点时,如果 k 个终点和公共起点在一个平面上,就称这 k 个向量共面.

数学上在研究向量时,并不关心向量的起点位置,只关心向量的大小和方向,称这种与起点无关的向量为自由向量. 因此,如果向量 $\boldsymbol{a}$ 和 $\boldsymbol{b}$ 的大小相等且方向相同,则说向量 $\boldsymbol{a}$ 和 $\boldsymbol{b}$ 是相等的,记为 $\boldsymbol{a} = \boldsymbol{b}$. 相等的向量经过平移后可以完全重合.

6.1.2　向量的线性运算

类似于普通的量,向量也可定义出一些基本的运算.

1) 向量的加减法

设有两个向量 $\boldsymbol{a}$ 与 $\boldsymbol{b}$,平移向量使 $\boldsymbol{b}$ 的起点与 $\boldsymbol{a}$ 的终点重合,此时从 $\boldsymbol{a}$ 的起点到 $\boldsymbol{b}$ 的终点的向量 $\boldsymbol{c}$ 称为向量 $\boldsymbol{a}$ 与 $\boldsymbol{b}$ 的和,记作 $\boldsymbol{a} + \boldsymbol{b}$,即 $\boldsymbol{c} = \boldsymbol{a} + \boldsymbol{b}$.

三角形法则:上述作出两向量之和的方法称为向量加法的三角形法则(见图 6.2(a)).

平行四边形法则:当向量 $\boldsymbol{a}$ 与 $\boldsymbol{b}$ 不平行时,平移向量使 $\boldsymbol{a}$ 与 $\boldsymbol{b}$ 的起点重合,以 $\boldsymbol{a},\boldsymbol{b}$ 为邻边作一平行四边形,从公共起点到对角的向量等于向量 $\boldsymbol{a}$ 与 $\boldsymbol{b}$ 的和 $\boldsymbol{a} + \boldsymbol{b}$(见图 6.2(b)).

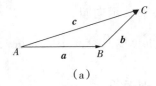
(a)

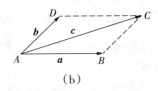
(b)

图 6.2

向量的加法的运算规律：

（1）交换律 $a + b = b + a$；

（2）结合律 $(a + b) + c = a + (b + c)$.

由于向量的加法符合交换律与结合律，故 n 个向量 $a_1, a_2, \cdots, a_n (n \geqslant 3)$ 相加可写成 $a_1 + a_2 + \cdots + a_n$，并按向量相加的三角形法则，可得 n 个向量相加的法则如下：使前一向量的终点作为次一向量的起点，相继作向量 $a_1, a_2, \cdots, a_n$，再以第一向量的起点为起点，最后一向量的终点为终点作一向量，这个向量即为所求的和.

设 a 为一向量，与 a 的模相同而方向相反的向量称为 a 的负向量，记为 $-a$.

我们规定两个向量 b 与 a 的差为 $b - a = b + (-a)$，即把向量 $-a$ 加到向量 b 上，便得 b 与 a 的差 $b - a$（见图 6.3）. 特别的，当 $b = a$ 时，有 $a - a = a + (-a) = 0$.

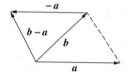 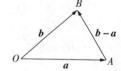

图 6.3

显然，任给向量 $\overrightarrow{AB}$ 及点 O，有 $\overrightarrow{AB} = \overrightarrow{AO} + \overrightarrow{OB} = \overrightarrow{OB} - \overrightarrow{OA}$. 因此，若把向量 a 与 b 移到同一起点 O，则从 a 的终点 A 向 b 的终点 B 所引向量 $\overrightarrow{AB}$ 便是向量 b 与 a 的差 $b - a$.

由三角形两边之和大于第三边的原理，有

$$|a + b| \leqslant |a| + |b| \quad \text{及} \quad |a - b| \leqslant |a| + |b|$$

其中，等号在 b 与 a 同向或反向时成立.

2）向量与数的乘法 λa

设 λ 是一个数，向量 a 与 λ 的乘积 λa 规定为：

（1）$\lambda > 0$ 时，λa 与 a 同向，$|\lambda a| = \lambda |a|$.

（2）$\lambda = 0$ 时，$\lambda a = 0$.

（3）$\lambda < 0$ 时，λa 与 a 反向，$|\lambda a| = |\lambda| |a|$.

其满足的运算规律有：结合律 $\lambda(\mu a) = \mu(\lambda a) = \lambda \mu a$、分配律 $(\lambda + \mu) a = \lambda a + \mu a$，$\lambda(a + b) = \lambda a + \lambda b$. 设 a^0 表示与非零向量 a 同方向的单位向量，则

$$a^0 = \frac{a}{|a|}$$

定理 设向量 $a \neq 0$，那么，向量 b 平行于 a 的充分必要条件是：存在唯一的实数 λ，使 $b = \lambda a$.

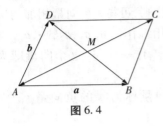

图6.4

例1 在平行四边形 $ABCD$ 中，设 $\overrightarrow{AB} = a$，$\overrightarrow{AD} = b$，试用 a 和 b 表示向量 $\overrightarrow{MA}$，$\overrightarrow{MB}$，$\overrightarrow{MC}$ 和 $\overrightarrow{MD}$，这里 M 是平行四边形对角线的交点（见图6.4）.

解 $a + b = \overrightarrow{AC} = 2\overrightarrow{AM}$

于是

$$\overrightarrow{MA} = -\frac{1}{2}(a + b)$$

由于 $\overrightarrow{MC} = -\overrightarrow{MA}$，于是

$$\overrightarrow{MC} = \frac{1}{2}(a + b)$$

又由于 $-a + b = \overrightarrow{BD} = 2\overrightarrow{MD}$，于是

$$\overrightarrow{MD} = \frac{1}{2}(b - a)$$

由于 $\overrightarrow{MB} = -\overrightarrow{MD}$，于是

$$\overrightarrow{MB} = -\frac{1}{2}(b - a)$$

6.1.3 空间直角坐标系及向量的坐标

在空间取定一点 O 和 3 个两两垂直的单位向量 i,j,k，就确定了 3 条都以 O 为原点的两两垂直的数轴，依次记为 x 轴（横轴）、y 轴（纵轴）、z 轴（竖轴），统称为坐标轴. 它们构成一个空间直角坐标系，称为 $Oxyz$ 坐标系（见图6.5）.

注意：

（1）通常 3 个数轴应具有相同的长度单位.

（2）通常把 x 轴和 y 轴配置在水平面上，而 z 轴则是铅垂线.

（3）数轴的正向通常符合右手规则.

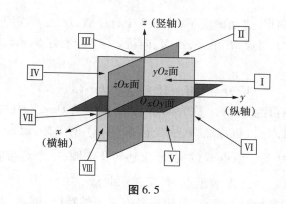

图 6.5

坐标面：

在空间直角坐标系中,任意两个坐标轴可以确定一个平面,这种平面称为坐标面. x 轴及 y 轴所确定的坐标面,称为 xOy 面,另两个坐标面是 yOz 面和 zOx 面.

卦限：

3 个坐标面把空间分成 8 个部分,每一部分称为卦限,含有 3 个正半轴的卦限称为第一卦限,它位于 xOy 面的上方. 在 xOy 面的上方,按逆时针方向排列着第二卦限、第三卦限和第四卦限. 在 xOy 面的下方,与第一卦限对应的是第五卦限,按逆时针方向还排列着第六卦限、第七卦限和第八卦限. 8 个卦限分别用字母 I,II,III,IV,V,VI,VII,VIII 表示.

向量的坐标分解式：

任给向量 $\boldsymbol{r}$,对应有点 M,使 $\overrightarrow{OM} = \boldsymbol{r}$,以 OM 为对角线、3 条坐标轴为棱作长方体(见图 6.6),有

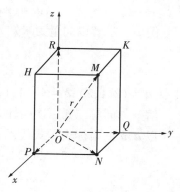

$$\boldsymbol{r} = \overrightarrow{OM} = \overrightarrow{OP} + \overrightarrow{PN} + \overrightarrow{NM} = \overrightarrow{OP} + \overrightarrow{OQ} + \overrightarrow{OR}$$

设 $\overrightarrow{OP} = x\boldsymbol{i}, \overrightarrow{OQ} = y\boldsymbol{j}, \overrightarrow{OR} = z\boldsymbol{k}$,则

$$\boldsymbol{r} = \overrightarrow{OM} = x\boldsymbol{i} + y\boldsymbol{j} + z\boldsymbol{k}$$

上式称为向量 $\boldsymbol{r}$ 的坐标分解式,$x\boldsymbol{i}, y\boldsymbol{j}, z\boldsymbol{k}$ 称为向量 $\boldsymbol{r}$ 沿 3 个坐标轴方向的分向量. 显然,给定向量 $\boldsymbol{r}$,就确定了点 M 及 $\overrightarrow{OP} = x\boldsymbol{i}, \overrightarrow{OQ} = y\boldsymbol{j}$,

图 6.6

$\overrightarrow{OR} = z\boldsymbol{k}$ 3 个分向量,进而确定了 x,y,z 3 个有序数;反之,给定 3 个有序数 x,y,z 也就确定了向量 $\boldsymbol{r}$ 与点 M. 于是,点 M、向量 $\boldsymbol{r}$ 与 3 个有序 x,y,z 之间有一一对应的关系

$$M \leftrightarrow \boldsymbol{r} = \overrightarrow{OM} = x\boldsymbol{i} + y\boldsymbol{j} + z\boldsymbol{k} \leftrightarrow (x,y,z)$$

据此,定义有序数 x,y,z 称为向量 $\boldsymbol{r}$(在坐标系 $Oxyz$)中的坐标,记作 $\boldsymbol{r} = (x,y,z)$;有序数 x,y,z 也称点 M(在坐标系 $Oxyz$)的坐标,记为 $M(x,y,z)$. 向量 $\boldsymbol{r} = \overrightarrow{OM}$ 称为点 M 关于原点 O 的向径. 上述定义表明,一个点与该点的向径有相同的坐标. 记号 (x,y,z) 既表示点 M,又表示向量 $\overrightarrow{OM}$.

坐标面上和坐标轴上的点,其坐标各有一定的特征. 例如,点 M 在 yOz 面上,则 $x = 0$;同样,在 zOx 面上的点,$y = 0$;在 xOy 面上的点,$z = 0$;如果点 M 在 x 轴上,则 $y = z = 0$;同样,在 y 轴上,有 $z = x = 0$;在 z 轴上的点,有 $x = y = 0$;如果点 M 为原点,则 $x = y = z = 0$.

设 $\boldsymbol{a} = (a_x, a_y, a_z), \boldsymbol{b} = (b_x, b_y, b_z)$ 即 $\boldsymbol{a} = a_x\boldsymbol{i} + a_y\boldsymbol{j} + a_z\boldsymbol{k}, \boldsymbol{b} = b_x\boldsymbol{i} + b_y\boldsymbol{j} + b_z\boldsymbol{k}$,则:

加法: $\boldsymbol{a} + \boldsymbol{b} = (a_x + b_x)\boldsymbol{i} + (a_y + b_y)\boldsymbol{j} + (a_z + b_z)\boldsymbol{k}$

减法: $\boldsymbol{a} - \boldsymbol{b} = (a_x - b_x)\boldsymbol{i} + (a_y - b_y)\boldsymbol{j} + (a_z - b_z)\boldsymbol{k}$

数乘: $\lambda\boldsymbol{a} = (\lambda a_x)\boldsymbol{i} + (\lambda a_y)\boldsymbol{j} + (\lambda a_z)\boldsymbol{k}$

或

$$\boldsymbol{a} + \boldsymbol{b} = (a_x + b_x, a_y + b_y, a_z + b_z)$$
$$\boldsymbol{a} - \boldsymbol{b} = (a_x - b_x, a_y - b_y, a_z - b_z)$$
$$\lambda\boldsymbol{a} = (\lambda a_x, \lambda a_y, \lambda a_z)v$$

例 2 求解以向量为未知元的线性方程组
$$\begin{cases} 5x - 3y = \boldsymbol{a} \\ 3x - 2y = \boldsymbol{b} \end{cases}$$
其中,$\boldsymbol{a} = (2,1,2), \boldsymbol{b} = (-1,1,-2)$.

解 如同解二元一次线性方程组,可得 $x = 2\boldsymbol{a} - 3\boldsymbol{b}, y = 3\boldsymbol{a} - 5\boldsymbol{b}$.

以 $\boldsymbol{a}, \boldsymbol{b}$ 的坐标表示式代入,即得
$$x = 2(2,1,2) - 3(-1,1,-2) = (7,-1,10)$$
$$y = 3(2,1,2) - 5(-1,1,-2) = (11,-2,16)$$

例 3 已知两点 $A(x_1, y_1, z_1)$ 和 $B(x_2, y_2, z_2)$ 以及实数 $\lambda \neq -1$,在直线 AB 上求一点 M,使 $\overrightarrow{AM} = \lambda\overrightarrow{MB}$.

解　解法 1：由于

$$\overrightarrow{AM} = \overrightarrow{OM} - \overrightarrow{OA}, \overrightarrow{MB} = \overrightarrow{OB} - \overrightarrow{OM}$$

因此

$$\overrightarrow{OM} - \overrightarrow{OA} = \lambda(\overrightarrow{OB} - \overrightarrow{OM})$$

从而

$$\overrightarrow{OM} = \frac{1}{1+\lambda}(\overrightarrow{OA} + \lambda\overrightarrow{OB}) = \left(\frac{x_1 + \lambda x_2}{1+\lambda}, \frac{x_1 + \lambda x_2}{1+\lambda}, \frac{x_1 + \lambda x_2}{1+\lambda}\right)$$

这就是点 M 的坐标.

解法 2：设所求点为 $M(x, y, z)$，则

$$\overrightarrow{AM} = (x - x_1, y - y_1, z - z_1), \overrightarrow{MB} = (x_2 - x, y_2 - y, z_2 - z)$$

依题意有 $\overrightarrow{AM} = \lambda\overrightarrow{MB}$，即

$$(x - x_1, y - y_1, z - z_1) = \lambda(x_2 - x, y_2 - y, z_2 - z)$$

$$(x, y, z) - (x_1, y_1, z_1) = \lambda(x_2, y_2, z_2) - \lambda(x, y, z)$$

$$(x, y, z) = \frac{1}{1+\lambda}(x_1 + \lambda x_2, y_1 + \lambda y_2, z_1 + \lambda z_2)$$

$$x = \frac{x_1 + \lambda x_2}{1+\lambda}, y = \frac{y_1 + \lambda y_2}{1+\lambda}, z = \frac{z_1 + \lambda z_2}{1+\lambda}$$

点 M 称为有向线段 $\overrightarrow{AB}$ 的定比分点. 当 $\lambda = 1$，点 M 为有向线段 $\overrightarrow{AB}$ 的中点，其坐标为

$$x = \frac{x_1 + x_2}{2}, y = \frac{y_1 + y_2}{2}, z = \frac{z_1 + z_2}{2}$$

6.1.4　向量的模、方向余弦、投影

1) 向量的模与两点间的距离公式

设向量 $\boldsymbol{r} = (x, y, z)$，作 $\overrightarrow{OM} = \boldsymbol{r}$，则

$$\boldsymbol{r} = \overrightarrow{OM} = \overrightarrow{OP} + \overrightarrow{OQ} + \overrightarrow{OR}$$

按勾股定理可得

$$|\boldsymbol{r}| = |\overrightarrow{OM}| = \sqrt{|\overrightarrow{OP}|^2 + |\overrightarrow{OQ}|^2 + |\overrightarrow{OR}|^2}$$

设 $\overrightarrow{OP} = x\boldsymbol{i}, \overrightarrow{OQ} = y\boldsymbol{j}, \overrightarrow{OR} = z\boldsymbol{k}$，有

$$|\overrightarrow{OP}| = |x|, |\overrightarrow{OQ}| = |y|, |\overrightarrow{OR}| = |z|$$

于是,得向量模的坐标表示式为

$$|\boldsymbol{r}| = \sqrt{x^2 + y^2 + z^2}$$

设有点 $A(x_1, y_1, z_1)$，$B(x_2, y_2, z_2)$，则

$$\overrightarrow{AB} = \overrightarrow{OB} - \overrightarrow{OA} = (x_2, y_2, z_2) - (x_1, y_1, z_1) = (x_2 - x_1, y_2 - y_1, z_2 - z_1)$$

于是,点 A 与点 B 间的距离为

$$|AB| = |\overrightarrow{AB}| = \sqrt{(x_2 - x_1)^2 + (y_2 - y_1)^2 + (z_2 - z_1)^2}$$

例 4 求证以 $M_1(4, 3, 1)$，$M_2(7, 1, 2)$，$M_3(5, 2, 3)$ 3 点为顶点的三角形是一个等腰三角形.

解 因为

$$|\overrightarrow{M_1M_2}|^2 = (7 - 4)^2 + (1 - 3)^2 + (2 - 1)^2 = 14$$

$$|\overrightarrow{M_2M_3}|^2 = (5 - 7)^2 + (2 - 1)^2 + (3 - 2)^2 = 6$$

$$|\overrightarrow{M_1M_3}|^2 = (5 - 4)^2 + (2 - 3)^2 + (3 - 1)^2 = 6$$

所以

$$|\overrightarrow{M_2M_3}| = |\overrightarrow{M_1M_3}|$$

即 $\triangle M_1M_2M_3$ 为等腰三角形.

例 5 在 z 轴上求与两点 $A(-4, 1, 7)$ 和 $B(3, 5, -2)$ 等距离的点.

解 设所求的点为 $M(0, 0, z)$，依题意有

$$|\overrightarrow{MA}|^2 = |\overrightarrow{MB}|^2$$

即

$$(0 + 4)^2 + (0 - 1)^2 + (z - 7)^2 = (3 - 0)^2 + (5 - 0)^2 + (-2 - z)^2$$

解之得 $z = \dfrac{14}{9}$，故所求的点为 $M\left(0, 0, \dfrac{14}{9}\right)$.

例 6 已知两点 $A(4, 0, 5)$ 和 $B(7, 1, 3)$，求与 $\overrightarrow{AB}$ 方向相同的单位向量 $\boldsymbol{e}$.

解 因为

$$\overrightarrow{AB} = (7, 1, 3) - (4, 0, 5) = (3, 1, -2)$$

$$|\overrightarrow{AB}| = \sqrt{3^2 + 1^2 + (-2)^2} = \sqrt{14}$$

所以

$$\overrightarrow{AB}^0 = \frac{\overrightarrow{AB}}{|\overrightarrow{AB}|} = \frac{1}{\sqrt{14}}(3, 1, -2)$$

2) 方向角与方向余弦

当把两个非零向量 a 与 b 的起点放到同一点时,两个向量之间不超过 π 的夹角称为向量 a 与 b 的夹角,记作 $(\widehat{a,b})$ 或 $(\widehat{b,a})$. 如果向量 a 与 b 中有一个是零向量,规定它们的夹角可以在 0 与 π 之间任意取值.

类似的,可规定向量与一轴的夹角或空间两轴的夹角.

非零向量 r 与 3 条坐标轴的夹角 α,β,γ 称为向量 r 的方向角.

向量的方向余弦:设 $r = (x,y,z)$,则 $x = |r|\cos\alpha,y = |r|\cos\beta,z = |r|\cos\gamma$,$\cos\alpha,\cos\beta,\cos\gamma$ 称为向量 r 的方向余弦,即

$$\cos\alpha = \frac{x}{|r|}, \cos\beta = \frac{y}{|r|}, \cos\gamma = \frac{z}{|r|}$$

从而

$$(\cos\alpha,\cos\beta,\cos\gamma) = \frac{1}{|r|}r = r^0$$

上式表明,以向量 r 的方向余弦为坐标的向量就是与 r 同方向的单位向量 r^0,因此

$$\cos^2\alpha + \cos^2\beta + \cos^2\gamma = 1$$

例7　设已知两点 $A(2,2,\sqrt{2})$ 和 $B(1,3,0)$,计算向量 $\overrightarrow{AB}$ 的模、方向余弦和方向角.

解　$\overrightarrow{AB} = (1-2,3-2,0-\sqrt{2}) = (-1,1,-\sqrt{2})$

$$|\overrightarrow{AB}| = \sqrt{(-1)^2 + 1^2 + (-\sqrt{2})^2} = 2$$

$$\cos\alpha = -\frac{1}{2}, \cos\beta = \frac{1}{2}, \cos\gamma = -\frac{\sqrt{2}}{2}$$

$$\alpha = \frac{2\pi}{3}, \beta = \frac{\pi}{3}, \gamma = \frac{3\pi}{4}$$

3) 向量在轴上的投影

设点 O 及单位向量 e 确定 u 轴,任给向量 r,作 $\overrightarrow{OM} = r$,再过点 M 作与 u 轴垂直的平面交 u 轴于点 M'(点 M' 称为点 M 在 u 轴上的投影),则向量 $\overrightarrow{OM'}$ 称为向量 r 在 u 轴上的分向量. 设 $\overrightarrow{OM'} = \lambda e$,则数 λ 称为向量 r 在 u 轴上的投影,记作 $\mathrm{Prj}_u r$.

按此定义,向量 a 在直角坐标系 $Oxyz$ 中的坐标 a_x,a_y,a_z 就是 a 在 3 条坐标轴上的投影,即

$$a_x = \text{Prj}_x\boldsymbol{a}, a_y = \text{Prj}_y\boldsymbol{a}, a_z = \text{Prj}_z\boldsymbol{a}$$

投影的性质：

性质 1　$\text{Prj}_u\boldsymbol{a} = |\boldsymbol{a}|\cos\varphi$，其中 φ 为向量 $\boldsymbol{a}$ 与 u 轴的夹角.

性质 2　$\text{Prj}_u(\boldsymbol{a} + \boldsymbol{b}) = \text{Prj}_u\boldsymbol{a} + \text{Prj}_u\boldsymbol{b}$.

性质 3　$\text{Prj}_u\lambda\boldsymbol{a} = \lambda\text{Prj}_u\boldsymbol{a}$.

习题 6-1

基础题

1. 在空间直角坐标系中，指出下列各点在哪个卦限？

　　A. $(2, -3, 4)$　　　B. $(2, 3 - 4)$　　　C. $(2, -3, -4)$　　　D. $(-2, -3, 4)$

2. 若 $A(1, -1, 3), B(1, 3, 0)$，则 AB 中点坐标为＿＿＿＿＿＿＿＿，$|AB| = $ ＿＿＿＿＿＿＿＿.

3. 求 (a, b, c) 点关于：

（1）各坐标面；

（2）各坐标轴；

（3）坐标原点

的对称点坐标.

4. 若点 M 的坐标为 (x, y, z)，则向径 $\overrightarrow{OM}$ 用坐标可表示为＿＿＿＿＿＿.

5. 一边长为 a 的立方体放置在 xOy 面上，其下底面的中心在坐标原点，底面的顶点在 x 轴和 y 轴上，求它各顶点的坐标.

6. 已知 $A(-1, 2, -4), B(6, -2, t)$，且 $|\overrightarrow{AB}| = 9$，求：

（1）t；

（2）线段 AB 的中点坐标.

7. 设已知两点 $M_1(4, \sqrt{2}, 1)$ 和 $M_2(3, 0, 2)$，计算 $\overrightarrow{M_1M_2}$ 的模、方向余弦、方向角及单位向量.

提高题

1. 平行于向量 $\boldsymbol{a} = (6, 7, -6)$ 的单位向量为＿＿＿＿＿＿.

2. 若 α,β,γ 为向量 $\boldsymbol{a}$ 的方向角,则 $\cos^2\alpha + \cos^2\beta + \cos^2\gamma =$ _____;
$\sin^2\alpha + \sin^2\beta + \sin^2\gamma =$ _____.

3. 设 $\boldsymbol{m} = (3,5,8),\boldsymbol{n} = (2,-4,-7)$ 和 $\boldsymbol{p} = (5,1,-4)$,求向量 $\boldsymbol{a} = 4\boldsymbol{m} + 3\boldsymbol{n} - \boldsymbol{p}$ 在 x 轴上的投影及在 y 轴上的分向量.

4. 已知点 P 的向径 $\overrightarrow{OP}$ 为单位向量,且与 z 轴的夹角为 $\dfrac{\pi}{6}$,另外两个方向角相等,求点 P 的坐标.

5. 已知向量 $\boldsymbol{a}$ 与各坐标轴成相等的锐角,若 $|\boldsymbol{a}| = 2\sqrt{3}$,求 $\boldsymbol{a}$ 的坐标.

§6.2 数量积 向量积 混合积

6.2.1 两向量的数量积

数量积的物理背景: 设一物体在常力 $\boldsymbol{F}$ 作用下沿直线从点 M_1 移动到点 M_2,以 $\boldsymbol{s}$ 表示位移 $\overrightarrow{M_1M_2}$,由物理学知识可知道,常力 $\boldsymbol{F}$ 所做的功为

$$W = |\boldsymbol{F}||\boldsymbol{s}|\cos\theta$$

其中,θ 为 $\boldsymbol{F}$ 与 $\boldsymbol{s}$ 的夹角.

由此,可给出两向量数量积的定义.

定义 1 已知两个向量 $\boldsymbol{a},\boldsymbol{b}$ 的夹角为 θ,定义运算 $|\boldsymbol{a}||\boldsymbol{b}|\cos\theta$ 称为这两个向量的数量积,记作 $\boldsymbol{a}\cdot\boldsymbol{b}$,即

$$\boldsymbol{a}\cdot\boldsymbol{b} = |\boldsymbol{a}||\boldsymbol{b}|\cos\theta$$

根据这个定义,上述问题中常力所做的功 W 就是常力 $\boldsymbol{F}$ 与位移 $\boldsymbol{s}$ 的数量积,即 $W = \boldsymbol{F}\cdot\boldsymbol{s}$.

数量积与投影: 由于 $|\boldsymbol{b}|\cos\theta = |\boldsymbol{b}|\cos(\widehat{\boldsymbol{a},\boldsymbol{b}})$,当 $\boldsymbol{a}\neq\boldsymbol{0}$ 时,$|\boldsymbol{b}|\cos(\widehat{\boldsymbol{a},\boldsymbol{b}})$ 是向量 $\boldsymbol{b}$ 在向量 $\boldsymbol{a}$ 方向上的投影,于是 $\boldsymbol{a}\cdot\boldsymbol{b} = |\boldsymbol{a}|\mathrm{Prj}_{\boldsymbol{a}}\boldsymbol{b}$. 同理,当 $\boldsymbol{b}\neq\boldsymbol{0}$ 时,$\boldsymbol{a}\cdot\boldsymbol{b} = |\boldsymbol{b}|\mathrm{Prj}_{\boldsymbol{b}}\boldsymbol{a}$.

数量积的性质:

(1) $\boldsymbol{a}\cdot\boldsymbol{a} = |\boldsymbol{a}|^2$.

(2) 对于两个非零向量 $\boldsymbol{a},\boldsymbol{b}$,如果 $\boldsymbol{a}\cdot\boldsymbol{b} = 0$,则 $\boldsymbol{a}\perp\boldsymbol{b}$;反之,如果 $\boldsymbol{a}\perp\boldsymbol{b}$,

则 $a \cdot b = 0$.

如果认为零向量与任何向量都垂直,则

$$a \perp b \Leftrightarrow a \cdot b = 0$$

数量积的运算律:

(1) 交换律:$a \cdot b = b \cdot a$.

(2) 分配律:$(a + b) \cdot c = a \cdot c + b \cdot c$.

(3) $(\lambda a) \cdot b = a \cdot (\lambda b), (\lambda a) \cdot (\mu b) = \lambda \mu (a \cdot b), \lambda, \mu$ 为实数.

例 1 试用向量证明三角形的余弦定理.

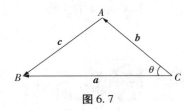

图 6.7

证明 如图 6.7 所示, 在 $\triangle ABC$ 中, $\angle BCA = \theta$, 令 $|BC| = a$, $|CA| = b$, $|AB| = c$, 下证 $c^2 = a^2 + b^2 - 2ab \cos \theta$. 记 $\overrightarrow{CB} = a, \overrightarrow{CA} = b, \overrightarrow{AB} = c$, 则有 $c = a - b$, 则

$$|c|^2 = c \cdot c = (a - b) \cdot (a - b)$$
$$= a \cdot a + b \cdot b - 2a \cdot b$$
$$= |a|^2 + |b|^2 - 2|a||b| \cos \theta$$

即

$$c^2 = a^2 + b^2 - 2ab \cos \theta$$

得证.

数量积的坐标表示:

若已知 $a = (a_x, a_y, a_z), b = (b_x, b_y, b_z)$, 利用数量积的运算规律, 可得

$$a \cdot b = (a_x i + a_y j + a_z k) \cdot (b_x i + b_y j + b_z k)$$
$$= a_x b_x i \cdot i + a_y b_y j \cdot j + a_z b_z k \cdot k + a_x b_y i \cdot j + a_x b_z i \cdot k +$$
$$a_y b_x j \cdot i + a_y b_z j \cdot k + a_z b_x k \cdot i + a_z b_y k \cdot j$$
$$= a_x b_x + a_y b_y + a_z b_z$$

故

$$a \cdot b = a_x b_x + a_y b_y + a_z b_z$$

由此,还可得到两向量夹角余弦的坐标表示.

设 $\theta = (\widehat{a, b})$, 则当 $a \neq 0$ 且 $b \neq 0$ 时, 有

$$\cos \theta = \frac{a \cdot b}{|a||b|} = \frac{a_x b_x + a_y b_y + a_z b_z}{\sqrt{a_x^2 + a_y^2 + a_z^2} \sqrt{b_x^2 + b_y^2 + b_z^2}}$$

例 2 已知 3 点 $M(1,1,1)$,$A(2,2,1)$ 和 $B(2,1,2)$,求 $\angle AMB$.

解 记向量 $\overrightarrow{MA} = \boldsymbol{a}$,向量 $\overrightarrow{MB} = \boldsymbol{b}$,$\angle AMB$ 就是向量 $\boldsymbol{a}$,$\boldsymbol{b}$ 的夹角,则

$$\boldsymbol{a} = (1,1,0), \boldsymbol{b} = (1,0,1)$$

$$\cos\angle AMB = \frac{\boldsymbol{a} \cdot \boldsymbol{b}}{|\boldsymbol{a}||\boldsymbol{b}|} = \frac{1 \times 1 + 1 \times 0 + 0 \times 1}{\sqrt{1^2 + 1^2 + 0^2} \cdot \sqrt{1^2 + 0^2 + 1^2}} = \frac{1}{2}$$

所以

$$\angle AMB = \frac{\pi}{3}$$

例 3 质量为 100 kg 的物体从点 $M_1(3,1,2)$ 沿直线移动到点 $M_2(1,4,8)$,计算重力所做的功.

解 物体从点 $M_1(3,1,2)$ 沿直线移动到点 $M_2(1,4,8)$,则

$$\overrightarrow{M_1M_2} = (1-3,4-1,8-2) = (-2,3,6)$$

设重力方向为 z 轴负方向,则有

$$\boldsymbol{F} = (0,0,100 \times 9.8) = (0,0,-980)$$

重力做功为

$$\boldsymbol{W} = \boldsymbol{F} \cdot \overrightarrow{M_1M_2} = (0,0,-980) \cdot (-2,3,6) = 5\ 880\ \text{J}$$

6.2.2 两向量的向量积

在研究物体转动问题时,不但要考虑物体所受的力,还要分析这些力所产生的力矩.

设 O 为一根杠杆 L 的支点,有一个力 $\boldsymbol{F}$ 作用于这杠杆上 P 点处,$\boldsymbol{F}$ 与 $\overrightarrow{OP}$ 的夹角为 θ. 根据力学的规定,力 $\boldsymbol{F}$ 对支点 O 的力矩是一向量 $\boldsymbol{M}$,它的模(见图 6.8)

$$|\boldsymbol{M}| = |\overrightarrow{OP}||\boldsymbol{F}|\sin\theta$$

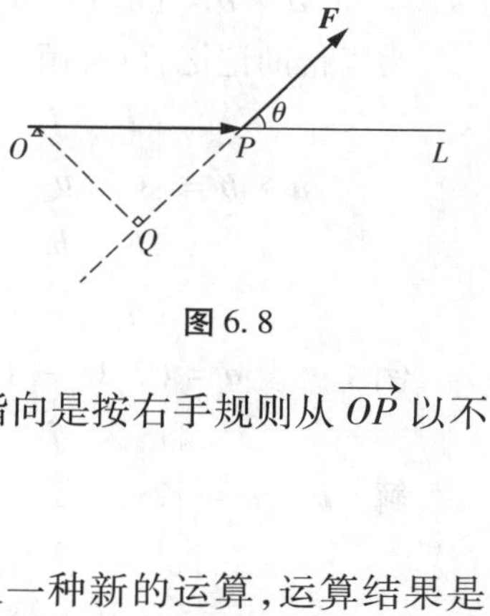

图 6.8

而 $\boldsymbol{M}$ 的方向垂直于 $\overrightarrow{OP}$ 与 $\boldsymbol{F}$ 所决定的平面,$\boldsymbol{M}$ 的指向是按右手规则从 $\overrightarrow{OP}$ 以不超过 π 的角转向 $\boldsymbol{F}$ 来确定的.

由此,可给出两向量向量积的定义.

定义 2 已知两个向量 $\boldsymbol{a}$,$\boldsymbol{b}$ 的夹角为 θ,定义一种新的运算,运算结果是一个新的向量 $\boldsymbol{c}$,它的模是 $|\boldsymbol{a}||\boldsymbol{b}|\sin\theta$,方向垂直于 $\boldsymbol{a}$,$\boldsymbol{b}$ 所决定平面,$\boldsymbol{c}$ 的指向

按右手规则从 a 转向 b 来确定;称这种运算为向量 a,b 的向量积,记作 $a \times b$,即

$$c = a \times b$$

根据向量积的定义,力矩 M 等于 $\overrightarrow{OP}$ 与 F 的向量积,即

$$M = \overrightarrow{OP} \times F$$

向量积的性质:

(1)$a \times a = 0$.

(2)对于两个非零向量 a,b,如果 $a \times b = 0$,则 $a \parallel b$;反之,如果 $a \parallel b$,则 $a \times b = 0$.

如果认为零向量与任何向量都平行,则 $a \parallel b \Leftrightarrow a \times b = 0$.

向量积的运算律:

(1)交换律:$a \times b = - b \times a$.

(2)分配律:$(a + b) \times c = a \times c + b \times c$.

(3)$(\lambda a) \times b = a \times (\lambda b) = \lambda(a \times b)$,$\lambda$ 为实数.

向量积的坐标表示:

若已知 $a = (a_x, a_y, a_z)$,$b = (b_x, b_y, b_z)$,利用向量积的运算规律,可得

$$\begin{aligned}
a \times b &= (a_x i + a_y j + a_z k) \times (b_x i + b_y j + b_z k) \\
&= a_x b_x i \times i + a_y b_y j \times j + a_z b_z k \times k + a_x b_y i \times j + a_x b_z i \times k + \\
&\quad a_y b_x j \times i + a_y b_z j \times k + a_z b_x k \times i + a_z b_y k \times j
\end{aligned}$$

由于 $i \times i = j \times j = k \times k = 0$,而 $i \times j = k, j \times k = i, k \times i = j$,故

$$a \times b = (a_y b_z - a_z b_y)i + (a_z b_x - a_x b_z)j + (a_x b_y - a_y b_x)k$$

为了帮助记忆,可利用三阶行列式的符号将上式写为

$$\begin{aligned}
a \times b &= \begin{vmatrix} i & j & k \\ a_x & a_y & a_z \\ b_x & b_y & b_z \end{vmatrix} = i \begin{vmatrix} a_y & a_z \\ b_y & b_z \end{vmatrix} - j \begin{vmatrix} a_x & a_z \\ b_x & b_z \end{vmatrix} + k \begin{vmatrix} a_x & a_y \\ b_x & b_y \end{vmatrix} \\
&= (a_y b_z - a_z b_y)i + (a_z b_x - a_x b_z)j + (a_x b_y - a_y b_x)k
\end{aligned}$$

例 4　设 $a = (2, 1, -1)$,$b = (1, -1, 2)$,计算 $a \times b$.

解　$a \times b = \begin{vmatrix} i & j & k \\ 2 & 1 & -1 \\ 1 & -1 & 2 \end{vmatrix} = i \begin{vmatrix} 1 & -1 \\ -1 & 2 \end{vmatrix} - j \begin{vmatrix} 2 & -1 \\ 1 & 2 \end{vmatrix} + k \begin{vmatrix} 2 & 1 \\ 1 & -1 \end{vmatrix}$

$$= i - 5j - 3k$$

例 5　已知三角形 ABC 的顶点分别是 $A(1,2,3)$,$B(3,4,5)$,$C(2,4,7)$,

求三角形 ABC 的面积.

解 根据向量积的定义,可知三角形 ABC 的面积

$$S_{\triangle ABC} = \frac{1}{2} |\overrightarrow{AB}| |\overrightarrow{AC}| \sin \angle A = \frac{1}{2} |\overrightarrow{AB} \times \overrightarrow{AC}|$$

由题,$\overrightarrow{AB} = (2,2,2)$,$\overrightarrow{AC} = (1,2,4)$,因此

$$\overrightarrow{AB} \times \overrightarrow{AC} = \begin{vmatrix} \boldsymbol{i} & \boldsymbol{j} & \boldsymbol{k} \\ 2 & 2 & 2 \\ 1 & 2 & 4 \end{vmatrix} = 4\boldsymbol{i} - 6\boldsymbol{j} + 2\boldsymbol{k}$$

于是

$$S_{\triangle ABC} = \frac{1}{2} |4\boldsymbol{i} - 6\boldsymbol{j} + 2\boldsymbol{k}| = \frac{1}{2} \sqrt{4^2 + 6^2 + 2^2} = \sqrt{14}$$

6.2.3 两向量的混合积

定义3 已知3个向量 $\boldsymbol{a},\boldsymbol{b},\boldsymbol{c}$,定义运算 $(\boldsymbol{a} \times \boldsymbol{b}) \cdot \boldsymbol{c}$ 称为3个向量 $\boldsymbol{a},\boldsymbol{b},\boldsymbol{c}$ 的混合积,记作 $[\boldsymbol{abc}]$,即

$$[\boldsymbol{abc}] = (\boldsymbol{a} \times \boldsymbol{b}) \cdot \boldsymbol{c}$$

已知三向量的坐标,还可推出混合积的坐标表达式.

若已知 $\boldsymbol{a} = (a_x, a_y, a_z)$,$\boldsymbol{b} = (b_x, b_y, b_z)$,$\boldsymbol{c} = (c_x, c_y, c_z)$,可先计算向量 $\boldsymbol{a},\boldsymbol{b}$ 的向量积

$$\boldsymbol{a} \times \boldsymbol{b} = \begin{vmatrix} \boldsymbol{i} & \boldsymbol{j} & \boldsymbol{k} \\ a_x & a_y & a_z \\ b_x & b_y & b_z \end{vmatrix} = \boldsymbol{i} \begin{vmatrix} a_y & a_z \\ b_y & b_z \end{vmatrix} - \boldsymbol{j} \begin{vmatrix} a_x & a_z \\ b_x & b_z \end{vmatrix} + \boldsymbol{k} \begin{vmatrix} a_x & a_y \\ b_x & b_y \end{vmatrix}$$

再计算3个向量的混合积

$$[\boldsymbol{abc}] = (\boldsymbol{a} \times \boldsymbol{b}) \cdot \boldsymbol{c} = c_x \begin{vmatrix} a_y & a_z \\ b_y & b_z \end{vmatrix} - c_y \begin{vmatrix} a_x & a_z \\ b_x & b_z \end{vmatrix} + c_z \begin{vmatrix} a_x & a_y \\ b_x & b_y \end{vmatrix} = \begin{vmatrix} a_x & a_y & a_z \\ b_x & b_y & b_z \\ c_x & c_y & c_z \end{vmatrix}$$

接下来探讨三向量混合积的几何意义.

以向量 $\boldsymbol{a},\boldsymbol{b},\boldsymbol{c}$ 为棱作平行六面体(见图6.9),则该平行六面体的底面积为 $A = |\boldsymbol{a} \times \boldsymbol{b}|$,高 $h = |\boldsymbol{c}| |\cos \alpha|$,故平行六面体的体积为

$$V = Ah = |\boldsymbol{a} \times \boldsymbol{b}| |\boldsymbol{c}| |\cos \alpha| = |(\boldsymbol{a} \times \boldsymbol{b}) \cdot \boldsymbol{c}| = |[\boldsymbol{abc}]|$$

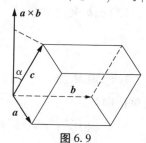

图6.9

因此,三向量 a,b,c 的混合积的绝对值表示以 a,b,c 为棱的平行六面体的体积.

当 a,b,c 组成右手系时,即 $0 \leqslant \alpha < \dfrac{\pi}{2}$,此时 $h = |c||\cos \alpha| = |c|\cos \alpha$,

混合积的符号为正;当 a,b,c 组成左手系时,即 $\dfrac{\pi}{2} \leqslant \alpha < \pi$,此时,$h = |c||\cos \alpha| = -|c|\cos \alpha$,混合积的符号为负. 此外,若 a,b,c 共面,则它们的混合积 $[abc] = 0$;反之,若已知三向量混合积为零,则它们共面.

 习题 6-2

基础题

1. 下列关系式错误的是( ).

A. $a \cdot b = b \cdot a$ 　　　　B. $a \times b = b \times a$

C. $a^2 = |a|^2$ 　　　　D. $a \times a = 0$

2. 设 $a = (3, -1, 2)$,$b = (1, 2, -1)$,求 $a \cdot b$ 与 $a \times b$.

3. 设 $a = (2, -3, 2)$,$b = (-1, 1, 2)$,$c = (1, 0, 3)$,求 $(a \times b) \cdot c$.

4. 确定下列各组向量间的位置关系:

(1) $a = (1, 1, -2)$ 与 $b = (-2, -2, 4)$;

(2) $a = (2, -3, 1)$ 与 $b = (4, 2, -2)$.

5. 求向量 $a = (4, -3, 4)$ 在向量 $b = (2, 2, 1)$ 上的投影.

6. 设 $a = 3i - j - 2k$,$b = i + 2j - k$,求:

(1) $a \cdot b$ 及 $a \times b$;

(2) $(-2a) \cdot 3b$ 及 $a \times 2b$;

(3) a,b 夹角的余弦.

提高题

1. 已知 $M_1(1, -1, 2)$,$M_2(3, 3, 1)$,$M_3(3, 1, 3)$,求与 $\overrightarrow{M_1M_2}$,$\overrightarrow{M_2M_3}$ 同时垂直的单位向量.

2. 已知 $\overrightarrow{OA} = i + 3k$,$\overrightarrow{OB} = j + 3k$,求 $\triangle OAB$ 的面积.

3. $\triangle ABC$ 3 顶点在平面直角坐标系中的坐标分别为 $A(x_1,y_1)$，$B(x_2,y_2)$，$C(x_3,y_3)$，则如何用向量积的方法来求出 $\triangle ABC$ 的面积？

4. 试找出一个与 $\boldsymbol{a}=(1,2,1)$，$\boldsymbol{b}=(0,1,1)$ 同时垂直的向量.

5. 已知 3 点 $M_1(2,2,1)$，$M_2(1,1,1)$，$M_3(2,1,2)$，求：

(1) $\angle M_1M_2M_3$；

(2) 与 $\overrightarrow{M_1M_2}$，$\overrightarrow{M_2M_3}$ 同时垂直的单位向量.

6. 已知 $A(1,0,0)$，$B(0,2,1)$，试在 z 轴上求一点 C，使 $\triangle ABC$ 的面积最小.

§6.3　平面及其方程

在日常生活中，我们经常会遇到各种平面，如书桌的桌面、房屋的墙面以及书本的封面等. 本节将以向量为工具，讨论如何在空间直角坐标系中表示平面.

在平面直角坐标系中，直线可当作动点的轨迹，且这些点满足二元一次方程 $f(x,y)=0$；在空间直角坐标系中，平面也可看成空间中动点的轨迹，且这些点满足三元一次方程 $F(x,y,z)=0$. 可以认为，平面与三元一次方程之间一一对应，即满足方程的点一定在平面上；反之，在平面上的点一定满足平面的方程.

6.3.1　平面的点法式方程

法线向量：如果非零向量 $\boldsymbol{n}=(A,B,C)$ 垂直于一平面，则该向量称为该平面的法线向量，或称法向量.

根据定义可知，平面法向量与该平面上任意向量垂直.

唯一确定平面的条件：已知平面 $\varPi$ 上一点 $M_0(x_0,y_0,z_0)$ 和它的一个法线向量 $\boldsymbol{n}=(A,B,C)$，则可确定平面 $\varPi$ 的位置.

接下来，通过一个实际的例子来研究如何通过平面上一点的坐标和法向量，则可确定平面方程.

例 1　已知平面 $\varPi$ 上一点 $M_0(x_0,y_0,z_0)$ 和它的一个法线向量 $\boldsymbol{n}=(A,B,C)$（见图 6.10），求平面方程.

解　设 $M(x,y,z)$ 是平面 $\varPi$ 上的任一点，那么，向量 $\overrightarrow{M_0M}$ 必与平面 $\varPi$ 的法线向量 $\boldsymbol{n}=(A,B,C)$ 垂直，则

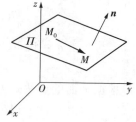

图 6.10

它们的数量积等于零,则

$$\boldsymbol{n} \cdot \overrightarrow{M_0M} = 0$$

由于

$$\boldsymbol{n} = (A,B,C), \overrightarrow{M_0M} = (x - x_0, y - y_0, z - z_0)$$

所以

$$A(x - x_0) + B(y - y_0) + C(z - z_0) = 0$$

这就是平面 Π 上任一点 M 的坐标 x,y,z 所满足的方程,即平面 Π 的方程.

反过来,如果 $M(x,y,z)$ 不在平面 Π 上,那么向量 $\overrightarrow{M_0M}$ 与法线向量 $\boldsymbol{n}$ 不垂直,从而 $\boldsymbol{n} \cdot \overrightarrow{M_0M} \neq 0$,即不在平面 Π 上的点 M 的坐标 x,y,z 不满足此方程.

由此可知,方程 $A(x - x_0) + B(y - y_0) + C(z - z_0) = 0$ 就是平面 Π 的方程,而平面 Π 就是平面方程的图形. 由于方程 $A(x - x_0) + B(y - y_0) + C(z - z_0) = 0$ 是由平面 Π 上的一点 $M_0(x_0,y_0,z_0)$ 及它的一个法线向量 $\boldsymbol{n} = (A,B,C)$ 确定的,故此方程称为平面的**点法式方程**.

例2 求过点 $(2,-3,0)$ 且以 $\boldsymbol{n} = (1,-2,3)$ 为法线向量的平面的方程.

解 根据平面的点法式方程,得所求平面的方程为

$$(x - 2) - 2(y + 3) + 3(z - 0) = 0$$

即

$$x - 2y + 3z - 8 = 0$$

例3 求过 3 点 $M_1(2,-1,4), M_2(-1,3,-2)$ 和 $M_3(0,2,3)$ 的平面方程.

解 可用 $\overrightarrow{M_1M_2} \times \overrightarrow{M_1M_3}$ 作为平面的法线向量 $\boldsymbol{n}$,其中,

$$\overrightarrow{M_1M_2} = (-3,4,-6), \overrightarrow{M_1M_3} = (-2,3,-1)$$

所以

$$\boldsymbol{n} = \overrightarrow{M_1M_2} \times \overrightarrow{M_1M_3} = \begin{vmatrix} \boldsymbol{i} & \boldsymbol{j} & \boldsymbol{k} \\ -3 & 4 & -6 \\ -2 & 3 & -1 \end{vmatrix} = 14\boldsymbol{i} + 9\boldsymbol{j} - \boldsymbol{k}$$

根据平面的点法式方程,得所求平面的方程为

$$14(x - 2) + 9(y + 1) - (z - 4) = 0$$

即

$$14x + 9y - z - 15 = 0$$

6.3.2　平面的一般方程

由平面的点法式方程 $A(x - x_0) + B(y - y_0) + C(z - z_0) = 0$,可知任一平面都可以用三元一次方程 $Ax + By + Cz + D = 0$ 来表示;反过来,任一三元一次方程的图形总是一个平面,称三元一次方程 $Ax + By + Cz + D = 0$ 为**平面的一般方程**. 其中,x, y, z 的系数就是该平面的一个法向量的 **n** 的坐标,即

$$\boldsymbol{n} = (A, B, C)$$

讨论:

考察下列特殊的平面方程,指出法线向量与坐标面、坐标轴的关系,平面通过的特殊点或线. 在三元一次方程 $Ax + By + Cz + D = 0$ 中,有以下情况:

- 当 $D = 0$ 时,平面过原点.
- 当 $A = 0$ 时,$\boldsymbol{n} = (0, B, C)$,法线向量垂直于 x 轴,平面平行于 x 轴,或过 x 轴.
- 当 $B = 0$ 时,$\boldsymbol{n} = (A, 0, C)$,法线向量垂直于 y 轴,平面平行于 y 轴,或过 y 轴.
- 当 $C = 0$ 时,$\boldsymbol{n} = (A, B, 0)$,法线向量垂直于 z 轴,平面平行于 z 轴,或过 z 轴.
- 当 $A = 0, B = 0$ 时,$\boldsymbol{n} = (0, 0, C)$,法线向量垂直于 x 轴和 y 轴,平面平行于 xOy 平面,或即为 xOy 平面.
- 当 $B = 0, C = 0$ 时,$\boldsymbol{n} = (A, 0, 0)$,法线向量垂直于 y 轴和 z 轴,平面平行于 yOz 平面,或即为 yOz 平面.
- 当 $A = 0, C = 0$ 时,$\boldsymbol{n} = (0, B, 0)$,法线向量垂直于 x 轴和 z 轴,平面平行于 zOx 平面,或即为 zOx 平面.

例4　求通过 x 轴和点 $(4, -3, -1)$ 的平面的方程.

解　平面通过 x 轴,一方面表明它的法线向量垂直于 x 轴,即 $A = 0$,另一方面表明它必通过原点,即 $D = 0$. 因此,可设这平面的方程为

$$By + Cz = 0$$

又因为这平面通过点 $(4, -3, -1)$,所以

$$-3B - C = 0 \quad 或 \quad C = -3B$$

将其代入所设方程并除以 $B(B \neq 0)$,便得所求的平面方程为

$$y - 3z = 0$$

例5　设一平面与 x, y, z 轴的交点依次为 $P(a, 0, 0), Q(0, b, 0), R(0, 0, C)$

3 点,求这个平面的方程(其中,$a \neq 0, b \neq 0, c \neq 0$).

解 设所求平面的方程为

$$Ax + By + Cz + D = 0$$

因为点 $P(a,0,0), Q(0,b,0), R(0,0,C)$ 都在这平面上,所以点 P, Q, R 的坐标都满足所设方程,即有

$$\begin{cases} aA + D = 0 \\ bB + D = 0 \\ cC + D = 0 \end{cases}$$

由此得 $A = -\dfrac{D}{a}, B = -\dfrac{D}{b}, C = -\dfrac{D}{c}$,将其代入所设方程,得

$$-\frac{D}{a}x - \frac{D}{b}y - \frac{D}{c}z + D = 0$$

即

$$\frac{x}{a} + \frac{y}{b} + \frac{z}{c} = 1$$

上述方程称为平面的**截距式方程**,而 a, b, c 依次称为**平面在 x, y, z 轴上的截距**.

例6 设平面过原点及点 $(6, -3, 2)$,且与平面 $4x - y + 2z = 8$ 垂直,求此平面方程.

解 设平面为 $Ax + By + Cz + D = 0$,由平面过原点知 $D = 0$

由平面过点 $(6, -3, 2)$ 可知

$$6A - 3B + 2C = 0$$

因为 $\boldsymbol{n} \perp (4, -1, 2)$,故 $4A - B + 2C = 0 \Rightarrow A = B = -\dfrac{2}{3}C$

所求平面方程为

$$2x + 2y - 3z = 0$$

6.3.3 两平面的夹角

定义 两平面法向量之间的夹角称为两平面的夹角(通常指锐角).

设平面 $\varPi_1 : A_1 x + B_1 y + C_1 z + D_1 = 0, \varPi_2 : A_2 x + B_2 y + C_2 z + D_2 = 0$,两平面法向量分别为法线向量 $\boldsymbol{n}_1 = (A_1, B_1, C_1)$ 和 $\boldsymbol{n}_2 = (A_2, B_2, C_2)$.那么,平面 $\varPi_1$ 和 $\varPi_2$ 的夹角 θ 应是 $(\widehat{\boldsymbol{n}_1, \boldsymbol{n}_2})$ 和 $(-\widehat{\boldsymbol{n}_1, \boldsymbol{n}_2}) = \pi - (\widehat{\boldsymbol{n}_1, \boldsymbol{n}_2})$ 两者中的锐角,因此,$\cos \theta = |\cos(\widehat{\boldsymbol{n}_1, \boldsymbol{n}_2})|$.根据两向量夹角余弦的坐标表示式,平面 $\varPi_1$ 和 $\varPi_2$ 的夹角 θ 可由

$$\cos\theta = \left| \cos(\widehat{\boldsymbol{n}_1,\boldsymbol{n}_2}) \right| = \frac{\left| A_1 A_2 + B_1 B_2 + C_1 C_2 \right|}{\sqrt{A_1^2 + B_1^2 + C_1^2} \cdot \sqrt{A_2^2 + B_2^2 + C_2^2}}$$

来确定.

从两向量垂直、平行的充分必要条件可推出下列结论:

(1)平面 $\varPi_1$ 和 $\varPi_2$ 垂直相当于 $A_1 A_2 + B_1 B_2 + C_1 C_2 = 0$.

(2)平面 $\varPi_1$ 和 $\varPi_2$ 平行或重合相当于 $\dfrac{A_1}{A_2} = \dfrac{B_1}{B_2} = \dfrac{C_1}{C_2}$.

例7 求两平面 $x - y + 2z - 6 = 0$ 和 $2x + y + z - 5 = 0$ 的夹角.

解 $\boldsymbol{n}_1 = (A_1, B_1, C_1) = (1, -1, 2)$,$\boldsymbol{n}_2 = (A_2, B_2, C_2) = (2, 1, 1)$

$$\cos\theta = \frac{\left| A_1 A_2 + B_1 B_2 + C_1 C_2 \right|}{\sqrt{A_1^2 + B_1^2 + C_1^2} \cdot \sqrt{A_2^2 + B_2^2 + C_2^2}}$$

$$= \frac{\left| 1 \times 2 + (-1) \times 1 + 2 \times 1 \right|}{\sqrt{1^2 + (-1)^2 + 2^2} \cdot \sqrt{2^2 + 1^2 + 1^2}}$$

$$= \frac{1}{2}$$

故所求夹角为 $\theta = \dfrac{\pi}{3}$.

例8 已知一平面通过两点 $M_1(1,1,1)$ 和 $M_2(0,1,-1)$ 且垂直于平面 $x + y + z = 0$,求它的方程.

解 解法1:已知从点 M_1 到点 M_2 的向量为

$$\boldsymbol{n}_1 = (0 - 1, 1 - 1, -1 - 1) = (-1, 0, -2)$$

平面 $x + y + z = 0$ 的法线向量为

$$\boldsymbol{n}_2 = (1,1,1)$$

设所求平面的法线向量为 $\boldsymbol{n} = (A, B, C)$,因为点 $M_1(1,1,1)$ 和 $M_2(0,1,-1)$ 在所求平面上,所以 $\boldsymbol{n} \perp \boldsymbol{n}_1$,即 $-A - 2C = 0$,即 $A = -2C$.

又因为所求平面垂直于平面 $x + y + z = 0$,所以 $\boldsymbol{n} \perp \boldsymbol{n}_2$,即 $A + B + C = 0$,则 $B = C$.

由点法式方程,所求平面为

$$-2C(x - 1) + C(y - 1) + C(z - 1) = 0$$

即

$$2x - y - z = 0$$

解法2:从点 M_1 到点 M_2 的向量为 $\boldsymbol{n}_1 = (-1, 0, -2)$,平面 $x + y + z = 0$ 的法

线向量为 $n_2 = (1,1,1)$. 设所求平面的法线向量 n 可取为 $n_1 \times n_2$, 又

$$n = n_1 \times n_2 = \begin{vmatrix} i & j & k \\ -1 & 0 & -2 \\ 1 & 1 & 1 \end{vmatrix} = 2i - j - k$$

所求平面方程为

$$2(x-1) - (y-1) - (z-1) = 0$$

即

$$2x - y - z = 0$$

例 9　设 $P_0(x_0, y_0, z_0)$ 是平面 $Ax + By + Cz + D = 0$ 外一点, 求 P_0 到这平面的距离.

提示:

$$e_n = \frac{1}{\sqrt{A^2 + B^2 + C^2}}(A, B, C), \quad \overrightarrow{P_1 P_0} = (x_0 - x_1, y_0 - y_1, z_0 - z_1)$$

解　设 e_n 是平面的单位法线向量, 在平面上任取一点 $P_1(x_1, y_1, z_1)$, 则 P_0 到这平面的距离为

$$d = |\overrightarrow{P_1 P_0} \cdot e_n| = \frac{|A(x_0 - x_1) + B(y_0 - y_1) + C(z_0 - z_1)|}{\sqrt{A^2 + B^2 + C^2}}$$

$$= \frac{|Ax_0 + By_0 + Cz_0 - (Ax_1 + By_1 + Cz_1)|}{\sqrt{A^2 + B^2 + C^2}}$$

$$= \frac{|Ax_0 + By_0 + Cz_0 + D|}{\sqrt{A^2 + B^2 + C^2}}$$

例 10　求点 $(2,1,1)$ 到平面 $x + y - z + 1 = 0$ 的距离.

解　
$$d = \frac{|Ax_0 + By_0 + Cz_0 + D|}{\sqrt{A^2 + B^2 + C^2}}$$

$$= \frac{|1 \times 2 + 1 \times 1 + (-1) \times 1 + 1|}{\sqrt{1^2 + 1^2 + (-1)^2}}$$

$$= \frac{3}{\sqrt{3}} = \sqrt{3}$$

例 11　研究以下各组里两平面的位置关系:

(1) $-x + 2y - z + 1 = 0$, $y + 3z - 1 = 0$;

(2) $2x - y + z - 1 = 0$, $-4x + 2y - 2z - 1 = 0$;

(3) $2x - y - z - 1 = 0$, $-4x + 2y + 2z + 2 = 0$.

解　$(1)\cos\theta=\dfrac{|-1\times0+2\times1-1\times3|}{\sqrt{(-1)^2+2^2+(-1)^2}\cdot\sqrt{1^2+3^2}}=\dfrac{1}{\sqrt{60}}$

两平面相交,夹角为

$$\theta=\arccos\frac{1}{\sqrt{60}}$$

$(2)\boldsymbol{n}_1=(2,-1,1),\boldsymbol{n}_2=(-4,2,-2)$

显然有$\dfrac{2}{-4}=\dfrac{-1}{2}=\dfrac{1}{-2}$,故两平面平行.

又因$M(1,1,0)\in\Pi_1,M(1,1,0)\notin\Pi_2$,故两平面平行但不重合.

(3)因$\dfrac{2}{-4}=\dfrac{-1}{2}=\dfrac{-1}{2}$,故两平面平行.

又因$M(1,1,0)\in\Pi_1,M(1,1,0)\in\Pi_2$,故两平面重合.

习题 6-3

基础题

1. 求过点$(3,0,-1)$且与平面$3x-7y+5z-12=0$平行的平面方程.

2. 求过点$(1,0,-1)$且平行于向量$\boldsymbol{a}=(2,1,1)$和$\boldsymbol{b}=(1,-1,0)$的平面方程.

3. 求平行于xOz面且过点$(2,-5,3)$的平面方程.

4. 求过 3 点$M_1(2,-1,4),M_2(-1,3,-2),M_3(0,2,3)$的平面方程;
   若$A(x_1,y_1,z_1),B(x_2,y_2,z_2),C(x_3,y_3,z_3)$不共线,你能给出过此 3 点的平面方程吗?

5. 指出下列平面方程的位置特点,并作示意图:
   $(1)y-3=0$;　　　　$(2)3y+2z=0$;　　　　$(3)x-2y+3z-8=0$.

6. 判定下列两平面之间的位置关系:
   $(1)x+2y-4z=0$与$2x+4y-8z=1$;
   $(2)2x-y+3z=1$与$3x-2z=4$.

提高题

1. 求两平面$x-y+2z-6=0$和$2x+y+z-5=0$的夹角.

2. 点$(1,2,3)$到平面$3x + 4y - 12z + 12 = 0$的距离.

3. 求点$(1,2,1)$到平面$x + 2y + 2z - 1 = 0$的距离.

4. 求满足下列条件的平面方程:

(1) 平行y轴,且过点$P(1, -5,1)$和$Q(3,2, -1)$;

(2) 过点$(1,2,3)$且平行于平面$2x + y + 2z + 5 = 0$;

(3) 过点$M_1(1,1,1)$和$M_2(0,1, -1)$且垂直于平面$x + y + z = 0$.

5. 求$Ax + By + Cz + D_1 = 0$与$Ax + By + Cz + D_2 = 0$之间的距离.

§6.4 空间直线及其方程

6.4.1 空间直线的一般方程

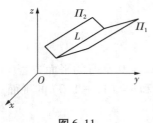

图 6.11

空间直线L可看成两个平面$\varPi_1$和$\varPi_2$的交线(见图6.11).

若两个相交平面$\varPi_1$和$\varPi_2$的方程分别为$A_1x + B_1y + C_1z + D_1 = 0$和$A_2x + B_2y + C_2z + D_2 = 0$,那么,直线$L$上的任一点$M$的坐标应同时满足这两个平面的方程,即应满足方程组

$$\begin{cases} A_1x + B_1y + C_1z + D_1 = 0 \\ A_2x + B_2y + C_2z + D_2 = 0 \end{cases} \tag{6.1}$$

反过来,如果点M不在直线L上,那么它不可能同时在平面$\varPi_1$和$\varPi_2$上,所以它的坐标不满足方程组(6.1).因此,直线L可用方程组(6.1)来表示.

方程组(6.1)称为**空间直线的一般方程**.

6.4.2 空间直线的对称式方程和参数方程

定义 1 如果一个非零向量平行于一条已知直线,这个向量就称为这条直线的**方向向量**,常被记为

$$s = (m,n,p)$$

易知,直线上任一向量都平行于该直线的方向向量. 当直线L上一点$M_0(x_0,$

$y_0, z_0)$和它的一方向向量 $s = (m, n, p)$ 为已知时,直线 L 的位置就完全确定了.

例1 已知直线 L 通过点 $M_0(x_0, y_0, z_0)$,且直线的方向向量为 $s = (m, n, p)$,求直线 L 的方程.

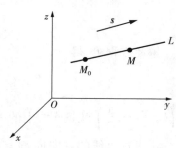

图 6.12

解 设 $M(x, y, z)$ 在直线 L 上的任一点(见图 6.12),那么

$$(x - x_0, y - y_0, z - z_0) \; /\!/ \; s$$

故所求直线方程为

$$\frac{x - x_0}{m} = \frac{y - y_0}{n} = \frac{z - z_0}{p}$$

将 $\dfrac{x - x_0}{m} = \dfrac{y - y_0}{n} = \dfrac{z - z_0}{p}$ 称为直线的**对称式方程**或**点向式方程**.

注:当 m, n, p 中有一个为零,如 $m = 0$ 而 $n, p \neq 0$ 时,对称式方程组应理解为

$$\begin{cases} x = x_0 \\ \dfrac{y - y_0}{n} = \dfrac{z - z_0}{p} \end{cases}$$

当 m, n, p 中有两个为零,如 $m = n = 0$,而 $p \neq 0$ 时,对称式方程组应理解为

$$\begin{cases} x - x_0 = 0 \\ y - y_0 = 0 \end{cases}$$

直线的任一方向向量 s 的坐标 m, n, p 称为这直线的一组**方向数**,而向量 s 的方向余弦称为该**直线的方向余弦**.

由直线的对称式方程容易导出**直线的参数方程**:

设 $\dfrac{x - x_0}{m} = \dfrac{y - y_0}{n} = \dfrac{z - z_0}{p} = t$,得方程组

$$\begin{cases} x = x_0 + mt \\ y = y_0 + nt \\ z = z_0 + pt \end{cases}$$

这就是过点 $M_0(x_0, y_0, z_0)$,方向向量为 $s = (m, n, p)$ 的直线的参数方程.

例2 用对称式方程及参数方程表示直线

$$\begin{cases} x + y + z = 1 \\ 2x - y + 3z = 4 \end{cases}$$

解　先求直线上的一点,取 $x = 1$,有

$$\begin{cases} y + z = 0 \\ -y + 3z = 2 \end{cases}$$

解此方程组,得

$$y = -\frac{1}{2}, z = \frac{1}{2}$$

即 $\left(1, -\frac{1}{2}, \frac{1}{2}\right)$ 就是直线上的一点.

再求这直线的方向向量 s,s 必定垂直于两平面的法向量. 故以平面 $x + y + z = 1$ 和 $2x - y + 3z = 4$ 的法向量的向量积作为直线的方向向量 s,即

$$s = \begin{vmatrix} i & j & k \\ 1 & 1 & 1 \\ 2 & -1 & 3 \end{vmatrix} = 4i - j - 3k$$

因此,所给直线的对称式方程为

$$\frac{x - 1}{4} = \frac{y + 2}{-1} = \frac{z}{-3}$$

令 $\dfrac{x - 1}{4} = \dfrac{y + 2}{-1} = \dfrac{z}{-3} = t$,得所给直线的参数方程为

$$\begin{cases} x = 1 + 4t \\ y = -2 - t \\ z = -3t \end{cases}$$

6.4.3　两直线的夹角

定义 2　两直线的方向向量的夹角(通常指锐角)称为**两直线的夹角**. 设直线 L_1 和 L_2 的方向向量分别为 $s_1 = (m_1, n_1, p_1)$ 和 $s_2 = (m_2, n_2, p_2)$,那么,L_1 和 L_2 的夹角 φ 就是 $(\widehat{s_1, s_2})$ 和 $(-\widehat{s_1, s_2}) = \pi - (\widehat{s_1, s_2})$ 两者中的锐角,因此 $\cos \varphi = |\cos(\widehat{s_1, s_2})|$. 根据两向量的夹角的余弦公式,直线 L_1 和 L_2 的夹角 φ 可由

$$\cos \varphi = |\cos(\widehat{s_1, s_2})| = \frac{|m_1 m_2 + n_1 n_2 + p_1 p_2|}{\sqrt{m_1^2 + n_1^2 + p_1^2} \cdot \sqrt{m_2^2 + n_2^2 + p_2^2}}$$

来确定.

从两向量垂直、平行的充分必要条件立即推得下列结论:

设有两直线 $L_1: \dfrac{x - x_1}{m_1} = \dfrac{y - y_1}{n_1} = \dfrac{z - z_1}{p_1}, L_2: \dfrac{x - x_2}{m_2} = \dfrac{y - y_2}{n_2} = \dfrac{z - z_2}{p_2}$,则:

（1）$L_1 \perp L_2 \Leftrightarrow m_1 m_2 + n_1 n_2 + p_1 p_2 = 0$.

（2）$L_1 \mathbin{/\!/} L_2 \Leftrightarrow \dfrac{m_1}{m_2} = \dfrac{n_1}{n_2} = \dfrac{p_1}{p_2}$.

例 3　求直线 $L_1 : \dfrac{x-1}{1} = \dfrac{y}{-4} = \dfrac{z+3}{1}$ 和 $L_2 : \dfrac{x}{2} = \dfrac{y+2}{-2} = \dfrac{z}{-1}$ 的夹角.

解　两直线的方向向量分别为 $\boldsymbol{s}_1 = (1, -4, 1)$ 和 $\boldsymbol{s}_2 = (2, -2, -1)$. 设两直线的夹角为 φ，则

$$\cos \varphi = \frac{|1 \times 2 + (-4) \times (-2) + 1 \times (-1)|}{\sqrt{1^2 + (-4)^2 + 1^2} \cdot \sqrt{2^2 + (-2)^2 + (-1)^2}} = \frac{1}{\sqrt{2}} = \frac{\sqrt{2}}{2}$$

故 $\varphi = \dfrac{\pi}{4}$.

6.4.4　直线与平面的夹角

当直线与平面不垂直时，直线和它在平面上的投影直线的夹角 φ 称为直线与平面的夹角. 当直线与平面垂直时，规定直线与平面的夹角为 $\dfrac{\pi}{2}$.

设直线的方向向量 $\boldsymbol{s} = (m, n, p)$，平面的法线向量为 $\boldsymbol{n} = (A, B, C)$，直线与平面的夹角为 φ（见图 6.13），那么，$\varphi = \dfrac{\pi}{2} - (\widehat{\boldsymbol{s}, \boldsymbol{n}})$，因此 $\sin \varphi = |\cos(\widehat{\boldsymbol{s}, \boldsymbol{n}})|$. 按两向量夹角余弦的坐标表示式，有

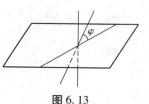

图 6.13

$$\sin \varphi = \frac{|Am + Bn + Cp|}{\sqrt{A^2 + B^2 + C^2} \cdot \sqrt{m^2 + n^2 + p^2}}$$

因为直线与平面垂直相当于直线的方向向量与平面的法线向量平行，所以直线与平面垂直相当于 $\dfrac{A}{m} = \dfrac{B}{n} = \dfrac{C}{p}$.

因为直线与平面平行或直线在平面上相当于直线的方向向量与平面的法线向量垂直，所以直线与平面平行或直线在平面上相当于 $Am + Bn + Cp = 0$.

设直线 L 的方向向量为 (m, n, p)，平面 $\varPi$ 的法线向量为 (A, B, C)，则：

（1）$L \perp \varPi \Leftrightarrow \dfrac{A}{m} = \dfrac{B}{n} = \dfrac{C}{p}$.

（2）$L \mathbin{/\!/} \varPi \Leftrightarrow Am + Bn + Cp = 0$.

例 4 求过点 $(1, -2, 4)$ 且与平面 $2x - 3y + z - 4 = 0$ 垂直的直线方程.

解 平面的法线向量 $(2, -3, 1)$ 可作为所求直线的方向向量,由此可得所求直线的方程为

$$\frac{x-1}{2} = \frac{y+2}{-3} = \frac{z-4}{1}$$

例 5 求与两平面 $x - 4z = 3$ 和 $2x - y - 5z = 1$ 的交线平行且过点 $(-3, 2, 5)$ 的直线的方程.

解 平面 $x - 4z = 3$ 和 $2x - y - 5z = 1$ 的交线的方向向量就是所求直线的方向向量 s.

因为

$$s = (i - 4k) \times (2i - j - 5k) = \begin{vmatrix} i & j & k \\ 1 & 0 & -4 \\ 2 & -1 & -5 \end{vmatrix} = -(4i + 3j + k)$$

所以所求直线的方程为

$$\frac{x+3}{4} = \frac{y-2}{3} = \frac{z-5}{1}$$

例 6 求直线 $\dfrac{x-2}{1} = \dfrac{y-3}{1} = \dfrac{z-4}{2}$ 与平面 $2x + y + z - 6 = 0$ 的交点.

解 令

$$\frac{x-2}{1} = \frac{y-3}{1} = \frac{z-4}{2} = t$$

所给直线的参数方程为

$$\begin{cases} x = 2 + t \\ y = 3 + t \\ z = 4 + 2t \end{cases}$$

代入平面方程中,得

$$2(2 + t) + (3 + t) + (4 + 2t) - 6 = 0$$

解上列方程,得 $t = -1$.

将 $t = -1$ 代入直线的参数方程,得所求交点的坐标为

$$x = 1, y = 2, z = 2$$

例 7 求过点 $(2, 1, 3)$ 且与直线 $\dfrac{x+1}{3} = \dfrac{y-1}{2} = \dfrac{z}{-1}$ 垂直相交的直线方程.

解　过点$(2,1,3)$与直线$\dfrac{x+1}{3}=\dfrac{y-1}{2}=\dfrac{z}{-1}$垂直的平面为

$$3(x-2)+2(y-1)-(z-3)=0$$

即

$$3x+2y-z=5$$

直线$\dfrac{x+1}{3}=\dfrac{y-1}{2}=\dfrac{z}{-1}$与平面$3x+2y-z=5$的交点坐标为$\left(\dfrac{2}{7},\dfrac{13}{7},-\dfrac{3}{7}\right)$.

以点$(2,1,3)$为起点,点$\left(\dfrac{2}{7},\dfrac{13}{7},-\dfrac{3}{7}\right)$为终点的向量为

$$\left(\dfrac{2}{7}-2,\dfrac{13}{7}-1,-\dfrac{3}{7}-3\right)=-\dfrac{6}{7}(2,-1,4)$$

所求直线的方程为

$$\dfrac{x-2}{2}=\dfrac{y-1}{-1}=\dfrac{z-3}{4}$$

平面束:设直线L的一般方程为

$$\begin{cases}A_1x+B_1y+C_1z+D_1=0 \\ A_2x+B_2y+C_2z+D_2=0\end{cases}$$

其中,系数A_1,B_1,C_1与A_2,B_2,C_2不成比例. 考虑三元一次方程

$$A_1x+B_1y+C_1z+D_1+\lambda(A_2x+B_2y+C_2z+D_2)=0$$

即

$$(A_1+\lambda A_2)x+(B_1+\lambda B_2)y+(C_1+\lambda C_2)z+D_1+\lambda D_2=0$$

其中,λ为任意常数. 因为系数A_1,B_1,C_1与A_2,B_2,C_2不成比例,所以对于任何一个λ值,上述方程的系数不全为零,从而它表示一个平面. 对于不同的λ值,所对应的平面也不同,而且这些平面都通过直线L,也就是说,这个方程表示通过直线L的一簇平面. 另一方面,任何通过直线L的平面也一定包含在上述通过L的**平面束**中.

定义3　通过定直线的所有平面的全体,称为**平面束**.

方程

$$A_1x+B_1y+C_1z+D_1+\lambda(A_2x+B_2y+C_2z+D_2)=0$$

就是通过直线L的平面束方程.

例 8 求直线 $\begin{cases} x + y - z - 1 = 0 \\ x - y + z + 1 = 0 \end{cases}$ 在平面 $x + y + z = 0$ 上的投影直线的

方程.

解 设过直线 $\begin{cases} x + y - z - 1 = 0 \\ x - y + z + 1 = 0 \end{cases}$ 的平面束的方程为

$$(x + y - z - 1) + \lambda(x - y + z + 1) = 0$$

即

$$(1 + \lambda)x + (1 - \lambda)y + (-1 + \lambda)z + (-1 + \lambda) = 0$$

其中，λ 为待定的常数. 这平面与平面 $x + y + z = 0$ 垂直的条件是

$$(1 + \lambda) \cdot 1 + (1 - \lambda) \cdot 1 + (-1 + \lambda) \cdot 1 = 0$$

即 $\lambda = -1$.

将 $\lambda = -1$ 代入平面束方程得投影平面的方程为

$$2y - 2z - 2 = 0$$

即

$$y - z - 1 = 0$$

因此，投影直线的方程为

$$\begin{cases} y - z - 1 = 0 \\ x + y + z = 0 \end{cases}$$

习题 6-4

基础题

1. 写出过点 $M_1(x_1, y_1, z_1), M_2(x_2, y_2, z_2)$ 的直线方程.

2. 用对称式方程及参数式方程表示直线

$$\begin{cases} x + y + z + 1 = 0 \\ 2x - y + 3z + 4 = 0 \end{cases}$$

3. 判别下列各直线之间的位置关系：

$(1) L_1: -x + 1 = \dfrac{y + 1}{2} = \dfrac{z + 1}{3}$ 与 $L_2: \begin{cases} x = 1 + 2t \\ y = 2 + t \\ z = 3 \end{cases}$;

$(2) L_1:-x = \dfrac{y}{2} = \dfrac{z}{3}$ 与 $L_2:\begin{cases} 2x + y - 1 = 0 \\ 3x + z - 2 = 0 \end{cases}$.

4. 设 $L:\dfrac{x - 1}{-\sqrt{2}} = \dfrac{y + 1}{1} = \dfrac{z + 1}{-1}$ 与 $\Pi:2x + \sqrt{2}y - \sqrt{2}z = 2$，则（　　）.

  A. $L \perp \Pi$ B. $L /\!/ \Pi, L \cap \Pi = \varnothing$

  C. $L \cap \Pi = L$ D. L 与 Π 夹角为 $\dfrac{\pi}{4}$

5. 求过点 $(2,0,-3)$ 且与直线 $\begin{cases} 2x - 2y + 4z - 7 = 0, \\ 3x + 5y - 2z + 1 = 0. \end{cases}$ 垂直的平面方程.

6. 求过点 $(0,2,4)$ 且与两平面 $x + 2z = 1$ 和 $y - 3z = 2$ 平行的直线方程.

7. 求过点 $M(3,1,-2)$ 且通过 $\dfrac{x - 4}{5} = \dfrac{y + 3}{2} = \dfrac{z}{1}$ 的平面方程.

提高题

1. 求点 $M(5,0,-3)$ 在平面 $\Pi:x + y - 2z + 1 = 0$ 上的投影.

2. 已知直线 $L_1:x - 1 = \dfrac{y - 2}{0} = \dfrac{z - 3}{-1}$，直线 $L_2:\dfrac{x + 2}{2} = \dfrac{y - 1}{1} = \dfrac{z}{1}$，求过 L_1 且平行 L_2 的平面方程.

3. 求点 $M(4,1,-6)$ 关于直线 $L:\dfrac{x - 1}{2} = \dfrac{y}{3} = \dfrac{z + 1}{-1}$ 的对称点.

4. 求原点到 $\dfrac{x - 1}{2} = y - 2 = \dfrac{z - 3}{2}$ 的距离.

§6.5 曲面及其方程

6.5.1 曲面方程的概念

在空间解析几何中,任何曲面都可看成点的几何轨迹.在这样的意义下,如果曲面 S 与三元方程 $F(x,y,z)=0$ 有下述关系(见图 6.14):

(1)曲面 S 上任一点的坐标都满足方程 $F(x,y,z)=0$.

(2)不在曲面 S 上的点的坐标都不满足方程 $F(x,y,z)=0$.

那么,方程 $F(x,y,z)=0$ 则称为**曲面 S 的方程**,而曲面 S 则称为方程 $F(x,y,z)=0$ 的**图形**.

下面来建立常见的曲面的方程:

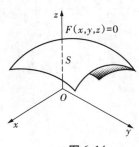

图 6.14

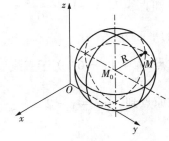

图 6.15

例 1 建立球心在点 $M_0(x_0,y_0,z_0)$,半径为 R 的球面的方程.

解 设 $M(x,y,z)$ 是球面上的任一点(见图 6.15),则

$$|M_0M| = R$$

即

$$\sqrt{(x-x_0)^2+(y-y_0)^2+(z-z_0)^2} = R$$

或

$$(x-x_0)^2+(y-y_0)^2+(z-z_0)^2 = R^2$$

这就是球面上点的坐标所满足的方程,不在球面上的点的坐标都不满足这个方程.

因此,$(x-x_0)^2+(y-y_0)^2+(z-z_0)^2 = R^2$ 就是球心在点 $M_0(x_0,y_0,z_0)$,半

径为 R 的球面的方程.

特别的,球心在原点 $O(0,0,0)$,半径为 R 的球面的方程为

$$x^2 + y^2 + z^2 = R^2$$

例 2　设有点 $A(1,2,3)$ 和 $B(2,-1,4)$,求线段 AB 的垂直平分面的方程.

解　由题意已知,所求的平面就是与 A 和 B 等距离的点的几何轨迹. 设 $M(x,y,z)$ 为所求平面上的任一点,则有 $|AM| = |BM|$,即

$$\sqrt{(x-1)^2 + (y-2)^2 + (z-3)^2} = \sqrt{(x-2)^2 + (y+1)^2 + (z-4)^2}$$

等式两边平方,然后化简得

$$2x - 6y + 2z - 7 = 0$$

这就是所求平面上的点的坐标所满足的方程,而不在此平面上的点的坐标都不满足这个方程,所以这个方程就是所求平面的方程.

在本节,我们将要研究曲面的两个基本问题:

(1)已知一曲面作为点的几何轨迹时,建立这曲面的方程(如例1、例2).

(2)已知坐标 x,y,z 所满足的一个方程,研究这个方程所表示的曲面的形状.

例如,已知有三元二次方程 $Ax^2 + Ay^2 + Az^2 + Dx + Ey + Fz + G = 0$,这个方程的特点是缺少 xy,yz,zx 各项,而且平方项系数相同,故可使用配方法将方程化为

$$(x-x_0)^2 + (y-y_0)^2 + (z-z_0)^2 = R^2$$

的形式,这个方程所表示的曲面就是以球心 $M_0(x_0,y_0,z_0)$,半径为 R 的球面的方程.

6.5.2　旋转曲面

定义 1　以一条平面曲线绕其平面上的一条直线旋转一周所成的曲面,称为**旋转曲面**,这条平面曲线称为旋转曲面的**母线**,定直线称为旋转曲面的**轴**.

这里来建立旋转曲面方程.

设在 yOz 坐标面上有一曲线 C,它的方程为 $f(y,z) = 0$. 把曲线 C 绕 z 轴旋转一周,就得到一个以 z 轴为轴的旋转曲面.

设 $M(x,y,z)$ 为曲面上任一点,它是曲线 C 上点 $M_1(0,y_1,z_1)$ 绕 z 轴旋转而得到的. 因此,点 $M_1(0,y_1,z_1)$ 的坐标满足曲线 C 的方程,即有 $f(y_1,z_1) = 0$;另外,$M(x,y,z)$ 和 $M_1(0,y_1,z_1)$ 处于同一高度,故 $z = z_1$;旋转过程中,点 $M(x,y,z)$ 到 z 轴的距离保持不变,故 $|y_1| = \sqrt{x^2 + y^2}$.

综上,有 $f(y_1,z_1) = 0, z = z_1, |y_1| = \sqrt{x^2 + y^2}$,代入曲线方程 $f(y,z) = 0$,就

得到了旋转曲面的方程

$$f\left(\pm\sqrt{x^2+y^2},z\right)=0$$

故在曲线 C 的方程 $f(y,z)=0$ 中将 y 改成 $\pm\sqrt{x^2+y^2}$，便得曲线 C 绕 z 轴旋转所成的旋转曲面的方程

$$f\left(\pm\sqrt{x^2+y^2},z\right)=0$$

同理，曲线 C 绕 y 轴旋转所成的旋转曲面的方程为

$$f\left(y,\pm\sqrt{x^2+z^2}\right)=0$$

直线 L 绕另一条与 L 相交的直线旋转一周，所得旋转曲面称为**圆锥面**. 两直线的交点称为圆锥面的**顶点**，两直线的夹角 $\alpha\left(0<\alpha<\dfrac{\pi}{2}\right)$ 称为圆锥面的**半顶角**.

例 3　试建立顶点在坐标原点 O、旋转轴为 z 轴、半顶角为 α 的圆锥面的方程.

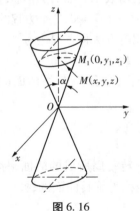

图 6.16

解　在 yOz 坐标面内（见图 6.16），直线 L 的方程为

$$z=y\cot\alpha$$

将方程 $z=y\cot\alpha$ 中的 y 改成 $\pm\sqrt{x^2+y^2}$，就得到所要求的圆锥面的方程

$$z=\pm\sqrt{x^2+y^2}\cot\alpha$$

或

$$z^2=a^2(x^2+y^2)$$

其中，$a=\cot\alpha$.

例 4　将 zOx 坐标面上的双曲线 $\dfrac{x^2}{a^2}-\dfrac{z^2}{c^2}=1$ 分别绕 x 轴和 z 轴旋转一周，求所生成的旋转曲面的方程.

解　绕 x 轴旋转所在的旋转曲面的方程为

$$\frac{x^2}{a^2}-\frac{y^2+z^2}{c^2}=1$$

绕 z 轴旋转所在的旋转曲面的方程为

$$\frac{x^2+y^2}{a^2}-\frac{z^2}{c^2}=1$$

这两种曲面分别称为**双叶旋转双曲面**和**单叶旋转双曲面**.

6.5.3 柱　面

例5　方程 $x^2 + y^2 = R^2$ 表示怎样的曲面？

定义2　平行于定直线并沿定曲线 C 移动的直线 L 形成的轨迹称为**柱面**，定曲线 C 称为柱面的**准线**，动直线 L 称为柱面的**母线**.

上面我们看到，不含 z 的方程 $x^2 + y^2 = R^2$ 在空间直角坐系中表示圆柱面，它的母线平行于 z 轴，它的准线是 xOy 面上的圆 $x^2 + y^2 = R^2$.

一般，只含 x, y 而缺 z 的方程 $F(x, y) = 0$，在空间直角坐标系中表示母线平行于 z 轴的柱面，其准线是 xOy 面上的曲线 $C: F(x, y) = 0$.

例如，方程 $y^2 = 2x$ 表示母线平行于 z 轴的柱面，它的准线是 xOy 面上的抛物线 $y^2 = 2x$，该柱面称为**抛物柱面**.

类似的，只含 x, z 而缺 y 的方程 $G(x, z) = 0$ 和只含 y, z 而缺 x 的方程 $H(y, z) = 0$ 分别表示母线平行于 y 轴和 x 轴的柱面.

例如，方程 $x - z = 0$ 表示母线平行于 y 轴的柱面，其准线是 zOx 面上的直线 $x - z = 0$，故它是过 y 轴的平面.

6.5.4 二次曲面

设 S 是一个曲面，其方程为 $F(x, y, z) = 0$，S' 是将曲面 S 沿 x 轴方向伸缩 λ 倍所得的曲面. 显然，若 $(x, y, z) \in S$，则 $(\lambda x, y, z) \in S'$；若 $(x, y, z) \in S'$，则

$$\left(\frac{1}{\lambda} x, y, z \right) \in S$$

因此，对于任意的 $(x, y, z) \in S'$，有 $F\left(\frac{1}{\lambda} x, y, z \right) = 0$，即曲面 S' 的方程.

例如，把圆锥面 $x^2 + y^2 = a^2 z^2$ 沿 y 轴方向伸缩 $\dfrac{b}{a}$ 倍，所得曲面的方程为

$$x^2 + \left(\frac{a}{b} y \right)^2 = a^2 z^2$$

即

$$\frac{x^2}{a^2} + \frac{y^2}{b^2} = z^2$$

1）椭圆锥面

由方程 $\dfrac{x^2}{a^2} + \dfrac{y^2}{b^2} = z^2$ 所表示的曲面，称为椭圆锥面，如图 6.17 所示.

2）椭球面

由方程$\dfrac{x^2}{a^2} + \dfrac{y^2}{b^2} + \dfrac{z^2}{c^2} = 1$所表示的曲面，称为椭球面，如图 6.18 所示.

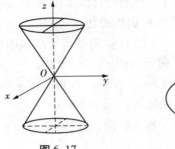

图 6.17　　　　　　　　　　　图 6.18

3）单叶双曲面

由方程$\dfrac{x^2}{a^2} + \dfrac{y^2}{b^2} - \dfrac{z^2}{c^2} = 1$所表示的曲面，称为单叶双曲面，如图 6.19 所示.

4）双叶双曲面

由方程$\dfrac{x^2}{a^2} - \dfrac{y^2}{b^2} - \dfrac{z^2}{c^2} = 1$所表示的曲面，称为双叶双曲面，如图 6.20 所示.

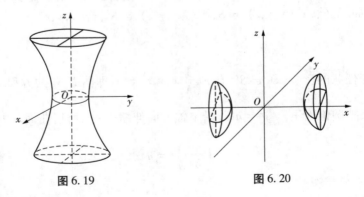

图 6.19　　　　　　　　　　　图 6.20

5）椭圆抛物面

由方程$\dfrac{x^2}{a^2} + \dfrac{y^2}{b^2} = z$所表示的曲面，称为椭圆抛物面，如图 6.21 所示.

6) 双曲抛物面

由方程 $\dfrac{x^2}{a^2} - \dfrac{y^2}{b^2} = z$ 所表示的曲面,称为双曲抛物面,如图 6.22 所示.

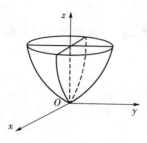

图 6.21

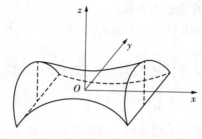

图 6.22

还有 3 种二次曲面是以 3 种二次曲线为准线的柱面,即

$$\frac{x^2}{a^2} + \frac{y^2}{b^2} = 1, \frac{x^2}{a^2} - \frac{y^2}{b^2} = 1, x^2 = ay$$

分别称为**椭圆柱面**、**双曲柱面**、**抛物柱面**.

习题 6-5

基础题

1. 一动点与两定点 $(2,3,1)$ 和 $(4,5,6)$ 等距离,求动点的轨迹方程.

2. 建立以点 $(1,2,3)$ 为球心,且通过坐标原点的球面方程.

3. 方程 $x^2 + y^2 + z^2 - 2x + 4y + 2z = 0$ 表示什么曲面?

4. 写出 xOy 面上的圆 $x^2 + z^2 = 9$ 分别绕 z 轴旋转一周所得旋转曲面的方程.

5. 将 xOz 坐标面上的曲线 $z = x + a$ 分别绕 x 轴及 z 轴旋转一周,求所生成的旋转曲面的方程.

6. 画出下列方程所表示的曲面:

$(1)\left(x - \dfrac{a}{2}\right)^2 + y^2 = \left(\dfrac{a}{2}\right)^2;$ $(2) z = 2 - x^2.$

提高题

1. 已知动点 $M(x,y,z)$ 到 xOy 平面的距离与点 M 到 $(1,-1,2)$ 的距离相等, 求点 M 的轨迹的方程.

2. 写出 xOy 面上双曲线 $4x^2 - 9y^2 = 36$ 分别绕 x 轴、y 轴旋转一周所得旋转曲面的方程.

3. 说明下列旋转曲面是怎样形成的:

(1) $\dfrac{x^2}{4} + \dfrac{y^2}{9} + \dfrac{z^2}{9} = 1$;   (2) $x^2 - \dfrac{y^2}{4} + z^2 = 1$.

4. 画出下列方程所表示的曲面:

(1) $4x^2 + y^2 - z^2 = 4$;   (2) $\dfrac{z}{3} = \dfrac{x^2}{4} + \dfrac{y^2}{9}$.

§6.6 空间曲线及其方程

6.6.1 空间曲线的一般方程

空间曲线可看成两个曲面的交线.

设 $F(x,y,z)=0$ 和 $G(x,y,z)=0$ 是两个曲面方程,它们的交线为 C. 因为曲线 C 上的任何点的坐标应同时满足这两个方程. 所以应满足方程组

$$\begin{cases} F(x,y,z)=0 \\ G(x,y,z)=0 \end{cases} \tag{6.2}$$

反过来,如果点 M 不在曲线 C 上,那么,它不可能同时在两个曲面上,所以它的坐标不满足方程组.

因此,曲线 C 可用上述方程组来表示. 上述方程组称为空间曲线 C 的一般方程.

例 1   方程组 $\begin{cases} x^2 + y^2 = 1 \\ 2x + 3z = 6 \end{cases}$ 表示怎样的曲线?

解   方程组中第一个方程表示母线平行于 z 轴的圆柱面,其准线是 xOy 面上的圆,圆心在原点 O,半径为 1. 方程组中第二个方程表示一个母线平行于 y 轴

的柱面,由于它的准线是 zOx 面上的直线,因此,它是一个平面. 方程组就表示上述平面与圆柱面的交线.

例 2 方程组 $\begin{cases} z = \sqrt{a^2 - x^2 - y^2} \\ \left(x - \dfrac{a}{2}\right)^2 + y^2 = \left(\dfrac{a}{2}\right)^2 \end{cases}$ 表示怎样的曲线?

解 方程组中第一个方程表示球心在坐标原点 O,半行为 a 的上半球面. 第二个方程表示母线平行于 z 轴的圆柱面,它的准线是 xOy 面上的圆,这圆的圆心在点 $\left(\dfrac{a}{2}, 0\right)$,半径为 $\dfrac{a}{2}$. 方程组就表示上述半球面与圆柱面的交线.

6.6.2 空间曲线的参数方程

空间曲线 C 的方程除了一般方程之外,也可用参数形式表示,只要将 C 上动点的坐标 x, y, z 表示为参数 t 的函数

$$\begin{cases} x = x(t) \\ y = y(t) \\ z = z(t) \end{cases} \tag{6.3}$$

当给定 $t = t_1$ 时,就得到 C 上的一个点 (x_1, y_1, z_1);随着 t 的变动便得曲线 C 上的全部点. 方程组(6.3)称为空间曲线的参数方程.

例 3 如果空间一点 M 在圆柱面 $x^2 + y^2 = a^2$ 上以角速度 ω 绕 z 轴旋转,同时又以线速度 v 沿平行于 z 轴的正方向上升(其中 ω, v 都是常数),那么点 M 构成的图形称为**螺旋线**. 试建立其参数方程.

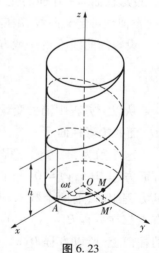

图 6.23

解 取时间 t 为参数. 设当 $t = 0$ 时,动点位于 x 轴上的一点 $A(a, 0, 0)$ 处. 经过时间 t,动点由 A 运动到 $M(x, y, z)$(见图 6.23).

记 M 在 xOy 面上的投影为 M',M' 的坐标为 $(x, y, 0)$. 由于动点在圆柱面上以角速度 ω 绕 z 轴旋转,所以经过时间 t,$\angle AOM' = \omega t$. 从而

$$x = \left| OM' \right| \cos \angle AOM' = a \cos \omega t$$

$$y = \left| OM' \right| \sin \angle AOM' = a \sin \omega t$$

由于动点同时以线速度 v 沿平行于 z 轴的正方向上升,故

$$z = MM' = vt$$

因此螺旋线的参数方程为

$$\begin{cases} x = a\cos\omega t \\ y = a\sin\omega t \\ z = vt \end{cases}$$

也可用其他变量作参数,如令 $\theta = \omega t$,则螺旋线的参数方程可写为

$$\begin{cases} x = a\cos\theta \\ y = a\sin\theta \\ z = b\theta \end{cases}$$

其中,$b = \dfrac{v}{\omega}$,而参数为 θ.

6.6.3 空间曲线在坐标面上的投影

以曲线 C 为准线、母线平行于 z 轴的柱面称为曲线 C 关于 xOy 面的投影柱面,投影柱面与 xOy 面的交线称为空间曲线 C 在 xOy 面上的**投影曲线**,或简称投影(类似地可定义曲线 C 在其他坐标面上的投影).

设空间曲线 C 的一般方程为

$$\begin{cases} F(x,y,z) = 0 \\ G(x,y,z) = 0 \end{cases}$$

从以上方程中消去变量 z 后所得的方程为 $H(x,y) = 0$,这就是曲线 C 关于 xOy 面的**投影柱面**.

这是因为:一方面方程 $H(x,y) = 0$ 表示一个母线平行于 z 轴的柱面,另一方面方程 $H(x,y) = 0$ 是由方程组消去变量 z 后所得的方程. 因此,当 x,y,z 满足方程组时,前两个数 x,y 必定满足方程 $H(x,y) = 0$,这就说明曲线 C 上的所有点都在方程 $H(x,y) = 0$ 所表示的曲面上,即曲线 C 在方程 $H(x,y) = 0$ 表示的柱面上. 所以方程 $H(x,y) = 0$ 表示的柱面就是曲线 C 关于 xOy 面的投影柱面.

因此,可写出曲线 C 在 xOy 面上的投影曲线的方程为

$$\begin{cases} H(x,y) = 0 \\ z = 0 \end{cases}$$

讨论：

曲线 C 关于 yOz 面和 zOx 面的投影柱面的方程是什么？曲线 C 在 yOz 面和 zOx 面上的投影曲线的方程是什么？

例 4 已知两球面的方程为 $x^2 + y^2 + z^2 = 1$ 和 $x^2 + (y-1)^2 + (z-1)^2 = 1$，求它们的交线 C 在 xOy 面上的投影方程.

解 先将方程 $x^2 + (y-1)^2 + (z-1)^2 = 1$ 化为

$$x^2 + y^2 + z^2 - 2y - 2z = 1$$

然后与方程 $x^2 + y^2 + z^2 = 1$ 相减得

$$y + z = 1$$

将 $z = 1 - y$ 代入 $x^2 + y^2 + z^2 = 1$ 得

$$x^2 + 2y^2 - 2y = 0$$

这就是交线 C 关于 xOy 面的投影柱面方程，两球面的交线 C 在 xOy 面上的投影方程为

$$\begin{cases} x^2 + 2y^2 - 2y = 0 \\ z = 0 \end{cases}$$

例 5 求由上半球面 $z = \sqrt{4 - x^2 - y^2}$ 和锥面 $z = \sqrt{3(x^2 + y^2)}$ 所围成立体在 xOy 面上的投影.

解 由方程 $z = \sqrt{4 - x^2 - y^2}$ 和 $z = \sqrt{3(x^2 + y^2)}$ 消去 z，得到

$$x^2 + y^2 = 1$$

这是一个母线平行于 z 轴的圆柱面，容易看出，这恰好是半球面与锥面的交线 C 关于 xOy 面的投影柱面，因此，交线 C 在 xOy 面上的投影曲线为

$$\begin{cases} x^2 + y^2 = 1 \\ z = 0 \end{cases}$$

这是 xOy 面上的一个圆，是所求立体在 xOy 面上的投影，就是该圆在 xOy 面上所围的部分

$$x^2 + y^2 \leqslant 1$$

习题 6-6

基础题

1. 指出下列方程组在平面几何中与空间几何中分别表示什么图形:

$(1) \begin{cases} y = x + 1 \\ y = 2x - 3 \end{cases}$; $(2) \begin{cases} \dfrac{x^2}{4} + \dfrac{y^2}{9} = 1 \\ y = 3 \end{cases}$.

2. 写出曲面 $x^2 + y^2 + z^2 = a^2$ 与 $x^2 + y^2 = 2az(a > 0)$ 的交线方程.

3. 求母线平行于 x 轴且通过曲线 $\begin{cases} 2x^2 + y^2 + z^2 = 16 \\ x^2 - y^2 + z^2 = 0 \end{cases}$ 的柱面方程.

4. 写出曲线 $\begin{cases} x^2 + 4y^2 = 4 \\ 2x + 3y + z + 1 = 0 \end{cases}$ 在 yOz 平面上的投影曲线方程.

5. 写出曲线 $\begin{cases} x^2 + y^2 + z^2 = 9 \\ y = x \end{cases}$ 的参数方程.

6. 求由上半球面 $z = \sqrt{4 - x^2 - y^2}$ 和锥面 $z = \sqrt{3(x^2 + y^2)}$ 所围成立体在 xOy 面上的投影.

提高题

1. 画出曲线 $\begin{cases} z = \sqrt{4 - x^2 - y^2} \\ x - y = 0 \end{cases}$ 在第一卦限的图形.

2. 求曲线 $\begin{cases} y^2 + z^2 - 2x = 0 \\ z = 3 \end{cases}$ 在 xOy 坐标面上的投影曲线的方程,并指出原曲线是什么曲线?

3. 求球面 $x^2 + y^2 + z^2 = 9$ 与平面 $x + z = 1$ 的交线在 xOy 面上的投影的方程.

4. 写出曲线 $\begin{cases} (x-1)^2 + y^2 + (z+1)^2 = 9 \\ z = 0 \end{cases}$ 的参数方程.

5. 求螺旋线 $\begin{cases} x = a\cos\theta \\ y = a\sin\theta \\ z = b\theta \end{cases}$ 在 yOz 面上的投影曲线的直角坐标方程.

第7章 多元函数微分法及其应用

在自然科学和工程技术中常常遇到依赖于两个或多个自变量的函数,这种函数统称为多元函数.上册所学的函数都只有一个自变量,故将那种函数称为一元函数,本章将在一元函数的基础上,讨论多元函数的基本概念和多元函数的微分法及其应用.讨论以二元函数为主,因为从一元函数到二元函数为质变过程,而二元函数到三元或三元以上函数来说,只是量变.学习本章时,在方法上要善于与一元函数对照、类比,注意它们之间的相同点与不同点,求同存异.

§7.1 多元函数的基本概念

7.1.1 平面点集

在上册讨论一元函数时,一些概念、理论和方法都是基于一维实数点集、两点间的距离、区间和邻域等概念的,为了将一元函数微积分推广到多元函数微积分,首先要做的是将上述概念进行推广,同时还需加入一些其他概念.为此,先引入平面点集的一些基本概念,再将有关概念从一维的情形推广到二维及 n 维的情况.

1) 平面点集

由平面解析几何知道,当在平面上引入了一个直角坐标系后,平面上的点 P 与有序二元实数组 (x,y) 之间就建立了一一对应.于是,我们常把有序实数组 (x,y) 与平面上的点 P 视作等同的.这种建立了坐标系的平面称为坐标平面.二

元的序实数组 (x,y) 的全体，即 $\mathbf{R}^2 = \mathbf{R} \times \mathbf{R} = \{(x,y) \mid x,y \in \mathbf{R}\}$ 就表示坐标平面.

坐标平面上具有某种性质 P 的点的集合，称为平面点集，记作 $E = \{(x,y) \mid (x,y)$ 具有性质 $P\}$. 例如，平面上以原点为中心、r 为半径的圆内所有点的集合是 $C = \{(x,y) \mid x^2 + y^2 < r^2\}$. 如果以点 P 表示 (x,y)，以 $|OP|$ 表示点 P 到原点 O 的距离，那么，集合 C 可表示为 $C = \{P \mid |OP| < r\}$.

现在我们来引入 $\mathbf{R}^2$ 中邻域的概念.

设 $P_0(x_0,y_0)$ 是 xOy 平面上的一个点，δ 是某一正数. 与点 $P_0(x_0,y_0)$ 距离小于 δ 的点 $P(x,y)$ 的全体，称为点 P_0 的 δ 邻域，记为 $U(P_0,\delta)$，即

$$U(P_0,\delta) = \{P \mid |PP_0| < \delta\}$$

或

$$U(P_0,\delta) = \{(x,y) \mid \sqrt{(x-x_0)^2 + (y-y_0)^2} < \delta\}$$

邻域的几何意义：$U(P_0,\delta)$ 表示 xOy 平面上以点 $P_0(x_0,y_0)$ 为中心、$\delta > 0$ 为半径的圆的内部的点 $P(x,y)$ 的全体.

点 P_0 的去心 δ 邻域，记作 $\mathring{U}(P_0,\delta)$，即

$$\mathring{U}(P_0,\delta) = \{P \mid 0 < |P_0P| < \delta\}$$

如果不需要强调邻域的半径 δ，则用 $U(P_0)$ 表示点 P_0 的某个邻域，点 P_0 的去心邻域记作 $\mathring{U}(P_0)$.

下面利用邻域来描述点与点集之间的关系：

任意一点 $P \in \mathbf{R}^2$ 与任意一个点集 $E \subset \mathbf{R}^2$ 之间必有以下 3 种关系中的一种：

（1）内点：如果存在点 P 的某一邻域 $U(P)$，使得 $U(P) \subset E$，则称 P 为 E 的内点.

（2）外点：如果存在点 P 的某个邻域 $U(P)$，使得 $U(P) \cap E = \varnothing$，则称 P 为 E 的外点.

（3）边界点：如果点 P 的任一邻域内既有属于 E 的点，也有不属于 E 的点，则称 P 点为 E 的边点.

E 的边界点的全体，称为 E 的边界，记作 ∂E.

E 的内点必属于 E；E 的外点必定不属于 E；而 E 的边界点可能属于 E，也可能不属于 E.

聚点：如果对于任意给定的 $\delta > 0$，点 P 的去心邻域 $\mathring{U}(P,\delta)$ 内总有 E 中的点，则称 P 是 E 的聚点.

由聚点的定义可知,点集 E 的聚点 P 本身,可属于 E,也可能不属于 E.

例如,设平面点集

$$E = \{(x,y) \mid 1 < x^2 + y^2 \leqslant 2\}$$

满足 $1 < x^2 + y^2 < 2$ 的一切点 (x,y) 都是 E 的内点;满足 $x^2 + y^2 = 1$ 的一切点 (x,y) 都是 E 的边界点,它们都不属于 E;满足 $x^2 + y^2 = 2$ 的一切点 (x,y) 也是 E 的边界点,它们都属于 E;点集 E 以及它的边界 ∂E 上的一切点都是 E 的聚点.

开集:如果点集 E 的点都是内点,则称 E 为开集.

闭集:如果点集的余集 E^c 为开集,则称 E 为闭集.

开集的例子:$E = \{(x,y) \mid 1 < x^2 + y^2 < 2\}$.

闭集的例子:$E = \{(x,y) \mid 1 \leqslant x^2 + y^2 \leqslant 2\}$.

集合 $\{(x,y) \mid 1 < x^2 + y^2 \leqslant 2\}$ 既非开集,也非闭集.

连通性:如果点集 E 内任何两点都可用折线连接起来,且该折线上的点都属于 E,则称 E 为连通集.

区域(或开区域):连通的开集称为区域(或开区域). 例如

$$E = \{(x,y) \mid 1 < x^2 + y^2 < 2\}$$

闭区域:开区域连同它的边界一起所构成的点集称为闭区域. 例如

$$E = \{(x,y) \mid 1 \leqslant x^2 + y^2 \leqslant 2\}$$

有界集:对于平面点集 E,如果存在某一正数 r,使得

$$E \subset U(O,r)$$

其中,O 是坐标原点,则称 E 为有界点集.

无界集:一个集合如果不是有界集,就称这集合为无界集.

例如,集合 $\{(x,y) \mid 1 \leqslant x^2 + y^2 \leqslant 2\}$ 是有界闭区域;集合 $\{(x,y) \mid x + y > 1\}$ 是无界开区域;集合 $\{(x,y) \mid x + y \geqslant 1\}$ 是无界闭区域.

2)n 维空间

设 n 为取定的一个自然数,我们用 $\mathbf{R}^n$ 表示 n 元有序数组 $(x_1, x_2, \cdots, x_n)$ 全体所构成的集合,即

$$\mathbf{R}^n = \mathbf{R} \times \mathbf{R} \times \cdots \times \mathbf{R} = \{(x_1, x_2, \cdots, x_n) \mid x_i \in \mathbf{R}, i = 1, 2, \cdots, n\}$$

$\mathbf{R}^n$ 中的元素 $(x_1, x_2, \cdots, x_n)$ 有时也用单个字母 $\boldsymbol{x}$ 来表示,即

$$\boldsymbol{x} = (x_1, x_2, \cdots, x_n)$$

当所有的 $x_i(i = 1, 2, \cdots, n)$ 都为零时,称这样的元素为 $\mathbf{R}^n$ 中的零元,记为

0. 在解析几何中,通过直角坐标,$\mathbf{R}^2$(或 $\mathbf{R}^3$)中的元素分别与平面(或空间)中的点或向量建立一一对应,因而 $\mathbf{R}^n$ 中的元素 $\boldsymbol{x} = (x_1, x_2, \cdots, x_n)$ 也称 $\mathbf{R}^n$ 中的一个点或一个 n 维向量,x_i 称为点 $\boldsymbol{x}$ 的第 i 个坐标或 n 维向量 $\boldsymbol{x}$ 的第 i 个分量. 特别地,$\mathbf{R}^n$ 中的零元 $\boldsymbol{0}$ 称为 $\mathbf{R}^n$ 中的坐标原点或 n 维零向量.

为了在集合 $\mathbf{R}^n$ 中的元素之间建立联系,在 $\mathbf{R}^n$ 中定义线性运算如下:

设 $\boldsymbol{x} = (x_1, x_2, \cdots, x_n), \boldsymbol{y} = (y_1, y_2, \cdots, y_n)$ 为 $\mathbf{R}^n$ 中任意两个元素,$\lambda \in \mathbf{R}$,规定

$$\boldsymbol{x} + \boldsymbol{y} = (x_1 + y_1, x_2 + y_2, \cdots, x_n + y_n), \lambda \boldsymbol{x} = (\lambda x_1, \lambda x_2, \cdots, \lambda x_n)$$

这样定义了线性运算的集合 $\mathbf{R}^n$ 称为 n 维空间.

$\mathbf{R}^n$ 中点 $\boldsymbol{x} = (x_1, x_2, \cdots, x_n)$ 和点 $\boldsymbol{y} = (y_1, y_2, \cdots, y_n)$ 间的距离,记作 $\rho(\boldsymbol{x}, \boldsymbol{y})$,规定

$$\rho(\boldsymbol{x}, \boldsymbol{y}) = \sqrt{(x_1 - y_1)^2 + (x_2 - y_2)^2 + \cdots + (x_n - y_n)^2}$$

显然,$n = 1, 2, 3$ 时,上述规定与数轴上、直角坐标系下平面及空间中两点间的距离一致.

$\mathbf{R}^n$ 中元素 $\boldsymbol{x} = (x_1, x_2, \cdots, x_n)$ 与零元 $\boldsymbol{0}$ 之间的距离 $\rho(\boldsymbol{x}, \boldsymbol{0})$ 记作 $\| \boldsymbol{x} \|$(在 $\mathbf{R}^1, \mathbf{R}^2, \mathbf{R}^3$ 中,通常将 $\| \boldsymbol{x} \|$ 记作 $| \boldsymbol{x} |$),即

$$\| \boldsymbol{x} \| = \sqrt{x_1^2 + x_2^2 + \cdots + x_n^2}$$

采用这一记号,结合向量的线性运算,便得

$$\| \boldsymbol{x} - \boldsymbol{y} \| = \sqrt{(x_1 - y_1)^2 + (x_2 - y_2)^2 + \cdots + (x_n - y_n)^2} = \rho(\boldsymbol{x}, \boldsymbol{y})$$

在 n 维空间 $\mathbf{R}^n$ 中定义了距离以后,就可以定义 $\mathbf{R}^n$ 中变元的极限:

设 $\boldsymbol{x} = (x_1, x_2, \cdots, x_n), \boldsymbol{a} = (a_1, a_2, \cdots, a_n) \in \mathbf{R}^n$. 如果

$$\| \boldsymbol{x} - \boldsymbol{a} \| \to 0$$

则称变元 $\boldsymbol{x}$ 在 $\mathbf{R}^n$ 中趋于固定元 $\boldsymbol{a}$,记作 $\boldsymbol{x} \to \boldsymbol{a}$.

显然

$$\boldsymbol{x} \to \boldsymbol{a} \Leftrightarrow x_1 \to a_1, x_2 \to a_2, \cdots, x_n \to a_n$$

在 $\mathbf{R}^n$ 中线性运算和距离的引入,使得前面讨论过的有关平面点集的一系列概念,可方便地引入 $n(n \geq 3)$ 维空间中,例如:

设 $\boldsymbol{a} = (a_1, a_2, \cdots, a_n) \in \mathbf{R}^n$,$\delta$ 是某一正数,则 n 维空间内的点集

$$U(\boldsymbol{a}, \delta) = \{ \boldsymbol{x} \mid \boldsymbol{x} \in \mathbf{R}^n, \rho(\boldsymbol{x}, \boldsymbol{a}) < \delta \}$$

就定义为 $\mathbf{R}^n$ 中点 $\boldsymbol{a}$ 的 δ 邻域. 以邻域为基础,可定义点集的内点、外点、边界点和聚点,以及开集、闭集、区域等一系列概念.

7.1.2 多元函数的概念

在自然科学和工程技术中,通常遇到一个变量依赖于多个自变量的函数关系.

例1 圆柱体的体积 V 和它的底半径 r、高 h 之间具有关系

$$V = \pi r^2 h$$

这里,当 r, h 在集合 $\{(r, h) \mid r > 0, h > 0\}$ 内取定一对值 (r, h) 时, V 对应的值就随之确定.

例2 一定量的理想气体的压强 p、体积 V 和绝对温度 T 之间具有关系

$$p = \frac{RT}{V}$$

其中, R 为常数. 这里,当 V, T 在集合 $\{(V, T) \mid V > 0, T > 0\}$ 内取定一对值 (V, T) 时, p 的对应值就随之确定.

例3 设 R 是电阻 R_1, R_2 并联后的总电阻,由电学知道,它们之间具有关系

$$R = \frac{R_1 R_2}{R_1 + R_2}$$

这里,当 R_1, R_2 在集合 $\{(R_1, R_2) \mid R_1 > 0, R_2 > 0\}$ 内取定一对值 (R_1, R_2) 时, R 的对应值就随之确定.

以上3例的具体意义虽不相同,但从数学上考虑其具有共性,抽出其共性可得多元函数的定义.

定义1 设 D 是 $\mathbf{R}^2$ 的一个非空子集,称映射 $f: D \to \mathbf{R}$ 为定义在 D 上的二元函数,通常记为

$$z = f(x, y), (x, y) \in D \ (\text{或} \ z = f(P), P \in D)$$

其中,点集 D 称为该函数的定义域, x, y 称为自变量, z 称为因变量.

上述定义中,与自变量 x, y 的一对值 (x, y) 相对应的因变量 z 的值,也称 f 在点 (x, y) 处的函数值,记作 $f(x, y)$,即 $z = f(x, y)$.

值域: $f(D) = \{z \mid z = f(x, y), (x, y) \in D\}$.

函数的其他符号: $z = z(x, y), z = g(x, y)$ 等.

类似地,可定义三元函数 $u = f(x, y, z), (x, y, z) \in D$ 以及三元以上的函数.

关于函数定义域的约定:一般在讨论用算式表达的多元函数 $u = f(\boldsymbol{x})$ 时,就以使这个算式有意义的变元 $\boldsymbol{x}$ 的值所组成的点集为这个多元函数的自然定

域. 因此, 对这类函数, 它的定义域不再特别标出. 例如:

函数 $z = \ln(x + y)$ 的定义域为 $\{(x,y) \mid x + y > 0\}$ (无界开区域);

函数 $z = \arcsin(x^2 + y^2)$ 的定义域为 $\{(x,y) \mid x^2 + y^2 \leqslant 1\}$ (有界闭区域).

二元函数的图形: 点集 $\{(x,y,z) \mid z = f(x,y), (x,y) \in D\}$ 称为二元函数 $z = f(x,y)$ 的图形, 二元函数的图形是一张曲面.

例如, $z = ax + by + c$ 是一张平面, 而函数 $z = x^2 + y^2$ 的图形是旋转抛物面.

7.1.3 多元函数的极限

与一元函数的极限概念类似, 如果在 $P(x,y) \to P_0(x_0, y_0)$ 的过程中, 对应的函数值 $f(x,y)$ 无限接近于一个确定的常数 A, 则称 A 是函数 $f(x,y)$ 当 $(x,y) \to (x_0, y_0)$ 时的极限.

定义 2 设二元函数 $f(P) = f(x,y)$ 的定义域为 $D, P_0(x_0, y_0)$ 是 D 的聚点. 如果存在常数 A, 对于任意给定的正数 ε 总存在正数 δ, 使得当 $P(x,y) \in D \cap \mathring{U}(P_0, \delta)$ 时, 都有

$$|f(P) - A| = |f(x,y) - A| < \varepsilon$$

成立, 则称常数 A 为函数 $f(x,y)$ 当 $(x,y) \to (x_0, y_0)$ 时的极限, 记为

$$\lim_{(x,y) \to (x_0, y_0)} f(x,y) = A, \text{ 或 } f(x,y) \to A \ ((x,y) \to (x_0, y_0))$$

也记作

$$\lim_{P \to P_0} f(P) = A \text{ 或 } f(P) \to A (P \to P_0)$$

上述定义的极限称为二重极限.

例 4 设 $f(x,y) = (x^2 + y^2) \sin \dfrac{1}{x^2 + y^2}$, 求证 $\lim\limits_{(x,y) \to (0,0)} f(x,y) = 0$.

证 因为 $f(x,y)$ 的定义域为 $D = R^2 / \{0,0\}$, 点 $O(0,0)$ 为 D 的聚点

$$|f(x,y) - 0| = \left| (x^2 + y^2) \sin \frac{1}{x^2 + y^2} - 0 \right|$$

$$= |x^2 + y^2| \cdot \left| \sin \frac{1}{x^2 + y^2} \right| \leqslant x^2 + y^2$$

可知, $\forall \varepsilon > 0$, 取 $\delta = \sqrt{\varepsilon}$, 则当

$$0 < \sqrt{(x-0)^2 + (y-0)^2} < \delta$$

即 $P(x,y) \in D \cap \mathring{U}(O, \delta)$ 时, 总有

$$|f(x,y) - 0| < \varepsilon$$

因此

$$\lim_{(x,y)\to(0,0)} f(x,y) = 0$$

注意：

（1）二重极限存在是指 P 以任何方式趋于 P_0 时，函数都无限接近于 A；

（2）如果当 P 以两种不同方式趋于 P_0 时，函数趋于不同的值，则函数的极限不存在.

讨论：

函数 $f(x,y) = \begin{cases} \dfrac{xy}{x^2 + y^2} & x^2 + y^2 \neq 0 \\ 0 & x^2 + y^2 = 0 \end{cases}$ 在点 $(0,0)$ 有无极限?

提示：

当点 $P(x,y)$ 沿 x 轴趋于点 $(0,0)$ 时

$$\lim_{(x,y)\to(0,0)} f(x,y) = \lim_{x\to0} f(x,0) = \lim_{x\to0} 0 = 0$$

当点 $P(x,y)$ 沿 y 轴趋于点 $(0,0)$ 时

$$\lim_{(x,y)\to(0,0)} f(x,y) = \lim_{y\to0} f(0,y) = \lim_{y\to0} 0 = 0$$

当点 $P(x,y)$ 沿直线 $y = kx$，有

$$\lim_{\substack{(x,y)\to(0,0)\\ y=kx}} \frac{xy}{x^2 + y^2} = \lim_{x\to0} \frac{kx^2}{x^2 + k^2 x^2} = \frac{k}{1 + k^2}$$

因此，函数 $f(x,y)$ 在 $(0,0)$ 处无极限.

多元函数的极限运算法则与一元函数的情况类似，但洛必达法则不能延用.

例5 求 $\lim\limits_{(x,y)\to(0,2)} \dfrac{\sin(xy)}{x}$.

解 $\lim\limits_{(x,y)\to(0,2)} \dfrac{\sin(xy)}{x} = \lim\limits_{(x,y)\to(0,2)} \left[\dfrac{\sin(xy)}{xy} \cdot y \right]$

$$= \lim_{(x,y)\to(0,2)} \frac{\sin(xy)}{xy} \cdot \lim_{(x,y)\to(0,2)} y$$

$$= 1 \times 2 = 2$$

7.1.4　多元函数的连续性

定义3 设二元函数 $f(P) = f(x,y)$ 的定义域为 D，$P_0(x_0, y_0)$ 为 D 的聚点，

且 $P_0 \in D$. 如果

$$\lim_{(x,y)\to(x_0,y_0)} f(x,y) = f(x_0,y_0)$$

则称函数 $f(x,y)$ 在点 $P_0(x_0,y_0)$ 连续.

如果函数 $f(x,y)$ 在 D 的每一点都连续,则称函数 $f(x,y)$ 在 D 上连续,或称 $f(x,y)$ 是 D 上的连续函数.

二元函数的连续性概念可相应地推广到 n 元函数 $f(P)$ 上去.

例 6 设 $f(x,y) = \sin x$,证明 $f(x,y)$ 是 $\mathbf{R}^2$ 上的连续函数.

证 设 $P_0(x_0,y_0) \in \mathbf{R}^2$. $\forall \varepsilon > 0$,由于 $\sin x$ 在 x_0 处连续,故 $\exists \delta > 0$,当 $|x - x_0| < \delta$ 时,有

$$|\sin x - \sin x_0| < \varepsilon$$

以上述 δ 作 P_0 的 δ 邻域 $U(P_0,\delta)$,则当 $P(x,y) \in U(P_0,\delta)$ 时,显然

$$|f(x,y) - f(x_0,y_0)| = |\sin x - \sin x_0| < \varepsilon$$

即 $f(x,y) = \sin x$ 在点 $P_0(x_0,y_0)$ 连续. 由 P_0 的任意性知,$\sin x$ 作为 x,y 的二元函数在 $\mathbf{R}^2$ 上连续.

对于任意的 $P_0(x_0,y_0) \in \mathbf{R}^2$,因为

$$\lim_{(x,y)\to(x_0,y_0)} f(x,y) = \lim_{(x,y)\to(x_0,y_0)} \sin x = \sin x_0 = f(x_0,y_0)$$

所以函数 $f(x,y) = \sin x$ 在点 $P_0(x_0,y_0)$ 连续. 由 P_0 的任意性知,$\sin x$ 作为 x,y 的二元函数在 $\mathbf{R}^2$ 上连续.

由类似的讨论可知,一元基本初等函数看成二元函数或二元以上的多元函数时,它们在各自的定义域内都是连续的.

定义 4 设函数 $f(x,y)$ 的定义域为 D,$P_0(x_0,y_0)$ 是 D 的聚点. 如果函数 $f(x,y)$ 在点 $P_0(x_0,y_0)$ 不连续,则称 $P_0(x_0,y_0)$ 为函数 $f(x,y)$ 的间断点.

例如,函数

$$f(x,y) = \begin{cases} \dfrac{xy}{x^2+y^2} & x^2+y^2 \neq 0 \\ 0 & x^2+y^2 = 0 \end{cases}$$

其定义域 $D = \mathbf{R}^2$,$O(0,0)$ 是 D 的聚点. $f(x,y)$ 当 $(x,y) \to (0,0)$ 时的极限不存在,所以点 $O(0,0)$ 是该函数的一个间断点.

又如,函数

$$z = \sin \frac{1}{x^2+y^2-1}$$

其定义域为 $D = \{(x,y) \mid x^2 + y^2 \neq 1\}$，圆周 $C = \{(x,y) \mid x^2 + y^2 = 1\}$ 上的点都是 D 的聚点，而 $f(x,y)$ 在 C 上没有定义，当然 $f(x,y)$ 在 C 上各点都不连续，所以圆周 C 上各点都是该函数的间断点.

注：间断点可能是孤立点，也可能是曲线上的点.

可以证明，多元连续函数的和、差、积仍为连续函数；连续函数的商在分母不为零处仍连续；多元连续函数的复合函数也是连续函数.

多元初等函数与一元初等函数类似，多元初等函数是指可用一个式子所表示的多元函数，这个式子是由常数及具有不同自变量的一元基本初等函数经过有限次的四则运算和复合运算而得到的.

例如 $\dfrac{x + x^2 - y^2}{1 + y^2}$，$\sin(x+y)$，$\mathrm{e}^{x^2 + y^2 + z^2}$ 都是多元初等函数.

一切多元初等函数在其定义区域内是连续的. 所谓定义区域，是指包含在定义域内的区域或闭区域.

由多元连续函数的连续性，如果要求多元连续函数 $f(P)$ 在点 P_0 处的极限，而该点又在此函数的定义区域内，则

$$\lim_{P \to P_0} f(P) = f(P_0)$$

例 7 求 $\displaystyle\lim_{(x,y) \to (1,2)} \dfrac{x+y}{xy}$.

解 函数 $f(x,y) = \dfrac{x+y}{xy}$ 是初等函数，它的定义域为

$$D = \{(x,y) \mid x \neq 0, y \neq 0\}$$

$P_0(1,2)$ 为 D 的内点，故存在 P_0 的某一邻域 $U(P_0) \subset D$，而任何邻域都是区域. 因此，$U(P_0)$ 是 $f(x,y)$ 的一个定义区域，则

$$\lim_{(x,y) \to (1,2)} f(x,y) = f(1,2) = \frac{3}{2}$$

一般的，求 $\displaystyle\lim_{P \to P_0} f(P)$ 时，如果 $f(P)$ 是初等函数，且 P_0 是 $f(P)$ 的定义域的内点，则 $f(P)$ 在点 P_0 处连续，于是

$$\lim_{P \to P_0} f(P) = f(P_0)$$

例 8 求 $\displaystyle\lim_{(x,y) \to (0,0)} \dfrac{\sqrt{xy+1} - 1}{xy}$.

解 $\displaystyle\lim_{(x,y) \to (0,0)} \dfrac{\sqrt{xy+1} - 1}{xy} = \lim_{(x,y) \to (0,0)} \dfrac{(\sqrt{xy+1} - 1)(\sqrt{xy+1} + 1)}{xy(\sqrt{xy+1} + 1)}$

$$= \lim_{(x,y)\to(0,0)} \frac{1}{\sqrt{xy+1}+1} = \frac{1}{2}$$

多元连续函数的性质如下:

性质1(有界性与最大值最小值定理) 在有界闭区域 D 上的多元连续函数,必定在 D 上有界,且能取得它的最大值和最小值.

性质1即若 $f(P)$ 在有界闭区域 D 上连续,则必定存在常数 $M > 0$,使得对一切 $P \in D$,有 $|f(P)| \leq M$,且存在 $P_1, P_2 \in D$,使得

$$f(P_1) = \max\{f(P) \mid P \in D\}, \quad f(P_2) = \min\{f(P) \mid P \in D\}$$

性质2(介值定理) 在有界闭区域 D 上的多元连续函数必取得介于最大值和最小值之间的任何值.

 习题 7-1

基础题

1. 设 $F(x,y) = \dfrac{x-2y}{2x-y}$,求 $F(1,3)$,$F(s,1)$.

2. 设 $\psi(x,y) = (x+y)^{x-y}$,求 $\psi(0,1)$,$\psi(2,3)$.

3. 求下列函数的定义域:

(1) $z = \dfrac{xy}{x-y}$;
    (2) $u = \dfrac{1}{\sqrt{x}} - \dfrac{1}{\sqrt{y}} - \dfrac{1}{\sqrt{z}}$;

(3) $z = \ln xy$;
    (4) $z = \sqrt{1 - \dfrac{x^2}{a^2} - \dfrac{y^2}{b^2}}$;

(5) $z = \sqrt{4 - x^2 - y^2} + \ln(y^2 - 2x + 1)$;

(6) $u = \sqrt{R^2 - x^2 - y^2 - z^2} + \dfrac{1}{\sqrt{x^2 + y^2 + z^2 - r^2}}$ $(R > r)$.

4. 下列函数在何处间断:

(1) $u = \ln(x^2 + y^2)$;
    (2) $z = \dfrac{1}{y^2 - 2x}$.

提高题

1. 已知函数 $f(x,y) = x^2 + y^2 - xy \tan \dfrac{x}{y}$，求 $f(tx, ty)$.

2. 设 $f(x,y) = 2x^2 + y^2$，求 $f(-x, -y)$.

3. 已知 $f(x,y) = (xy)^{x+y}$，求 $f(x-y, x+y)$.

4. 求下列函数的极限：

(1) $\lim\limits_{(x,y)\to(0,1)} \dfrac{1-xy}{x^2+y^2}$;

(2) $\lim\limits_{(x,y)\to(1,0)} \dfrac{\ln(x+e^y)}{\sqrt{x^2+y^2}}$;

(3) $\lim\limits_{(x,y)\to(0,0)} \dfrac{2-\sqrt{xy+4}}{xy}$;

(4) $\lim\limits_{(x,y)\to(0,0)} \dfrac{xy}{\sqrt{2-e^{xy}}-1}$;

(5) $\lim\limits_{(x,y)\to(2,0)} \dfrac{\tan(xy)}{y}$;

(6) $\lim\limits_{(x,y)\to(0,0)} \dfrac{1-\cos(x^2+y^2)}{(x^2+y^2)e^{x^2y^2}}$.

5. 证明下列极限不存在：

(1) $\lim\limits_{(x,y)\to(0,0)} \dfrac{x+y}{x-y}$;

(2) $\lim\limits_{(x,y)\to(0,0)} \dfrac{x^2y^2}{x^2y^2+(x-y)^2}$.

§7.2　偏导数

在研究一元函数时,从研究函数的变化率引入了导数的概念. 对于多元函数来说,同样需要讨论它的变化率. 但多元函数的变量不止一个,因变量与自变量的关系要比一元函数复杂得多,为了研究的方便性,我们首先考虑多元函数关于其中一个自变量的变化率,以二元函数 $z = f(x,y)$ 为例. 在本节的学习中,请参照一元函数导数的定义,求同存异,注意类比.

7.2.1　偏导数的定义及其计算法

对于二元函数 $z = f(x,y)$,如果只有自变量 x 变化,而自变量 y 固定,这时它就是 x 的一元函数,这函数对 x 的导数则称为二元函数 $z = f(x,y)$ 对于 x 的偏导数.

定义　设函数 $z = f(x,y)$ 在点 (x_0, y_0) 的某一邻域内有定义,当 y 固定在 y_0

而 x 在 x_0 处有增量 Δx 时,相应地函数有增量

$$f(x_0 + \Delta x, y_0) - f(x_0, y_0)$$

如果极限

$$\lim_{\Delta x \to 0} \frac{f(x_0 + \Delta x, y_0) - f(x_0, y_0)}{\Delta x}$$

存在,则称此极限为函数 $z = f(x, y)$ 在点 (x_0, y_0) 处对 x 的偏导数,记作

$$\frac{\partial z}{\partial x}\bigg|_{\substack{x=x_0 \\ y=y_0}}, \frac{\partial f}{\partial x}\bigg|_{\substack{x=x_0 \\ y=y_0}}, z_x\bigg|_{\substack{x=x_0 \\ y=y_0}}, \text{或} f_x(x_0, y_0)$$

例如

$$f_x(x_0, y_0) = \lim_{\Delta x \to 0} \frac{f(x_0 + \Delta x, y_0) - f(x_0, y_0)}{\Delta x}$$

类似的,函数 $z = f(x, y)$ 在点 (x_0, y_0) 处对 y 的偏导数定义为

$$\lim_{\Delta y \to 0} \frac{f(x_0, y_0 + \Delta y) - f(x_0, y_0)}{\Delta y}$$

记作

$$\frac{\partial z}{\partial y}\bigg|_{\substack{x=x_0 \\ y=y_0}}, \frac{\partial f}{\partial y}\bigg|_{\substack{x=x_0 \\ y=y_0}}, z_y\bigg|_{\substack{x=x_0 \\ y=y_0}}, \text{或} f_y(x_0, y_0)$$

偏导函数:如果函数 $z = f(x, y)$ 在区域 D 内每一点 (x, y) 处对 x 的偏导数都存在,那么,这个偏导数就是 x, y 的函数,它就称为函数 $z = f(x, y)$ 对自变量 x 的偏导函数,记作

$$\frac{\partial z}{\partial x}, \frac{\partial f}{\partial x}, z_x, \text{或} f_x(x, y)$$

偏导函数的定义式为

$$f_x(x, y) = \lim_{\Delta x \to 0} \frac{f(x + \Delta x, y) - f(x, y)}{\Delta x}$$

类似的,可定义函数 $z = f(x, y)$ 对 y 的偏导函数,记为

$$\frac{\partial z}{\partial y}, \frac{\partial f}{\partial y}, z_y, \text{或} f_y(x, y)$$

偏导函数的定义式为

$$f_y(x, y) = \lim_{\Delta y \to 0} \frac{f(x, y + \Delta y) - f(x, y)}{\Delta y}$$

实际求 $\frac{\partial f}{\partial x}$ 时,只要把 y 暂时看成常量而对 x 求导数;求 $\frac{\partial f}{\partial y}$ 时,只要把 x 暂时

看成常量而对 y 求导数.

偏导数的概念还可推广到二元以上的函数. 例如,三元函数 $u = f(x,y,z)$ 在点 (x,y,z) 处对 x 的偏导数定义为

$$f_x(x,y,z) = \lim_{\Delta x \to 0} \frac{f(x + \Delta x,y,z) - f(x,y,z)}{\Delta x}$$

其中, (x,y,z) 是函数 $u = f(x,y,z)$ 的定义域的内点. 它们的求法也仍旧是一元函数的微分法问题.

例 1 求 $z = x^2 + 3xy + y^2$ 在点 $(1,2)$ 处的偏导数.

解
$$\frac{\partial z}{\partial x} = 2x + 3y, \qquad \frac{\partial z}{\partial y} = 3x + 2y$$

$$\frac{\partial z}{\partial x}\bigg|_{\substack{x=1\\y=2}} = 2 \cdot 1 + 3 \cdot 2 = 8, \qquad \frac{\partial z}{\partial y}\bigg|_{\substack{x=1\\y=2}} = 3 \cdot 1 + 2 \cdot 2 = 7$$

例 2 求 $z = x^2 \sin 2y$ 的偏导数.

解 $\dfrac{\partial z}{\partial x} = 2x \sin 2y, \qquad \dfrac{\partial z}{\partial y} = 2x^2 \cos 2y$

例 3 设 $z = x^y(x > 0, x \neq 1)$,求证: $\dfrac{x}{y}\dfrac{\partial z}{\partial x} + \dfrac{1}{\ln x}\dfrac{\partial z}{\partial y} = 2z$.

证明
$$\frac{\partial z}{\partial x} = yx^{y-1}, \qquad \frac{\partial z}{\partial y} = x^y \ln x$$

$$\frac{x}{y}\frac{\partial z}{\partial x} + \frac{1}{\ln x}\frac{\partial z}{\partial y} = \frac{x}{y}yx^{y-1} + \frac{1}{\ln x}x^y \ln x = x^y + x^y = 2z$$

例 4 求 $r = \sqrt{x^2 + y^2 + z^2}$ 的偏导数.

解
$$\frac{\partial r}{\partial x} = \frac{x}{\sqrt{x^2 + y^2 + z^2}} = \frac{x}{r}$$

$$\frac{\partial r}{\partial y} = \frac{y}{\sqrt{x^2 + y^2 + z^2}} = \frac{y}{r}$$

$$\frac{\partial r}{\partial z} = \frac{z}{\sqrt{x^2 + y^2 + z^2}} = \frac{z}{r}$$

例 5 已知理想气体的状态方程为 $pV = RT$ (R 为常数),求证:

$$\frac{\partial p}{\partial V} \cdot \frac{\partial V}{\partial T} \cdot \frac{\partial T}{\partial p} = -1$$

证明 因为

$$p = \frac{RT}{V}, \frac{\partial p}{\partial V} = -\frac{RT}{V^2}$$

$$V = \frac{RT}{p}, \frac{\partial V}{\partial T} = \frac{R}{p}$$

$$T = \frac{pV}{R}, \frac{\partial T}{\partial p} = \frac{V}{R}$$

所以

$$\frac{\partial p}{\partial V} \cdot \frac{\partial V}{\partial T} \cdot \frac{\partial T}{\partial p} = -\frac{RT}{V^2} \cdot \frac{R}{p} \cdot \frac{V}{R} = -\frac{RT}{pV} = -1$$

由例 5 说明的问题: 偏导数的记号是一个整体记号, 不能看成分子分母之商.

二元函数 $z = f(x,y)$ 在点 (x_0, y_0) 的偏导数的几何意义:

$f_x(x_0, y_0) = [f(x, y_0)]'_x$ 是截线 $z = f(x, y_0)$ 在点 M_0 处切线 T_x 对 x 轴的斜率.

$f_y(x_0, y_0) = [f(x_0, y)]'_y$ 是截线 $z = f(x_0, y)$ 在点 M_0 处切线 T_y 对 y 轴的斜率.

偏导数与连续性: 对于多元函数来说, 即使各偏导数在某点都存在, 也不能保证函数在该点连续. 例如

$$f(x, y) = \begin{cases} \dfrac{xy}{x^2 + y^2} & x^2 + y^2 \neq 0 \\ 0 & x^2 + y^2 = 0 \end{cases}$$

在点 $(0,0)$ 有 $f_x(0,0) = 0$, $f_y(0,0) = 0$, 但函数在点 $(0,0)$ 并不连续.

提示:

$$f(x, 0) = 0, \quad f(0, y) = 0$$

$$f_x(0,0) = \frac{\mathrm{d}}{\mathrm{d}x}[f(x, 0)] = 0$$

$$f_y(0,0) = \frac{\mathrm{d}}{\mathrm{d}y}[f(0, y)] = 0$$

当点 $P(x, y)$ 沿 x 轴趋于点 $(0,0)$ 时, 有

$$\lim_{(x,y) \to (0,0)} f(x, y) = \lim_{x \to 0} f(x, 0) = \lim_{x \to 0} 0 = 0$$

当点 $P(x, y)$ 沿直线 $y = kx$ 趋于点 $(0,0)$ 时, 有

$$\lim_{\substack{(x,y) \to (0,0) \\ y = kx}} \frac{xy}{x^2 + y^2} = \lim_{x \to 0} \frac{kx^2}{x^2 + k^2 x^2} = \frac{k}{1 + k^2}$$

因此, $\lim\limits_{(x,y) \to (0,0)} f(x, y)$ 不存在, 故函数 $f(x, y)$ 在 $(0,0)$ 处不连续.

7.2.2 高阶偏导数

设函数 $z = f(x, y)$ 在区域 D 内具有偏导数

$$\frac{\partial z}{\partial x} = f_x(x, y), \frac{\partial z}{\partial y} = f_y(x, y)$$

那么,在 D 内 $f_x(x, y)$, $f_y(x, y)$ 都是 x, y 的函数.

如果函数 $z = f(x, y)$ 在区域 D 内的偏导数 $f_x(x, y)$, $f_y(x, y)$ 也具有偏导数,则它们的偏导数称为函数 $z = f(x, y)$ 的二阶偏导数. 按照对变量求导顺序的不同有下列 4 个二阶偏导数:

$$\frac{\partial}{\partial x}\left(\frac{\partial z}{\partial x}\right) = \frac{\partial^2 z}{\partial x^2} = f_{xx}(x, y)$$

$$\frac{\partial}{\partial y}\left(\frac{\partial z}{\partial x}\right) = \frac{\partial^2 z}{\partial x \partial y} = f_{xy}(x, y)$$

$$\frac{\partial}{\partial x}\left(\frac{\partial z}{\partial y}\right) = \frac{\partial^2 z}{\partial y \partial x} = f_{yx}(x, y)$$

$$\frac{\partial}{\partial y}\left(\frac{\partial z}{\partial y}\right) = \frac{\partial^2 z}{\partial y^2} = f_{yy}(x, y)$$

其中, $\frac{\partial}{\partial y}\left(\frac{\partial z}{\partial x}\right) = \frac{\partial^2 z}{\partial x \partial y} = f_{xy}(x, y)$, $\frac{\partial}{\partial x}\left(\frac{\partial z}{\partial y}\right) = \frac{\partial^2 z}{\partial y \partial x} = f_{yx}(x, y)$ 称为混合偏导数,则

$$\frac{\partial}{\partial x}\left(\frac{\partial z}{\partial x}\right) = \frac{\partial^2 z}{\partial x^2}$$

$$\frac{\partial}{\partial y}\left(\frac{\partial z}{\partial x}\right) = \frac{\partial^2 z}{\partial x \partial y}$$

$$\frac{\partial}{\partial x}\left(\frac{\partial z}{\partial y}\right) = \frac{\partial^2 z}{\partial y \partial x}$$

$$\frac{\partial}{\partial y}\left(\frac{\partial z}{\partial y}\right) = \frac{\partial^2 z}{\partial y^2}$$

同样,可得三阶、四阶以及 n 阶偏导数.

二阶及二阶以上的偏导数统称为高阶偏导数.

例 6 设 $z = x^3 y^2 - 3xy^3 - xy + 1$,求 $\frac{\partial^2 z}{\partial x^2}, \frac{\partial^3 z}{\partial x^3}, \frac{\partial^2 z}{\partial y \partial x}$ 和 $\frac{\partial^2 z}{\partial x \partial y}$.

解 $\frac{\partial z}{\partial x} = 3x^2 y^2 - 3y^3 - y, \frac{\partial z}{\partial y} = 2x^3 y - 9xy^2 - x$

$$\frac{\partial^2 z}{\partial x^2} = 6xy^2, \frac{\partial^3 z}{\partial x^3} = 6y^2$$

$$\frac{\partial^2 z}{\partial x \partial y} = 6x^2 y - 9y^2 - 1, \frac{\partial^2 z}{\partial y \partial x} = 6x^2 y - 9y^2 - 1$$

由例 6 观察到的问题

$$\frac{\partial^2 z}{\partial y \partial x} = \frac{\partial^2 z}{\partial x \partial y}$$

定理 如果函数 $z = f(x, y)$ 的两个二阶混合偏导数 $\dfrac{\partial^2 z}{\partial y \partial x}$ 及 $\dfrac{\partial^2 z}{\partial x \partial y}$ 在区域 D 内连续,那么,在该区域内这两个二阶混合偏导数必相等.

类似的,可定义二元以上函数的高阶偏导数.

例 7 验证函数 $z = \ln \sqrt{x^2 + y^2}$ 满足方程 $\dfrac{\partial^2 z}{\partial x^2} + \dfrac{\partial^2 z}{\partial y^2} = 0$.

证明 因为

$$z = \ln \sqrt{x^2 + y^2} = \frac{1}{2} \ln(x^2 + y^2)$$

所以

$$\frac{\partial z}{\partial x} = \frac{x}{x^2 + y^2}, \frac{\partial z}{\partial y} = \frac{y}{x^2 + y^2}$$

$$\frac{\partial^2 z}{\partial x^2} = \frac{(x^2 + y^2) - x \cdot 2x}{(x^2 + y^2)^2} = \frac{y^2 - x^2}{(x^2 + y^2)^2}$$

$$\frac{\partial^2 z}{\partial y^2} = \frac{(x^2 + y^2) - y \cdot 2y}{(x^2 + y^2)^2} = \frac{x^2 - y^2}{(x^2 + y^2)^2}$$

因此

$$\frac{\partial^2 z}{\partial x^2} + \frac{\partial^2 z}{\partial y^2} = \frac{x^2 - y^2}{(x^2 + y^2)^2} + \frac{y^2 - x^2}{(x^2 + y^2)^2} = 0$$

例 8 证明函数 $u = \dfrac{1}{r}$ 满足方程 $\dfrac{\partial^2 u}{\partial x^2} + \dfrac{\partial^2 u}{\partial y^2} + \dfrac{\partial^2 u}{\partial z^2} = 0$,其中 $r = \sqrt{x^2 + y^2 + z^2}$.

证明

$$\frac{\partial u}{\partial x} = -\frac{1}{r^2} \cdot \frac{\partial r}{\partial x} = -\frac{1}{r^2} \cdot \frac{x}{r} = -\frac{x}{r^3}$$

$$\frac{\partial^2 u}{\partial x^2} = -\frac{1}{r^3} + \frac{3x}{r^4} \cdot \frac{\partial r}{\partial x} = -\frac{1}{r^3} + \frac{3x^2}{r^5}$$

同理

$$\frac{\partial^2 u}{\partial y^2} = -\frac{1}{r^3} + \frac{3y^2}{r^5}, \frac{\partial^2 u}{\partial z^2} = -\frac{1}{r^3} + \frac{3z^2}{r^5}$$

因此

$$\frac{\partial^2 u}{\partial x^2} + \frac{\partial^2 u}{\partial y^2} + \frac{\partial^2 u}{\partial z^2} = \left(-\frac{1}{r^3} + \frac{3x^2}{r^5}\right) + \left(-\frac{1}{r^3} + \frac{3y^2}{r^5}\right) + \left(-\frac{1}{r^3} + \frac{3z^2}{r^5}\right)$$

$$= -\frac{3}{r^3} + \frac{3(x^2 + y^2 + z^2)}{r^5} = -\frac{3}{r^3} + \frac{3r^2}{r^5} = 0$$

提示:

$$\frac{\partial^2 u}{\partial x^2} = \frac{\partial}{\partial x}\left(-\frac{x}{r^3}\right) = -\frac{r^3 - x \cdot \frac{\partial}{\partial x}(r^3)}{r^6} = -\frac{r^3 - x \cdot 3r^2 \frac{\partial r}{\partial x}}{r^6}$$

 习题 7-2

基础题

1. 求下列函数的偏导数:

(1) $z = x^3 y - y^3 x$;

(2) $s = \dfrac{u^2 + v^2}{uv}$;

(3) $z = \sqrt{\ln(xy)}$;

(4) $z = \sin(xy) + \cos^2(xy)$;

(5) $z = \ln \tan \dfrac{x}{y}$;

(6) $z = (1 + xy)^y$;

(7) $u = x^{\frac{y}{z}}$;

(8) $u = \arctan(x - y)^z$.

2. 设 $f(x,y) = \ln\left(x + \dfrac{y}{2x}\right)$,求 $f_x(1,0)$,$f_y(1,0)$.

3. 设 $z = e^x(\cos y + x \sin y)$,求 $\left.\dfrac{\partial^2 z}{\partial x^2}\right|_{\left(0, \frac{\pi}{2}\right)}$,$\left.\dfrac{\partial^2 z}{\partial x \partial y}\right|_{\left(0, \frac{\pi}{2}\right)}$,$\left.\dfrac{\partial^2 z}{\partial y^2}\right|_{\left(0, \frac{\pi}{2}\right)}$.

4. $z = \ln(\sqrt{x} + \sqrt{y})$,证明:$x \dfrac{\partial z}{\partial x} + y \dfrac{\partial z}{\partial y} = \dfrac{1}{2}$.

5. 设 $z = \dfrac{xy}{x + y}$，证明：$x \dfrac{\partial z}{\partial x} + y \dfrac{\partial z}{\partial y} = z$.

6. 求下列各函数的二阶偏导数：

$(1) u = \dfrac{1}{2} \ln(x^2 + y^2)$；　　　　$(2) f(x, y) = x \sin(x + y) + y \cos(x + y)$；

$(3) z = \sin^2(ax + by)$；　　　　$(4) z = \arctan \dfrac{y}{x}$.

提高题

1. 设 $T = 2\pi \sqrt{\dfrac{l}{g}}$，求证 $l \dfrac{\partial T}{\partial l} + g \dfrac{\partial T}{\partial g} = 0$.

2. 设 $f(x, y) = x + (y - 1) \arcsin \sqrt{\dfrac{x}{y}}$，求 $f_x(x, 1)$.

3. 设 $z = \mathrm{e}^{-\left(\frac{1}{x} + \frac{1}{y}\right)}$，求证 $x^2 \dfrac{\partial z}{\partial x} + y^2 \dfrac{\partial z}{\partial y} = 2z$.

§7.3　全微分

7.3.1　全微分的定义

根据一元函数微分学中增量与微分的关系：$f(x + \Delta x) - f(x) \approx f'(x)\Delta x$，有偏增量与偏微分

$$f(x + \Delta x, y) - f(x, y) \approx f_x(x, y)\Delta x$$

$f(x + \Delta x, y) - f(x, y)$ 为函数对 x 的偏增量，$f_x(x, y)\Delta x$ 为函数对 x 的偏微分；

$$f(x, y + \Delta y) - f(x, y) \approx f_y(x, y)\Delta y$$

$f(x, y + \Delta y) - f(x, y)$ 为函数对 y 的偏增量，$f_y(x, y)\Delta y$ 为函数对 y 的偏微分.

全增量为

$$\Delta z = f(x + \Delta x, y + \Delta y) - f(x, y)$$

计算全增量比较复杂,我们希望用 $\Delta x,\Delta y$ 的线性函数来近似代替.

定义　如果函数 $z = f(x,y)$ 在点 (x,y) 的全增量

$$\Delta z = f(x + \Delta x, y + \Delta y) - f(x,y)$$

可表示为

$$\Delta z = A\Delta x + B\Delta y + o(\rho)\left(\rho = \sqrt{(\Delta x)^2 + (\Delta y)^2}\right)$$

其中,A,B 不依赖于 $\Delta x,\Delta y$ 而仅与 x,y 有关,则称函数 $z = f(x,y)$ 在点 (x,y) 可微分,而称 $A\Delta x + B\Delta y$ 为函数 $z = f(x,y)$ 在点 (x,y) 的全微分,记作 dz,即

$$dz = A\Delta x + B\Delta y$$

如果函数在区域 D 内各点处都可微分,则称这函数在 D 内可微分.

在一元函数微分学中,可微一定可导,可导一定连续,但在多元函数中可微与连续的关系为:可微必连续,但偏导数存在不一定连续.

这是因为,如果 $z = f(x,y)$ 在点 (x,y) 可微,则

$$\Delta z = f(x + \Delta x, y + \Delta y) - f(x,y) = A\Delta x + B\Delta y + o(\rho)$$

于是 $\lim\limits_{\rho \to 0} \Delta z = 0$,从而

$$\lim_{(\Delta x,\Delta y) \to (0,0)} f(x + \Delta x, y + \Delta y) = \lim_{\rho \to 0}[f(x,y) + \Delta z] = f(x,y)$$

因此,函数 $z = f(x,y)$ 在点 (x,y) 处连续.

可微条件如下:

定理1(必要条件)　如果函数 $z = f(x,y)$ 在点 (x,y) 可微分,则函数在该点的偏导数 $\dfrac{\partial z}{\partial x},\dfrac{\partial z}{\partial y}$ 必定存在,且函数 $z = f(x,y)$ 在点 (x,y) 的全微分为

$$dz = \frac{\partial z}{\partial x}\Delta x + \frac{\partial z}{\partial y}\Delta y$$

证明　设函数 $z = f(x,y)$ 在点 $P(x,y)$ 可微分. 于是,对于点 P 的某个邻域内的任意一点 $P'(x + \Delta x, y + \Delta y)$,有 $\Delta z = A\Delta x + B\Delta y + o(\rho)$. 特别当 $\Delta y = 0$ 时有

$$f(x + \Delta x, y) - f(x,y) = A\Delta x + o(|\Delta x|)$$

上式两边各除以 Δx,再令 $\Delta x \to 0$ 而取极限,就得

$$\lim_{\Delta x \to 0} \frac{f(x + \Delta x, y) - f(x,y)}{\Delta x} = A$$

从而偏导数 $\dfrac{\partial z}{\partial x}$ 存在,且 $\dfrac{\partial z}{\partial x} = A$. 同理可证偏导数 $\dfrac{\partial z}{\partial y}$ 存在,且 $\dfrac{\partial z}{\partial y} = B$. 所以

$$dz = \frac{\partial z}{\partial x}\Delta x + \frac{\partial z}{\partial y}\Delta y$$

简要证明:设函数 $z = f(x,y)$ 在点 (x,y) 可微分. 于是有 $\Delta z = A\Delta x + B\Delta y + o(\rho)$. 特别当 $\Delta y = 0$ 时有

$$f(x + \Delta x, y) - f(x,y) = A\Delta x + o(\,|\,\Delta x\,|\,)$$

上式两边各除以 Δx,再令 $\Delta x \to 0$ 而取极限,就得

$$\lim_{\Delta x \to 0}\frac{f(x + \Delta x, y) - f(x,y)}{\Delta x} = \lim_{\Delta x \to 0}\left[A + \frac{o(\,|\,\Delta x\,|\,)}{\Delta x}\right] = A$$

从而 $\frac{\partial z}{\partial x}$ 存在,且 $\frac{\partial z}{\partial x} = A$. 同理 $\frac{\partial z}{\partial y}$ 存在,且 $\frac{\partial z}{\partial y} = B$. 所以 $dz = \frac{\partial z}{\partial x}\Delta x + \frac{\partial z}{\partial y}\Delta y$.

偏导数 $\frac{\partial z}{\partial x}, \frac{\partial z}{\partial y}$ 存在是可微分的必要条件,但不是充分条件.

例如,函数

$$f(x,y) = \begin{cases} \dfrac{xy}{\sqrt{x^2 + y^2}} & x^2 + y^2 \neq 0 \\ 0 & x^2 + y^2 = 0 \end{cases}$$

在点 $(0,0)$ 处虽然有 $f_x(0,0) = 0$ 及 $f_y(0,0) = 0$,但函数在 $(0,0)$ 不可微分,即 $\Delta z - [f_x(0,0)\Delta x + f_y(0,0)\Delta y]$ 不是较 ρ 高阶的无穷小.

这是因为当 $(\Delta x, \Delta y)$ 沿直线 $y = x$ 趋于 $(0,0)$ 时

$$\frac{\Delta z - [f_x(0,0) \cdot \Delta x + f_y(0,0) \cdot \Delta y]}{\rho} = \frac{\Delta x \cdot \Delta y}{(\Delta x)^2 + (\Delta y)^2}$$

$$= \frac{\Delta x \cdot \Delta x}{(\Delta x)^2 + (\Delta x)^2} = \frac{1}{2} \neq 0$$

定理2(充分条件) 如果函数 $z = f(x,y)$ 的偏导数 $\frac{\partial z}{\partial x}, \frac{\partial z}{\partial y}$ 在点 (x,y) 连续,则函数在该点可微分.

定理1和定理2的结论可推广到三元及三元以上函数.

习惯上,$\Delta x, \Delta y$ 分别记作 dx, dy,并分别称为自变量的微分,则函数 $z = f(x,y)$ 的全微分可写作

$$dz = \frac{\partial z}{\partial x}dx + \frac{\partial z}{\partial y}dy$$

二元函数的全微分等于它的两个偏微分之和,称为二元函数的微分符合

叠加原理. 叠加原理也适用于二元以上的函数, 如函数 $u = f(x,y,z)$ 的全微分为

$$\mathrm{d}u = \frac{\partial u}{\partial x}\mathrm{d}x + \frac{\partial u}{\partial y}\mathrm{d}y + \frac{\partial u}{\partial z}\mathrm{d}z$$

例 1　计算函数 $z = x^2 y + y^2$ 的全微分.

解　因为

$$\frac{\partial z}{\partial x} = 2xy, \qquad \frac{\partial z}{\partial y} = x^2 + 2y$$

所以

$$\mathrm{d}z = 2xy\mathrm{d}x + (x^2 + 2y)\mathrm{d}y$$

例 2　计算函数 $z = \mathrm{e}^{xy}$ 在点 $(2,1)$ 处的全微分.

解　因为

$$\frac{\partial z}{\partial x} = y\,\mathrm{e}^{xy}, \frac{\partial z}{\partial y} = x\,\mathrm{e}^{xy}$$

$$\left.\frac{\partial z}{\partial x}\right|_{\substack{x=2 \\ y=1}} = \mathrm{e}^2, \left.\frac{\partial z}{\partial y}\right|_{\substack{x=2 \\ y=1}} = 2\mathrm{e}^2$$

所以

$$\mathrm{d}z = \mathrm{e}^2\mathrm{d}x + 2\mathrm{e}^2\mathrm{d}y$$

例 3　计算函数 $u = x + \sin\dfrac{y}{2} + \mathrm{e}^{yz}$ 的全微分.

解　因为

$$\frac{\partial u}{\partial x} = 1, \frac{\partial u}{\partial y} = \frac{1}{2}\cos\frac{y}{2} + z\,\mathrm{e}^{yz}, \frac{\partial u}{\partial z} = y\,\mathrm{e}^{yz}$$

所以

$$\mathrm{d}u = \mathrm{d}x + \left(\frac{1}{2}\cos\frac{y}{2} + z\,\mathrm{e}^{yz}\right)\mathrm{d}y + y\,\mathrm{e}^{yz}\mathrm{d}z$$

7.3.2　全微分在近似计算中的应用

当二元函数 $z = f(x,y)$ 在点 $P(x,y)$ 的两个偏导数 $f_x(x,y), f_y(x,y)$ 连续, 并且 $|\Delta x|, |\Delta y|$ 都较小时, 有近似等式

$$\Delta z \approx \mathrm{d}z = f_x(x,y)\Delta x + f_y(x,y)\Delta y$$

即

$$f(x + \Delta x, y + \Delta y) \approx f(x,y) + f_x(x,y)\Delta x + f_y(x,y)\Delta y$$

可利用上述近似等式对二元函数作近似计算.

例4 有一圆柱体,受压后发生形变,它的半径由 20 cm 增大到 20.05 cm,高度由 100 cm 减少到 99 cm. 求此圆柱体体积变化的近似值.

解 设圆柱体的半径、高和体积依次为 r, h 和 V,则有

$$V = \pi r^2 h$$

已知 $r = 20, h = 100, \Delta r = 0.05, \Delta h = -1$. 根据近似公式,有

$$\Delta V \approx dV = V_r\Delta r + V_h\Delta h = 2\pi rh\Delta r + \pi r^2 \Delta h$$

$$= 2\pi \times 20 \times 100 \times 0.05 + \pi \times (20)^2 \times (-1)$$

$$= -200\pi \ cm^3$$

即此圆柱体在受压后体积约减少了 $200\pi \ cm^3$.

例5 计算 $(1.04)^{2.02}$ 的近似值.

解 设函数 $f(x,y) = x^y$. 显然,要计算的值就是函数在 $x = 1.04, y = 2.02$ 时的函数值 $f(1.04, 2.02)$.

取 $x = 1, y = 2, \Delta x = 0.04, \Delta y = 0.02$. 由于

$$f(x + \Delta x, y + \Delta y) \approx f(x,y) + f_x(x,y)\Delta x + f_y(x,y)\Delta y$$

$$= x^y + yx^{y-1}\Delta x + x^y\ln x\Delta y$$

所以

$$(1.04)^{2.02} \approx 1^2 + 2 \times 1^{2-1} \times 0.04 + 1^2 \times \ln 1 \times 0.02 = 1.08$$

习题 7-3

基础题

1. 求下列函数的全微分:

$(1) z = \dfrac{x}{\sqrt{x^2 + y^2}}$;

$(2) z = x^y$;

$(3) z = e^{xy}$;

$(4) z = x\sin(x^2 + y^2)$;

$(5) z = xy + \dfrac{x}{y}$;

$(6) z = (x^2 + y^2)e^{\frac{x^2+y^2}{xy}}$.

2. 求函数 $z = x^2 y^3$，当 $x = 2, y = -1, \Delta x = 0.02, \Delta y = -0.01$ 的全微分.

3. 求函数 $z = 2x + 3y^2$，当 $x = 10, y = 8, \Delta x = 0.2, \Delta y = 0.3$ 的全增量 Δz 和全微分 $\mathrm{d}z$.

4. 求函数 $u = z \cot xy$ 的全微分.

提高题

1. 考虑二元函数 $f(x, y)$ 的下面 4 条性质：

(1) $f(x, y)$ 在点 (x_0, y_0) 连续.

(2) $f_x(x, y), f_y(x, y)$ 在点 (x_0, y_0) 连续.

(3) $f(x, y)$ 在点 (x_0, y_0) 可微分.

(4) $f_x(x_0, y_0), f_y(x_0, y_0)$ 存在.

若用"$P \Rightarrow Q$"表示可由性质 P 推出性质 Q，则下列 4 个选项中正确的是 ( ).

    A. $(2) \Rightarrow (3) \Rightarrow (1)$ B. $(3) \Rightarrow (2) \Rightarrow (1)$

    C. $(3) \Rightarrow (4) \Rightarrow (1)$ D. $(3) \Rightarrow (1) \Rightarrow (4)$

2. 计算 $\sqrt{(1.02)^3 + (1.97)^3}$ 的近似值.

§7.4 多元复合函数的求导法则

对于多元复合函数 $z = f(u, v)$，而 $u = \varphi(t), v = \psi(t)$，如何求 $\dfrac{\mathrm{d}z}{\mathrm{d}t}$？

设 $z = f(u, v)$，而 $u = \varphi(x, y), v = \psi(x, y)$，如何求 $\dfrac{\partial z}{\partial x}$ 和 $\dfrac{\partial z}{\partial y}$？

在一元函数中，复合函数的求导公式在求导中起到了重要的作用，对于多元函数来说，情况也是如此，在本节中，我们会借用复合函数的链式图（或结构图）及链式法则. 其中，链式法则请记住这十六字口诀：分段用乘，分叉用加；单路全导，叉路偏导. 其中，原一元函数的微商 $\dfrac{\mathrm{d}z}{\mathrm{d}t}$ 称为全导数.

1）复合函数的中间变量均为一元函数的情形

定理1　如果函数 $u=\varphi(t)$ 及 $v=\psi(t)$ 都在点 t 可导,函数 $z=f(u,v)$ 在对应点 (u,v) 具有连续偏导数,则复合函数 $z=f[\varphi(t),\psi(t)]$ 在点 t 可导,且有

$$\frac{\mathrm{d}z}{\mathrm{d}t}=\frac{\partial z}{\partial u}\cdot\frac{\mathrm{d}u}{\mathrm{d}t}+\frac{\partial z}{\partial v}\cdot\frac{\mathrm{d}v}{\mathrm{d}t}$$

其中,函数 $z=f(u,v),u=\varphi(t),v=\psi(t)$ 的函数关系可用如图7.1所示的链式图来表示,结合口诀即可写出此链式法则.

简要证明1:因为 $z=f(u,v)$ 具有连续的偏导数,所以它是可微的,即有

$$\mathrm{d}z=\frac{\partial z}{\partial u}\mathrm{d}u+\frac{\partial z}{\partial v}\mathrm{d}v$$

又因为 $u=\varphi(t)$ 及 $v=\psi(t)$ 都可导,因而可微,即有

$$\mathrm{d}u=\frac{\mathrm{d}u}{\mathrm{d}t}\mathrm{d}t,\mathrm{d}v=\frac{\mathrm{d}v}{\mathrm{d}t}\mathrm{d}t$$

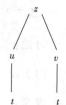

图7.1

代入上式得

$$\mathrm{d}z=\frac{\partial z}{\partial u}\cdot\frac{\mathrm{d}u}{\mathrm{d}t}\mathrm{d}t+\frac{\partial z}{\partial v}\cdot\frac{\mathrm{d}v}{\mathrm{d}t}\mathrm{d}t=\left(\frac{\partial z}{\partial u}\cdot\frac{\mathrm{d}u}{\mathrm{d}t}+\frac{\partial z}{\partial v}\cdot\frac{\mathrm{d}v}{\mathrm{d}t}\right)\mathrm{d}t$$

从而

$$\frac{\mathrm{d}z}{\mathrm{d}t}=\frac{\partial z}{\partial u}\cdot\frac{\mathrm{d}u}{\mathrm{d}t}+\frac{\partial z}{\partial v}\cdot\frac{\mathrm{d}v}{\mathrm{d}t}$$

推广:

设 $z=f(u,v,w),u=\varphi(t),v=\psi(t),w=\omega(t)$,则 $z=f[\varphi(t),\psi(t),\omega(t)]$ 对 t 的导数为

$$\frac{\mathrm{d}z}{\mathrm{d}t}=\frac{\partial z}{\partial u}\frac{\mathrm{d}u}{\mathrm{d}t}+\frac{\partial z}{\partial v}\frac{\mathrm{d}v}{\mathrm{d}t}+\frac{\partial z}{\partial w}\frac{\mathrm{d}w}{\mathrm{d}t}$$

2）复合函数的中间变量均为多元函数的情形

定理2　如果函数 $u=\varphi(x,y),v=\psi(x,y)$ 都在点 (x,y) 具有对 x 及 y 的偏导数,函数 $z=f(u,v)$ 在对应点 (u,v) 具有连续偏导数,则复合函数 $z=f[\varphi(x,y),\psi(x,y)]$ 在点 (x,y) 的两个偏导数存在,且有

$$\frac{\partial z}{\partial x}=\frac{\partial z}{\partial u}\cdot\frac{\partial u}{\partial x}+\frac{\partial z}{\partial v}\cdot\frac{\partial v}{\partial x},\frac{\partial z}{\partial y}=\frac{\partial z}{\partial u}\cdot\frac{\partial u}{\partial y}+\frac{\partial z}{\partial v}\cdot\frac{\partial v}{\partial y}$$

定理2同样可画出 $z=f[\varphi(x,y),\psi(x,y)],u=\varphi(x,y),v=\psi(x,y)$ 的

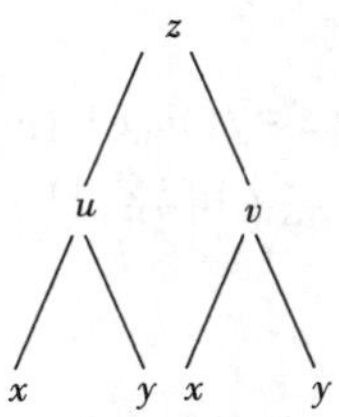

链式图(见图 7.2),并由口诀得出此链式法则.

推广：

设 $z = f(u,v,w), u = \varphi(x,y), v = \psi(x,y), w = \omega(x,y)$,则

$$\frac{\partial z}{\partial x} = \frac{\partial z}{\partial u} \cdot \frac{\partial u}{\partial x} + \frac{\partial z}{\partial v} \cdot \frac{\partial v}{\partial x} + \frac{\partial z}{\partial w} \cdot \frac{\partial w}{\partial x},$$

$$\frac{\partial z}{\partial y} = \frac{\partial z}{\partial u} \cdot \frac{\partial u}{\partial y} + \frac{\partial z}{\partial v} \cdot \frac{\partial v}{\partial y} + \frac{\partial z}{\partial w} \cdot \frac{\partial w}{\partial y}$$

图 7.2

讨论：

(1) 设 $z = f(u,v), u = \varphi(x,y), v = \psi(y)$,则 $\dfrac{\partial z}{\partial x} = ?$ $\dfrac{\partial z}{\partial y} = ?$

提示：

$$\frac{\partial z}{\partial x} = \frac{\partial z}{\partial u} \cdot \frac{\partial u}{\partial x}, \frac{\partial z}{\partial y} = \frac{\partial z}{\partial u} \cdot \frac{\partial u}{\partial y} + \frac{\partial z}{\partial v} \cdot \frac{\mathrm{d}v}{\mathrm{d}y}$$

(2) 设 $z = f(u,x,y)$,且 $u = \varphi(x,y)$,则 $\dfrac{\partial z}{\partial x} = ?$ $\dfrac{\partial z}{\partial y} = ?$

提示：

$$\frac{\partial z}{\partial x} = \frac{\partial f}{\partial u} \frac{\partial u}{\partial x} + \frac{\partial f}{\partial x}, \frac{\partial z}{\partial y} = \frac{\partial f}{\partial u} \frac{\partial u}{\partial y} + \frac{\partial f}{\partial y}$$

这里 $\dfrac{\partial z}{\partial x}$ 与 $\dfrac{\partial f}{\partial x}$ 是不同的, $\dfrac{\partial z}{\partial x}$ 是把复合函数 $z = f[\varphi(x,y),x,y]$ 中的 y 看成不变而对 x 的偏导数, $\dfrac{\partial f}{\partial x}$ 是把 $f(u,x,y)$ 中的 u 及 y 看成不变而对 x 的偏导数. $\dfrac{\partial z}{\partial y}$ 与 $\dfrac{\partial f}{\partial y}$ 也有类似的区别.

3) 复合函数的中间变量既有一元函数,又有多元函数的情形

定理3 如果函数 $u = \varphi(x,y)$ 在点 (x,y) 具有对 x 及对 y 的偏导数,函数 $v = \psi(y)$ 在点 y 可导,函数 $z = f(u,v)$ 在对应点 (u,v) 具有连续偏导数,则复合函数 $z = f[\varphi(x,y),\psi(y)]$ 在点 (x,y) 的两个偏导数存在,且有

$$\frac{\partial z}{\partial x} = \frac{\partial z}{\partial u} \cdot \frac{\partial u}{\partial x}, \frac{\partial z}{\partial y} = \frac{\partial z}{\partial u} \cdot \frac{\partial u}{\partial y} + \frac{\partial z}{\partial v} \cdot \frac{\mathrm{d}v}{\mathrm{d}y}$$

定理3同样可由 $z = f[\varphi(x,y),\psi(y)], u = \varphi(x,y)$ 的函数关系链式图(见图 7.3)结合口诀写出此链式法则.以下练习题都请画出相应的链式图,用口诀

写出对应的链式法则,再分别求(偏)导来完成计算,最后需要回代相应的中间变量.

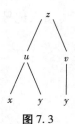

图 7.3

例 1　设 $z = \mathrm{e}^u \sin v, u = xy, v = x + y,$ 求 $\dfrac{\partial z}{\partial x}$ 和 $\dfrac{\partial z}{\partial y}$.

解
$$\frac{\partial z}{\partial x} = \frac{\partial z}{\partial u} \cdot \frac{\partial u}{\partial x} + \frac{\partial z}{\partial v} \cdot \frac{\partial v}{\partial x}$$
$$= \mathrm{e}^u \sin v \cdot y + \mathrm{e}^u \cos v \cdot 1$$
$$= \mathrm{e}^{xy} [\, y \sin(x + y) + \cos(x + y) \,]$$
$$\frac{\partial z}{\partial y} = \frac{\partial z}{\partial u} \cdot \frac{\partial u}{\partial y} + \frac{\partial z}{\partial v} \cdot \frac{\partial v}{\partial y}$$
$$= \mathrm{e}^u \sin v \cdot x + \mathrm{e}^u \cos v \cdot 1$$
$$= \mathrm{e}^{xy} [\, x \sin(x + y) + \cos(x + y) \,]$$

例 2　设 $u = f(x, y, z) = \mathrm{e}^{x^2 + y^2 + z^2},$ 而 $z = x^2 \sin y.$ 求 $\dfrac{\partial u}{\partial x}$ 和 $\dfrac{\partial u}{\partial y}$.

解
$$\frac{\partial u}{\partial x} = \frac{\partial f}{\partial x} + \frac{\partial f}{\partial z} \cdot \frac{\partial z}{\partial x}$$
$$= 2x \, \mathrm{e}^{x^2 + y^2 + z^2} + 2z \, \mathrm{e}^{x^2 + y^2 + z^2} \cdot 2x \sin y$$
$$= (2x + 4x^3 \sin^2 y) \, \mathrm{e}^{x^2 + y^2 + x^4 \sin^2 y}$$
$$\frac{\partial u}{\partial y} = \frac{\partial f}{\partial y} + \frac{\partial f}{\partial z} \cdot \frac{\partial z}{\partial y}$$
$$= 2y \, \mathrm{e}^{x^2 + y^2 + z^2} + 2z \, \mathrm{e}^{x^2 + y^2 + z^2} \cdot x^2 \cos y$$
$$= 2(y + x^4 \sin y \cos y) \, \mathrm{e}^{x^2 + y^2 + x^4 \sin^2 y}$$

例 3　设 $z = uv + \sin t,$ 而 $u = \mathrm{e}^t, v = \cos t.$ 求全导数 $\dfrac{\mathrm{d}z}{\mathrm{d}t}$.

解
$$\frac{\mathrm{d}z}{\mathrm{d}t} = \frac{\partial z}{\partial u} \cdot \frac{\mathrm{d}u}{\mathrm{d}t} + \frac{\partial z}{\partial v} \cdot \frac{\mathrm{d}v}{\mathrm{d}t} + \frac{\partial z}{\partial t}$$
$$= v \cdot \mathrm{e}^t + u \cdot (-\sin t) + \cos t$$
$$= \mathrm{e}^t \cos t - \mathrm{e}^t \sin t + \cos t$$
$$= \mathrm{e}^t (\cos t - \sin t) + \cos t.$$

例 4　设 $w = f(x + y + z, xyz),$ f 具有二阶连续偏导数,求 $\dfrac{\partial w}{\partial x}$ 及 $\dfrac{\partial^2 w}{\partial x \partial z}$.

解　令 $u = x + y + z, v = xyz,$ 则 $w = f(u, v).$

引入记号：$f'_1 = \dfrac{\partial f(u,v)}{\partial u}, f''_{12} = \dfrac{\partial^2 f(u,v)}{\partial u \partial v}$；同理有 f'_2, f''_{11}, f''_{22} 等. 即

$$\frac{\partial w}{\partial x} = \frac{\partial f}{\partial u} \cdot \frac{\partial u}{\partial x} + \frac{\partial f}{\partial v} \cdot \frac{\partial v}{\partial x} = f'_1 + yzf'_2$$

$$\frac{\partial^2 w}{\partial x \partial z} = \frac{\partial}{\partial z}(f'_1 + yzf'_2) = \frac{\partial f'_1}{\partial z} + yf'_2 + yz\frac{\partial f'_2}{\partial z}$$

$$= f''_{11} + xyf''_{12} + yf'_2 + yzf''_{21} + xy^2zf''_{22}$$

$$= f''_{11} + y(x + z)f''_{12} + yf'_2 + xy^2zf''_{22}$$

注：

$$\frac{\partial f'_1}{\partial z} = \frac{\partial f'_1}{\partial u} \cdot \frac{\partial u}{\partial z} + \frac{\partial f'_1}{\partial v} \cdot \frac{\partial v}{\partial z} = f''_{11} + xyf''_{12}$$

$$\frac{\partial f'_2}{\partial z} = \frac{\partial f'_2}{\partial u} \cdot \frac{\partial u}{\partial z} + \frac{\partial f'_2}{\partial v} \cdot \frac{\partial v}{\partial z} = f''_{21} + xyf''_{22}$$

全微分形式不变性：设 $z = f(u,v)$ 具有连续偏导数，则有全微分

$$\mathrm{d}z = \frac{\partial z}{\partial u}\mathrm{d}u + \frac{\partial z}{\partial v}\mathrm{d}v$$

如果 $z = f(u,v)$ 具有连续偏导数，而 $u = \varphi(x,y), v = \psi(x,y)$ 也具有连续偏导数，则

$$\mathrm{d}z = \frac{\partial z}{\partial x}\mathrm{d}x + \frac{\partial z}{\partial y}\mathrm{d}y$$

$$= \left(\frac{\partial z}{\partial u}\frac{\partial u}{\partial x} + \frac{\partial z}{\partial v}\frac{\partial v}{\partial x}\right)\mathrm{d}x + \left(\frac{\partial z}{\partial u}\frac{\partial u}{\partial y} + \frac{\partial z}{\partial v}\frac{\partial v}{\partial y}\right)\mathrm{d}y$$

$$= \frac{\partial z}{\partial u}\left(\frac{\partial u}{\partial x}\mathrm{d}x + \frac{\partial u}{\partial y}\mathrm{d}y\right) + \frac{\partial z}{\partial v}\left(\frac{\partial v}{\partial x}\mathrm{d}x + \frac{\partial v}{\partial y}\mathrm{d}y\right)$$

$$= \frac{\partial z}{\partial u}\mathrm{d}u + \frac{\partial z}{\partial v}\mathrm{d}v$$

由此可知，无论 z 是自变量 u,v 的函数或中间变量 u,v 的函数，它的全微分形式是一样的. 这个性质称为全微分形式不变性.

例5 设 $z = \mathrm{e}^u \sin v, u = xy, v = x + y$，利用全微分形式不变性求全微分.

解 $\mathrm{d}z = \dfrac{\partial z}{\partial u}\mathrm{d}u + \dfrac{\partial z}{\partial v}\mathrm{d}v = \mathrm{e}^u \sin v\mathrm{d}u + \mathrm{e}^u \cos v\mathrm{d}v$

$$= \mathrm{e}^u \sin v(y\mathrm{d}x + x\mathrm{d}y) + \mathrm{e}^u \cos v(\mathrm{d}x + \mathrm{d}y)$$

$$= (y\mathrm{e}^u \sin v + \mathrm{e}^u \cos v)\mathrm{d}x + (x\mathrm{e}^u \sin v + \mathrm{e}^u \cos v)\mathrm{d}y$$

$$= e^{xy} [y \sin(x + y) + \cos(x + y)] dx + e^{xy} [x \sin(x + y) +$$
$$\cos(x + y)] dy$$

习题 7-4

基础题

1. 设 $u = e^{x-2y}, x = \sin t, y = t^3$，求 $\dfrac{du}{dt}$.

2. 设 $z = xa^y, y = \ln x$，求 $\dfrac{dz}{dx}$.

3. 设 $z = u^2 v - uv^2, u = x \cos y, v = x \sin y$，求 $\dfrac{\partial z}{\partial x}$.

4. 设 $z = \ln(u^2 + y \sin x), u = e^{x+y}$，求 $\dfrac{\partial z}{\partial x}, \dfrac{\partial z}{\partial y}$.

5. 设 $z = \arctan \dfrac{x}{y}, x = u + v, y = u - v$，证明：$\dfrac{\partial z}{\partial u} + \dfrac{\partial z}{\partial v} = \dfrac{u - v}{u^2 + v^2}$.

6. 设 $z = (1 + 3x)^{2y}$，求 $\dfrac{\partial z}{\partial x}, \dfrac{\partial z}{\partial y}$.

7. 设 $z = \arcsin \left(y\sqrt{x} \right)$，求 $\dfrac{\partial z}{\partial x}, \dfrac{\partial z}{\partial y}$.

8. 设 $z = x e^{-xy} + \sin xy$，求 dz.

提高题

1. 设 $z = u^2 + v^2$，而 $u = x + y, v = x - y$，求 $\dfrac{\partial z}{\partial x}, \dfrac{\partial z}{\partial y}$.

2. 设 $z = u^2 \ln v$，而 $u = \dfrac{x}{y}, v = 3x - 2y$，求 $\dfrac{\partial z}{\partial x}, \dfrac{\partial z}{\partial y}$.

3. 设 $z = \arcsin(x - y)$，而 $x = 3t, y = 4t^3$，求 $\dfrac{dz}{dt}$.

4. 设 $z = \arctan(xy)$，而 $y = e^x$，求 $\dfrac{dz}{dx}$.

5. 设 $u = \dfrac{e^{ax}(y-z)}{a^2+1}$，而 $y = a\sin x, z = \cos x$，求 $\dfrac{\mathrm{d}u}{\mathrm{d}x}$.

6. 求下列函数的一阶偏导数（其中 f 具有一阶连续偏导数）：

（1）$u = f(x^2 - y^2, e^{xy})$； （2）$u = f\left(\dfrac{x}{y}, \dfrac{y}{z}\right)$；

（3）$u = f(x, xy, xyz)$.

§7.5　隐函数的微分法

7.5.1　一个方程的情形

若函数 $F(x,y)$ 在点 $P(x_0,y_0)$ 处的偏导数 $\dfrac{\partial F}{\partial y}\bigg|_{P_0} \neq 0$，方程 $F(x,y) = 0$ 在点 $P(x_0,y_0)$ 的某一邻域内恒能唯一确定一个隐函数 $y = f(x)$，并假定 $y = f(x)$ 可导，$F(x,y)$ 可微，那么，如何求 $\dfrac{\mathrm{d}y}{\mathrm{d}x}$ 呢？这个问题早在第2章隐函数求导中就给出了方法，现在利用二元复合函数的求导法则导出隐函数求导的一般公式.

将 $y = f(x)$ 代入 $F(x,y) = 0$，得恒等式

$$F(x, f(x)) \equiv 0$$

等式两边对 x 求导，得

$$\frac{\partial F}{\partial x} + \frac{\partial F}{\partial y} \cdot \frac{\mathrm{d}y}{\mathrm{d}x} = 0$$

由于 F_y 连续，且 $F_y(x_0, y_0) \neq 0$，所以存在 $P(x_0, y_0)$ 的一个邻域，在这个邻域内 $F_y \neq 0$，于是得

$$\frac{\mathrm{d}y}{\mathrm{d}x} = -\frac{F_x}{F_y}$$

整理得以下定理：

隐函数存在定理 1　设函数 $F(x,y)$ 在点 $P(x_0,y_0)$ 的某一邻域内具有连续偏导数，$F(x_0, y_0) = 0$，$F_y(x_0, y_0) \neq 0$，则方程 $F(x,y) = 0$ 在点 $P(x_0,y_0)$ 的某一邻域内恒能唯一确定一个连续且具有连续导数的函数 $y = f(x)$，它满足条件 $y_0 =$

$f(x_0)$,并有

$$\frac{\mathrm{d}y}{\mathrm{d}x} = -\frac{F_x}{F_y}$$

例1 验证方程 $x^2 + y^2 - 1 = 0$ 在点 $(0,1)$ 的某一邻域内能唯一确定一个有连续导数且当 $x = 0$ 时 $y = 1$ 的隐函数 $y = f(x)$,并求这函数的一阶与二阶导数在 $x = 0$ 的值.

解 设 $F(x,y) = x^2 + y^2 - 1$,则

$$F_x = 2x, F_y = 2y, F(0,1) = 0, F_y(0,1) = 2 \neq 0$$

因此由定理1可知,方程 $x^2 + y^2 - 1 = 0$ 在点 $(0,1)$ 的某一邻域内能唯一确定一个有连续导数且当 $x = 0$ 时 $y = 1$ 的隐函数 $y = f(x)$,则

$$\frac{\mathrm{d}y}{\mathrm{d}x} = -\frac{F_x}{F_y} = -\frac{x}{y}, \frac{\mathrm{d}y}{\mathrm{d}x}\bigg|_{x=0} = 0$$

$$\frac{d^2y}{\mathrm{d}x^2} = -\frac{y - xy'}{y^2} = -\frac{y - x\left(-\dfrac{x}{y}\right)}{y^2} = -\frac{y^2 + x^2}{y^3} = -\frac{1}{y^3}$$

$$\frac{d^2y}{\mathrm{d}x^2}\bigg|_{x=0} = -1$$

隐函数存在定理还可以推广到多元函数. 一个二元方程 $F(x,y) = 0$ 可确定一个一元隐函数,一个三元方程 $F(x,y,z) = 0$ 可确定一个二元隐函数.

隐函数存在定理2 设函数 $F(x,y,z)$ 在点 $P(x_0,y_0,z_0)$ 的某一邻域内具有连续的偏导数,且 $F(x_0,y_0,z_0) = 0, F_z(x_0,y_0,z_0) \neq 0$,则方程 $F(x,y,z) = 0$ 在点 $P(x_0,y_0,z_0)$ 的某一邻域内恒能唯一确定一个连续且具有连续偏导数的函数 $z = f(x,y)$,它满足条件 $z_0 = f(x_0,y_0)$,并有

$$\frac{\partial z}{\partial x} = -\frac{F_x}{F_z}, \quad \frac{\partial z}{\partial y} = -\frac{F_y}{F_z}$$

公式证明:将 $z = f(x,y)$ 代入 $F(x,y,z) = 0$,得

$$F(x,y,f(x,y)) \equiv 0$$

将上式两端分别对 x 和 y 求导,得

$$F_x + F_z \cdot \frac{\partial z}{\partial x} = 0$$

$$F_y + F_z \cdot \frac{\partial z}{\partial y} = 0$$

因为 F_z 连续且 $F_z(x_0,y_0,z_0) \neq 0$,所以存在点 $P(x_0,y_0,z_0)$ 的一个邻域,使

$F_z \neq 0$,于是得

$$\frac{\partial z}{\partial x} = -\frac{F_x}{F_z}, \quad \frac{\partial z}{\partial y} = -\frac{F_y}{F_z}$$

例2　设 $x^2 + y^2 + z^2 - 4z = 0$,求 $\frac{\partial^2 z}{\partial x^2}$.

解　设 $F(x,y,z) = x^2 + y^2 + z^2 - 4z$,则

$$F_x = 2x, \quad F_z = 2z - 4$$

$$\frac{\partial z}{\partial x} = -\frac{F_x}{F_z} = -\frac{2x}{2z - 4} = \frac{x}{2 - z}$$

$$\frac{\partial^2 z}{\partial x^2} = \frac{(2 - z) + x\dfrac{\partial z}{\partial x}}{(2 - z)^2} = \frac{(2 - z) + x\left(\dfrac{x}{2 - z}\right)}{(2 - z)^2} = \frac{(2 - z)^2 + x^2}{(2 - z)^3}$$

7.5.2* 　方程组的情形

在一定条件下,由方程组 $F(x,y,u,v) = 0, G(x,y,u,v) = 0$ 可以确定一对二元函数 $u = u(x,y), v = v(x,y)$. 例如,方程 $xu - yv = 0$ 和 $yu + xv = 1$ 可确定两个二元函数 $u = \dfrac{y}{x^2 + y^2}, v = \dfrac{x}{x^2 + y^2}$.

事实上

$$xu\text{-}yv = 0 \Rightarrow v = \frac{x}{y}u \Rightarrow yu + x \cdot \frac{x}{y}u = 1 \Rightarrow u = \frac{y}{x^2 + y^2}$$

$$v = \frac{x}{y} \cdot \frac{y}{x^2 + y^2} = \frac{x}{x^2 + y^2}$$

如何根据原方程组求 u,v 的偏导数?

隐函数存在定理3　设 $F(x,y,u,v), G(x,y,u,v)$ 在点 $P(x_0,y_0,u_0,v_0)$ 的某一邻域内具有对各个变量的连续偏导数,又 $F(x_0,y_0,u_0,v_0) = 0, G(x_0,y_0,u_0,v_0) = 0$,且偏导数所组成的函数行列式

$$J = \frac{\partial(F,G)}{\partial(u,v)} = \begin{vmatrix} \dfrac{\partial F}{\partial u} & \dfrac{\partial F}{\partial v} \\ \dfrac{\partial G}{\partial u} & \dfrac{\partial G}{\partial v} \end{vmatrix}$$

在点 $P(x_0,y_0,u_0,v_0)$ 不等于零,则方程组 $F(x,y,u,v) = 0, G(x,y,u,v) = 0$ 在点 $P(x_0,y_0,u_0,v_0)$ 的某一邻域内恒能唯一确定一组连续且具有连续偏导数

的函数 $u = u(x,y)$，$v = v(x,y)$，它们满足条件 $u_0 = u(x_0, y_0)$，$v_0 = v(x_0, y_0)$，并有

$$\frac{\partial u}{\partial x} = -\frac{1}{J} \frac{\partial(F,G)}{\partial(x,v)} = -\frac{\begin{vmatrix} F_x & F_v \\ G_x & G_v \end{vmatrix}}{\begin{vmatrix} F_u & F_v \\ G_u & G_v \end{vmatrix}}$$

$$\frac{\partial v}{\partial x} = -\frac{1}{J} \frac{\partial(F,G)}{\partial(u,x)} = -\frac{\begin{vmatrix} F_u & F_x \\ G_u & G_x \end{vmatrix}}{\begin{vmatrix} F_u & F_v \\ G_u & G_v \end{vmatrix}}$$

$$\frac{\partial u}{\partial y} = -\frac{1}{J} \frac{\partial(F,G)}{\partial(y,v)} = -\frac{\begin{vmatrix} F_y & F_v \\ G_y & G_v \end{vmatrix}}{\begin{vmatrix} F_u & F_v \\ G_u & G_v \end{vmatrix}}$$

$$\frac{\partial v}{\partial y} = -\frac{1}{J} \frac{\partial(F,G)}{\partial(u,y)} = -\frac{\begin{vmatrix} F_u & F_y \\ G_u & G_y \end{vmatrix}}{\begin{vmatrix} F_u & F_v \\ G_u & G_v \end{vmatrix}}$$

对方程组隐函数的偏导数进行推导：

设方程组 $F(x,y,u,v) = 0$，$G(x,y,u,v) = 0$ 确定一对具有连续偏导数的二元函数 $u = u(x,y)$，$v = v(x,y)$，得

$$\begin{cases} F(x,y,u(x,y),\ v(x,y)) = 0 \\ G(x,y,u(x,y),\ v(x,y)) = 0 \end{cases}$$

对等式分别求 x 的偏导数，可得方程组

$$\begin{cases} F_x + F_u \dfrac{\partial u}{\partial x} + F_v \dfrac{\partial v}{\partial x} = 0 \\ G_x + G_u \dfrac{\partial u}{\partial x} + G_v \dfrac{\partial v}{\partial x} = 0 \end{cases}$$

这是关于 $\dfrac{\partial u}{\partial x}$，$\dfrac{\partial v}{\partial x}$ 的线性方程组，由假设可知在点 $P(x_0, y_0, u_0, v_0)$ 的一个邻域内，系数行列式

$$J = \begin{vmatrix} F_u & F_v \\ G_u & G_v \end{vmatrix} \neq 0$$

从而解出 $\dfrac{\partial u}{\partial x}, \dfrac{\partial v}{\partial x}$，得

$$\frac{\partial u}{\partial x} = -\frac{1}{J}\frac{\partial(F,G)}{\partial(x,v)} = -\frac{\begin{vmatrix} F_x & F_v \\ G_x & G_v \end{vmatrix}}{\begin{vmatrix} F_u & F_v \\ G_u & G_v \end{vmatrix}}$$

$$\frac{\partial v}{\partial x} = -\frac{1}{J}\frac{\partial(F,G)}{\partial(u,x)} = -\frac{\begin{vmatrix} F_u & F_x \\ G_u & G_x \end{vmatrix}}{\begin{vmatrix} F_u & F_v \\ G_u & G_v \end{vmatrix}}$$

同理，隐函数方程组两边同时对 y 求导，得

$$\begin{cases} F_y + F_u\dfrac{\partial u}{\partial y} + F_v\dfrac{\partial v}{\partial y} = 0 \\[2mm] G_y + G_u\dfrac{\partial u}{\partial y} + G_v\dfrac{\partial v}{\partial y} = 0 \end{cases}$$

解得

$$\frac{\partial u}{\partial y} = -\frac{1}{J}\frac{\partial(F,G)}{\partial(y,v)} = -\frac{\begin{vmatrix} F_y & F_v \\ G_y & G_v \end{vmatrix}}{\begin{vmatrix} F_u & F_v \\ G_u & G_v \end{vmatrix}}$$

$$\frac{\partial v}{\partial y} = -\frac{1}{J}\frac{\partial(F,G)}{\partial(u,y)} = -\frac{\begin{vmatrix} F_u & F_y \\ G_u & G_y \end{vmatrix}}{\begin{vmatrix} F_u & F_v \\ G_u & G_v \end{vmatrix}}$$

例 3　设 $xu - yv = 0, yu + xv = 1$，求 $\dfrac{\partial u}{\partial x}, \dfrac{\partial v}{\partial x}, \dfrac{\partial u}{\partial y}$ 和 $\dfrac{\partial v}{\partial y}$．

解　两个方程两边分别对 x 求偏导，得关于 $\dfrac{\partial u}{\partial x}$ 和 $\dfrac{\partial v}{\partial x}$ 的方程组

$$\begin{cases} x \dfrac{\partial u}{\partial x} - y \dfrac{\partial v}{\partial x} = -u \\[2mm] y \dfrac{\partial u}{\partial x} + x \dfrac{\partial v}{\partial x} = -v \end{cases}$$

当 $J = \begin{vmatrix} x & -y \\ y & x \end{vmatrix} = x^2 + y^2 \neq 0$ 时，解得

$$\frac{\partial u}{\partial x} = -\frac{\begin{vmatrix} -u & -y \\ -v & x \end{vmatrix}}{\begin{vmatrix} x & -y \\ y & x \end{vmatrix}} = -\frac{xu + yv}{x^2 + y^2}$$

$$\frac{\partial v}{\partial x} = -\frac{\begin{vmatrix} x & -u \\ y & -v \end{vmatrix}}{\begin{vmatrix} x & -y \\ y & x \end{vmatrix}} = \frac{yu - xv}{x^2 + y^2}$$

两个方程两边分别对 y 求偏导，得关于 $\dfrac{\partial u}{\partial y}$ 和 $\dfrac{\partial v}{\partial y}$ 的方程组

$$\begin{cases} x \dfrac{\partial u}{\partial y} - v - y \dfrac{\partial v}{\partial y} = 0 \\[2mm] u + y \dfrac{\partial u}{\partial y} + x \dfrac{\partial v}{\partial y} = 0 \end{cases}$$

当 $x^2 + y^2 \neq 0$ 时，解之得

$$\frac{\partial u}{\partial y} = \frac{xv - yu}{x^2 + y^2}, \frac{\partial v}{\partial y} = -\frac{xu + yv}{x^2 + y^2}$$

另解 将两个方程的两边微分得

$$\begin{cases} u\mathrm{d}x + x\mathrm{d}u - v\mathrm{d}y - y\mathrm{d}v = 0 \\ u\mathrm{d}y + y\mathrm{d}u + v\mathrm{d}x + x\mathrm{d}v = 0 \end{cases}$$

即

$$\begin{cases} x\mathrm{d}u - y\mathrm{d}v = v\mathrm{d}y - u\mathrm{d}x \\ y\mathrm{d}u + x\mathrm{d}v = -u\mathrm{d}y - v\mathrm{d}x \end{cases}$$

解之得

$$\mathrm{d}u = -\frac{xu + yv}{x^2 + y^2}\mathrm{d}x + \frac{xv - yu}{x^2 + y^2}\mathrm{d}y$$

$$\mathrm{d}v = \frac{yu - xv}{x^2 + y^2}\mathrm{d}x - \frac{xu + yv}{x^2 + y^2}\mathrm{d}y$$

于是

$$\frac{\partial u}{\partial x} = -\frac{xu + yv}{x^2 + y^2}, \quad \frac{\partial u}{\partial y} = \frac{xv - yu}{x^2 + y^2}$$

$$\frac{\partial v}{\partial x} = \frac{yu - xv}{x^2 + y^2}, \quad \frac{\partial v}{\partial y} = -\frac{xu + yv}{x^2 + y^2}$$

例 4 设函数 $x = x(u,v), y = y(u,v)$ 在点 (u,v) 的某一邻域内连续且有连续偏导数,又

$$\frac{\partial(x,y)}{\partial(u,v)} \neq 0$$

(1)证明方程组

$$\begin{cases} x = x(u,v) \\ y = y(u,v) \end{cases} \tag{7.1}$$

在点 (x,y,u,v) 的某一邻域内唯一确定一组单值连续且有连续偏导数的反函数 $u = u(x,y), v = v(x,y)$.

(2)求反函数 $u = u(x,y), v = v(x,y)$ 对 x,y 的偏导数.

解 (1)将方程组(7.1)改写成下面的形式

$$\begin{cases} F(x,y,u,v) \equiv x - x(u,v) = 0 \\ G(x,y,u,v) \equiv y - y(u,v) = 0 \end{cases}$$

则按假设

$$J = \frac{\partial(F,G)}{\partial(u,v)} = \frac{\partial(x,y)}{\partial(u,v)} \neq 0$$

由隐函数存在定理 3,即得所需证的结论.

(2)将方程组(7.1)所确定的反函数 $u = u(x,y), v = v(x,y)$ 代入式(7.1),即得

$$\begin{cases} x \equiv x[u(x,y), v(x,y)] \\ y \equiv y[u(x,y), v(x,y)] \end{cases}$$

将上述恒等式两边分别对 x 求偏导数,得

$$\begin{cases} 1 = \dfrac{\partial x}{\partial u} \cdot \dfrac{\partial u}{\partial x} + \dfrac{\partial x}{\partial v} \cdot \dfrac{\partial v}{\partial x} \\ 0 = \dfrac{\partial y}{\partial u} \cdot \dfrac{\partial u}{\partial x} + \dfrac{\partial y}{\partial v} \cdot \dfrac{\partial v}{\partial x} \end{cases}$$

由于 $J \neq 0$,故可解得

$$\frac{\partial u}{\partial x} = \frac{1}{J} \frac{\partial y}{\partial v}, \qquad \frac{\partial v}{\partial x} = -\frac{1}{J} \frac{\partial y}{\partial u}.$$

同理,可得

$$\frac{\partial u}{\partial y} = -\frac{1}{J} \frac{\partial x}{\partial v}, \qquad \frac{\partial v}{\partial y} = \frac{1}{J} \frac{\partial x}{\partial u}.$$

习题 7-5

基础题

1. 设方程 $\sin y + e^x - xy^2 = 0$ 确定函数 $y = f(x)$,求 $\dfrac{dy}{dx}$.

2. 设方程 $x^2 - 2y^2 + z^2 - 4x + 2z - 5 = 0$ 确定函数 $z = f(x,y)$,求 $\dfrac{\partial z}{\partial x}$, $\dfrac{\partial z}{\partial y}$.

3. 设 $e^z = xyz$ 确定函数 $z = f(x,y)$,求 $\dfrac{\partial z}{\partial x}$, $\dfrac{\partial z}{\partial y}$.

4. 设 $x = x(y,z)$, $y = y(x,z)$, $z = z(x,y)$ 都是由方程 $F(x,y,z) = 0$ 所确定的,其中 F 有连续的偏导数,且非零,证明:$\dfrac{\partial x}{\partial y} \cdot \dfrac{\partial y}{\partial z} \cdot \dfrac{\partial z}{\partial x} = -1$.

5. 设 $F(x,u,v)$ 为可微函数,求由方程 $F(x, x+y, x+y+z) = 0$ 所确定的函数 $z = f(x,y)$ 关于 x 的偏导数 $\dfrac{\partial z}{\partial x}$.

6. 设 $F(u,v)$ 为可微函数,证明:由方程 $F\left(x + \dfrac{z}{y}, y + \dfrac{z}{x}\right) = 0$ 所确定的函数 $z = z(x,y)$ 满足 $x\dfrac{\partial z}{\partial x} + y\dfrac{\partial z}{\partial y} = z - xy$.

提高题

1. 设 $x + 2y + z - 2\sqrt{xyz} = 0$,求 $\dfrac{\partial z}{\partial x}$ 及 $\dfrac{\partial z}{\partial y}$.

2. 设 $\dfrac{x}{z} = \ln\dfrac{z}{y}$,求 $\dfrac{\partial z}{\partial x}$ 及 $\dfrac{\partial z}{\partial y}$.

3. 求由下列方程组所确定的函数的导数或偏导数:

（1）设 $\begin{cases} z = x^2 + y^2 \\ x^2 + 2y^2 + 3z^2 = 20 \end{cases}$，求 $\dfrac{\mathrm{d}y}{\mathrm{d}x}$，$\dfrac{\mathrm{d}z}{\mathrm{d}x}$；

（2）设 $\begin{cases} x + y + z = 0 \\ x^2 + y^2 + z^2 = 1 \end{cases}$，求 $\dfrac{\mathrm{d}x}{\mathrm{d}z}$，$\dfrac{\mathrm{d}y}{\mathrm{d}z}$；

（3）设 $\begin{cases} u = f(ux, v + y) \\ v = g(u - x, v^2 y) \end{cases}$，其中 f, g 具有一阶连续偏导数，求 $\dfrac{\partial u}{\partial x}$，$\dfrac{\partial v}{\partial x}$；

（4）设 $\begin{cases} x = \mathrm{e}^u + u \sin v \\ y = \mathrm{e}^u - u \cos v \end{cases}$，求 $\dfrac{\partial u}{\partial x}$，$\dfrac{\partial u}{\partial y}$，$\dfrac{\partial v}{\partial x}$，$\dfrac{\partial v}{\partial y}$.

§7.6　多元函数微分学在几何上的应用

多元函数微分学的几何应用,分空间曲线的切线和法平面,以及曲面的切平面与法线,为什么曲线是切线和法平面,曲面是切平面和法线,请利用图形思考一下.

7.6.1　空间曲线的切线和法平面

设空间曲线 Γ 的参数方程为
$$x = \varphi(t), \quad y = \psi(t), \quad z = \omega(t)$$
这里假定 $\varphi(t), \psi(t), \omega(t)$ 都在 $[\alpha, \beta]$ 上可导.

在曲线 Γ 上取对应于 $t = t_0$ 的一点 $M_0(x_0, y_0, z_0)$ 及对应于 $t = t_0 + \Delta t$ 的邻近一点 $M(x_0 + \Delta x, y_0 + \Delta y, z_0 + \Delta z)$. 作曲线的割线 MM_0，其方程为
$$\frac{x - x_0}{\Delta x} = \frac{y - y_0}{\Delta y} = \frac{z - z_0}{\Delta z}$$

当点 M 沿着 Γ 趋于点 M_0 时割线 MM_0 的极限位置就是曲线在点 M_0 处的切线. 考虑
$$\frac{x - x_0}{\dfrac{\Delta x}{\Delta t}} = \frac{y - y_0}{\dfrac{\Delta y}{\Delta t}} = \frac{z - z_0}{\dfrac{\Delta z}{\Delta t}}$$

当 $M \to M_0$，即 $\Delta t \to 0$ 时,得曲线在点 M_0 处的切线方程为
$$\frac{x - x_0}{\varphi'(t_0)} = \frac{y - y_0}{\psi'(t_0)} = \frac{z - z_0}{\omega'(t_0)}$$

曲线的切向量：

切线的方向向量称为曲线的切向量. 向量
$$\boldsymbol{T} = (\varphi'(t_0), \psi'(t_0), \omega'(t_0))$$
就是曲线 Γ 在点 M_0 处的一个切向量.

法平面：

通过点 M_0 而与切线垂直的平面称为曲线 Γ 在点 M_0 处的法平面,其法平面方程为
$$\varphi'(t_0)(x - x_0) + \psi'(t_0)(y - y_0) + \omega'(t_0)(z - z_0) = 0$$

例 1　求曲线 $x = t, y = t^2, z = t^3$ 在点 $(1,1,1)$ 处的切线及法平面方程.

解　因为 $x_t' = 1, y_t' = 2t, z_t' = 3t^2$,而点 $(1,1,1)$ 所对应的参数 $t = 1$,所以
$$\boldsymbol{T} = (1,2,3)$$
于是,切线方程为
$$\frac{x-1}{1} = \frac{y-1}{2} = \frac{z-1}{3}$$

法平面方程为
$$(x - 1) + 2(y - 1) + 3(z - 1) = 0$$
即 $x + 2y + 3z = 6$.

讨论：

（1）若曲线 Γ 的方程为
$$y = \varphi(x), \quad z = \psi(x)$$
问其切线和法平面方程是什么形式?

提示：

曲线方程可看成参数方程:$x = x, y = \varphi(x), z = \psi(x)$,则切向量为 $\boldsymbol{T} = (1, \varphi'(x), \psi'(x))$.

（2）若曲线 Γ 的方程为
$$F(x,y,z) = 0, \quad G(x,y,z) = 0$$
问其切线和法平面方程又是什么形式?

提示：

两方程确定了两个隐函数:$y = \varphi(x), z = \psi(x)$,曲线的参数方程为
$$x = x, \quad y = \varphi(x), \quad z = \psi(x)$$

由方程组 $\begin{cases} F_x + F_y \dfrac{\mathrm{d}y}{\mathrm{d}x} + F_z \dfrac{\mathrm{d}z}{\mathrm{d}x} = 0 \\ G_x + G_y \dfrac{\mathrm{d}y}{\mathrm{d}x} + G_z \dfrac{\mathrm{d}z}{\mathrm{d}x} = 0 \end{cases}$ 可解得 $\dfrac{\mathrm{d}y}{\mathrm{d}x}$ 和 $\dfrac{\mathrm{d}z}{\mathrm{d}x}$.

切向量为

$$T = \left(1, \frac{\mathrm{d}y}{\mathrm{d}x}, \frac{\mathrm{d}z}{\mathrm{d}x}\right)$$

例2 求曲线 $x^2 + y^2 + z^2 = 6, x + y + z = 0$ 在点 $(1, -2, 1)$ 处的切线及法平面方程.

解 为求切向量,将所给方程的两边对 x 求导数,得

$$\begin{cases} 2x + 2y \dfrac{\mathrm{d}y}{\mathrm{d}x} + 2z \dfrac{\mathrm{d}z}{\mathrm{d}x} = 0 \\ 1 + \dfrac{\mathrm{d}y}{\mathrm{d}x} + \dfrac{\mathrm{d}z}{\mathrm{d}x} = 0 \end{cases}$$

方程组在点 $(1, -2, 1)$ 处化为

$$\begin{cases} 2 \dfrac{\mathrm{d}y}{\mathrm{d}x} - \dfrac{\mathrm{d}z}{\mathrm{d}x} = 1 \\ \dfrac{\mathrm{d}y}{\mathrm{d}x} + \dfrac{\mathrm{d}z}{\mathrm{d}x} = -1 \end{cases}$$

解方程组得 $\dfrac{\mathrm{d}y}{\mathrm{d}x} = 0$, $\dfrac{\mathrm{d}z}{\mathrm{d}x} = -1$,从而 $T = (1, 0, -1)$.

所求切线方程为

$$\frac{x-1}{1} = \frac{y+2}{0} = \frac{z-1}{-1}$$

法平面方程为

$$(x-1) + 0 \cdot (y+2) - (z-1) = 0$$

即 $x - z = 0$.

7.6.2 曲面的切平面与法线

设曲面 Σ 的方程为

$$F(x, y, z) = 0$$

$M_0(x_0, y_0, z_0)$ 是曲面 Σ 上的一点,并设函数 $F(x, y, z)$ 的偏导数在该点连续且不同时为零. 在曲面 Σ 上,通过点 M_0 任意引一条曲线 Γ,假定曲线 Γ 的参数方程

式为

$$x = \varphi(t), \quad y = \psi(t), \quad z = \omega(t)$$

$t = t_0$ 对应于点 $M_0(x_0, y_0, z_0)$，且 $\varphi'(t_0), \psi'(t_0), \omega'(t_0)$ 不全为零. 曲线在点的切向量为

$$\boldsymbol{T} = (\varphi'(t_0), \psi'(t_0), \omega'(t_0))$$

考虑曲面方程 $F(x, y, z) = 0$ 两端在 $t = t_0$ 的全导数：

$$F_x(x_0, y_0, z_0)\varphi'(t_0) + F_y(x_0, y_0, z_0)\psi'(t_0) + F_z(x_0, y_0, z_0)\omega'(t_0) = 0$$

引入向量

$$\boldsymbol{n} = (F_x(x_0, y_0, z_0), \quad F_y(x_0, y_0, z_0), \quad F_z(x_0, y_0, z_0))$$

易知，$\boldsymbol{T}$ 与 $\boldsymbol{n}$ 是垂直的. 因为曲线 Γ 是曲面 Σ 上通过点 M_0 的任意一条曲线，它们在点 M_0 的切线都与同一向量 $\boldsymbol{n}$ 垂直，所以曲面上通过点 M_0 的一切曲线在点 M_0 的切线都在同一个平面上. 这个平面称为曲面 Σ 在点 M_0 的切平面. 这切平面的方程式为

$$F_x(x_0, y_0, z_0)(x - x_0) + F_y(x_0, y_0, z_0)(y - y_0) + F_z(x_0, y_0, z_0)(z - z_0) = 0$$

曲面的法线：

通过点 $M_0(x_0, y_0, z_0)$ 而垂直于切平面的直线称为曲面在该点的法线. 法线方程为

$$\frac{x - x_0}{F_x(x_0, y_0, z_0)} = \frac{y - y_0}{F_y(x_0, y_0, z_0)} = \frac{z - z_0}{F_z(x_0, y_0, z_0)}$$

曲面的法向量：

垂直于曲面上切平面的向量称为曲面的法向量. 向量

$$\boldsymbol{n} = (F_x(x_0, y_0, z_0), F_y(x_0, y_0, z_0), F_z(x_0, y_0, z_0))$$

就是曲面 Σ 在点 M_0 处的一个法向量.

例3 求球面 $x^2 + y^2 + z^2 = 14$ 在点 $(1, 2, 3)$ 处的切平面及法线方程式.

解
$$F(x, y, z) = x^2 + y^2 + z^2 - 14$$

$$F_x = 2x, \quad F_y = 2y, \quad F_z = 2z$$

$$F_x(1, 2, 3) = 2, \quad F_y(1, 2, 3) = 4, \quad F_z(1, 2, 3) = 6$$

法向量为

$$\boldsymbol{n} = (2, 4, 6), \text{或} \boldsymbol{n} = (1, 2, 3)$$

所求切平面方程为

$$2(x - 1) + 4(y - 2) + 6(z - 3) = 0$$

即

$$x + 2y + 3z - 14 = 0$$

法线方程为

$$\frac{x - 1}{1} = \frac{y - 2}{2} = \frac{z - 3}{3}$$

讨论：

若曲面方程为 $z = f(x, y)$，问曲面的切平面及法线方程式是什么形式？

提示：

此时

$$F(x, y, z) = f(x, y) - z, \qquad \boldsymbol{n} = (f_x(x_0, y_0), f_y(x_0, y_0), -1)$$

例 4　求旋转抛物面 $z = x^2 + y^2 - 1$ 在点 $(2, 1, 4)$ 处的切平面及法线方程.

解

$$f(x, y) = x^2 + y^2 - 1$$
$$\boldsymbol{n} = (f_x, f_y, -1) = (2x, 2y, -1)$$
$$\boldsymbol{n}\,|_{(2,1,4)} = (4, 2, -1)$$

所以在点 $(2, 1, 4)$ 处的切平面方程为

$$4(x - 2) + 2(y - 1) - (z - 4) = 0$$

即 $4x + 2y - z - 6 = 0$.

法线方程为

$$\frac{x - 2}{4} = \frac{y - 1}{2} = \frac{z - 4}{-1}$$

 习题 7-6

基础题

1. 求曲线 $x = \dfrac{t}{1 + t}, y = \dfrac{1 + t}{t}, z = t^2$ 在对应于 $t = 1$ 点处的切线和法平面方程.

2. 求曲线 $y^2 = 2mx, z^2 = m - x$ 在点 (x_0, y_0, z_0) 处的切线及法平面方程.

3. 求曲线 $\begin{cases} x^2 + y^2 + z^2 - 3x = 0, \\ 2x - 3y + 5z - 4 = 0 \end{cases}$ 在点 $(1, 1, 1)$ 处的切线及法平面方程.

4. 求曲面 $e^z - z + xy = 3$ 在点 $(2,1,0)$ 处的切平面及法线方程.

5. 求曲面 $ax^2 + by^2 + cz^2 = 1$ 在点 (x_0, y_0, z_0) 处的切平面及法线方程.

提高题

1. 求出曲线 $x = t, y = t^2, z = t^3$ 上的点, 使在该点的切线平行于平面 $x + 2y + z = 4$.

2. 求椭球面 $x^2 + 2y^2 + z^2 = 1$ 上平行于平面 $x - y + 2z = 0$ 的切平面方程.

3. 求旋转椭球面 $3x^2 + y^2 + z^2 = 16$ 上点 $(-1, -2, 3)$ 处的切平面与 xOy 面的夹角的余弦.

4. 试证曲面 $\sqrt{x} + \sqrt{y} + \sqrt{z} = \sqrt{a}\ (a > 0)$ 上任何点处的切平面在各坐标轴上的截距之和等于 a.

§7.7　方向导数与梯度

在许多问题中, 不仅要知道函数在坐标轴方向上的变化率 (即偏导数), 而且还要设法求得函数在某点沿着其他特定方向上的变化率, 这就是本节要讨论的方向导数. 另外, 在一个数量场中, 函数在给定点处沿不同的方向, 其方向导数一般是不相同的, 现在我们关心的是, 沿哪一个方向其方向导数最大, 其最大值是多少. 为此引进一个很重要的概念 —— 梯度, 即函数在点 P 沿哪一方向增加的速度最快?

7.7.1　方向导数

现在来讨论函数 $z = f(x, y)$ 在一点 P 沿某一方向的变化率问题.

设 l 是 xOy 平面上以 $P_0(x_0, y_0)$ 为始点的一条射线, $\boldsymbol{e}_l = (\cos \alpha, \cos \beta)$ 是与 l 同方向的单位向量. 射线 l 的参数方程为

$$x = x_0 + t \cos \alpha,\ y = y_0 + t \cos \beta\ (t \geq 0)$$

假设函数 $z = f(x, y)$ 在点 $P_0(x_0, y_0)$ 的某一个邻域 $U(P_0)$ 内有定义, 又 $P(x_0 + t \cos \alpha, y_0 + t \cos \beta)$ 为 l 上另一点, 且 $P \in U(P_0)$. 如果当 P 沿着 l 趋于 P_0 (即 $t \to t_0^+$) 时函数增量 $f(x_0 + t \cos \alpha, y_0 + t \cos \beta) - f(x_0, y_0)$ 与 P 到 P_0 的距离 $|PP_0| = t$ 的比值

$$\frac{f(x_0 + t\cos\alpha, y_0 + t\cos\beta) - f(x_0, y_0)}{t}$$

的极限存在,则称此极限为函数 $f(x,y)$ 在点 P_0 沿方向 l 的方向导数,记作 $\left.\dfrac{\partial f}{\partial l}\right|_{(x_0,y_0)}$,即

$$\left.\frac{\partial f}{\partial l}\right|_{(x_0,y_0)} = \lim_{t\to 0^+} \frac{f(x_0 + t\cos\alpha, y_0 + t\cos\beta) - f(x_0, y_0)}{t}$$

从方向导数的定义可知,方向导数 $\left.\dfrac{\partial f}{\partial l}\right|_{(x_0,y_0)}$ 就是函数 $f(x,y)$ 在点 $P_0(x_0,y_0)$ 处沿方向 l 的变化率.

方向导数的计算:

定理   如果函数 $z = f(x,y)$ 在点 $P_0(x_0,y_0)$ 可微分,那么函数在该点沿任一方向 l 的方向导数都存在,且有

$$\left.\frac{\partial f}{\partial l}\right|_{(x_0,y_0)} = f_x(x_0,y_0)\cos\alpha + f_y(x_0,y_0)\cos\beta$$

其中,$\cos\alpha, \cos\beta$ 是方向 l 的方向余弦.

简要证明:设 $\Delta x = t\cos\alpha$,$\Delta y = t\cos\beta$,则

$$f(x_0 + t\cos\alpha, y_0 + t\cos\beta) - f(x_0, y_0)$$
$$= f_x(x_0,y_0)t\cos\alpha + f_y(x_0,y_0)t\cos\beta + o(t)$$

所以

$$\lim_{t\to 0^+} \frac{f(x_0 + t\cos\alpha, y_0 + t\cos\beta) - f(x_0, y_0)}{t} = f_x(x_0,y_0)\cos\alpha +$$
$$f_y(x_0,y_0)\cos\beta$$

这就证明了方向导数的存在,且其值为

$$\left.\frac{\partial f}{\partial l}\right|_{(x_0,y_0)} = f_x(x_0,y_0)\cos\alpha + f_y(x_0,y_0)\cos\beta$$

提示:

$$f(x_0 + \Delta x, y_0 + \Delta y) - f(x_0, y_0) = f_x(x_0,y_0)\Delta x + f_y(x_0,y_0)\Delta y +$$
$$o\left(\sqrt{(\Delta x)^2 + (\Delta y)^2}\right)$$

$$\Delta x = t\cos\alpha, \quad \Delta y = t\cos\beta, \quad \sqrt{(\Delta x)^2 + (\Delta y)^2} = t$$

讨论:

函数 $z = f(x,y)$ 在点 P 沿 x 轴正向和负向,沿 y 轴正向和负向的方向导数

如何?

提示：

沿 x 轴正向时，$\cos \alpha = 1$，$\cos \beta = 0$，$\dfrac{\partial f}{\partial l} = \dfrac{\partial f}{\partial x}$；

沿 x 轴负向时，$\cos \alpha = -1$，$\cos \beta = 0$，$\dfrac{\partial f}{\partial l} = -\dfrac{\partial f}{\partial x}$.

例1 求函数 $z = x\mathrm{e}^{2y}$ 在点 $P(1,0)$ 沿从点 $P(1,0)$ 到点 $Q(2,-1)$ 的方向的方向导数.

解 这里方向 l 即向量 $\overrightarrow{PQ} = (1, -1)$ 的方向，与 l 同向的单位向量为

$$\boldsymbol{e}_l = \left(\frac{1}{\sqrt{2}}, -\frac{1}{\sqrt{2}} \right)$$

因为函数可微分，且

$$\frac{\partial z}{\partial x}\bigg|_{(1,0)} = \mathrm{e}^{2y}\bigg|_{(1,0)} = 1, \qquad \frac{\partial z}{\partial y}\bigg|_{(1,0)} = 2x\,\mathrm{e}^{2y}\bigg|_{(1,0)} = 2$$

所以所求方向导数为

$$\frac{\partial z}{\partial l}\bigg|_{(1,0)} = 1 \cdot \frac{1}{\sqrt{2}} + 2 \cdot \left(-\frac{1}{\sqrt{2}} \right) = -\frac{\sqrt{2}}{2}$$

对于三元函数 $f(x,y,z)$ 来说，它在空间一点 $P_0(x_0,y_0,z_0)$ 沿 $\boldsymbol{e}_l = (\cos \alpha, \cos \beta, \cos \gamma)$ 的方向导数为

$$\frac{\partial f}{\partial l}\bigg|_{(x_0,y_0,z_0)} = \lim_{t \to 0^+} \frac{f(x_0 + t\cos\alpha, y_0 + t\cos\beta, z_0 + t\cos\gamma) - f(x_0,y_0,z_0)}{t}$$

如果函数 $f(x,y,z)$ 在点 (x_0,y_0,z_0) 可微分，则函数在该点沿着方向 $\boldsymbol{e}_l = (\cos \alpha, \cos \beta, \cos \gamma)$ 的方向导数为

$$\frac{\partial f}{\partial l}\bigg|_{(x_0,y_0,z_0)} = f_x(x_0,y_0,z_0)\cos\alpha + f_y(x_0,y_0,z_0)\cos\beta + f_z(x_0,y_0,z_0)\cos\gamma$$

例2 求 $f(x,y,z) = xy + yz + zx$ 在点 $(1,1,2)$ 沿方向 l 的方向导数，其中 l 的方向角分别为 $60°,45°,60°$.

解 与 l 同向的单位向量为

$$\boldsymbol{e}_l = (\cos 60°, \cos 45°, \cos 60°) = \left(\frac{1}{2}, \frac{\sqrt{2}}{2}, \frac{1}{2} \right)$$

因为函数可微分，且

$$f_x(1,1,2) = (y + z)\big|_{(1,1,2)} = 3$$

$$f_y(1,1,2) = (x+z)\big|_{(1,1,2)} = 3$$
$$f_z(1,1,2) = (y+x)\big|_{(1,1,2)} = 2$$

所以

$$\frac{\partial f}{\partial l}\bigg|_{(1,1,2)} = 3 \cdot \frac{1}{2} + 3 \cdot \frac{\sqrt{2}}{2} + 2 \cdot \frac{1}{2} = \frac{1}{2}(5 + 3\sqrt{2})$$

7.7.2　梯　度

设函数 $z = f(x,y)$ 在平面区域 D 内具有一阶连续偏导数,则对于每一点 $P_0(x_0,y_0) \in D$,都可确定一个向量

$$f_x(x_0,y_0)\boldsymbol{i} + f_y(x_0,y_0)\boldsymbol{j}$$

这向量称为函数 $f(x,y)$ 在点 $P_0(x_0,y_0)$ 的梯度,记作 $\mathbf{grad}\, f(x_0,y_0)$,即

$$\mathbf{grad}\, f(x_0,y_0) = f_x(x_0,y_0)\boldsymbol{i} + f_y(x_0,y_0)\boldsymbol{j}$$

梯度与方向导数:

如果函数 $f(x,y)$ 在点 $P_0(x_0,y_0)$ 可微分,$\boldsymbol{e}_l = (\cos\alpha, \cos\beta)$ 是与方向 l 同方向的单位向量,则

$$\begin{aligned}
\frac{\partial f}{\partial l}\bigg|_{(x_0,y_0)} &= f_x(x_0,y_0)\cos\alpha + f_y(x_0,y_0)\cos\beta \\
&= \mathbf{grad}\, f(x_0,y_0) \cdot \boldsymbol{e}_l \\
&= |\mathbf{grad}\, f(x_0,y_0)| \cdot \cos(\mathbf{grad}\, f(x_0,y_0), \boldsymbol{e}_l)
\end{aligned}$$

这一关系式表明了函数在一点的梯度与函数在这点的方向导数间的关系. 特别当向量 $\boldsymbol{e}_l$ 与 $\mathbf{grad}\, f(x_0,y_0)$ 的夹角 $\theta = 0$,即沿梯度方向时,方向导数 $\dfrac{\partial f}{\partial l}\bigg|_{(x_0,y_0)}$ 取得最大值,这个最大值就是梯度的模 $|\mathbf{grad}\, f(x_0,y_0)|$. 这就是说,函数在一点的梯度是个向量,它的方向是函数在这点的方向导数取得最大值的方向,它的模就等于方向导数的最大值.

讨论:

$\dfrac{\partial f}{\partial l}$ 的最大值.

结论: 函数在某点的梯度是这样一个向量,它的方向与取得最大方向导数的方向一致,而它的模为方向导数的最大值.

已知,一般二元函数 $z = f(x,y)$ 在几何上表示一个曲面,这曲面被平面 $z = c$(c 是常数)所截得的曲线 L 的方程为 $\begin{cases} z = f(x,y) \\ z = c \end{cases}$. 这条曲线 L 在 xOy 面上的投

影是一条平面曲线 L^*，它在 xOy 平面上的方程为 $f(x,y)=c$. 对于曲线 L^* 上的一切点，已给函数的函数值都是 c，所以我们称平面曲线 L^* 为函数 $z=f(x,y)$ 的等值线.

若 f_x，f_y 不同时为零，则等值线 $f(x,y)=c$ 上任一点 $P_0(x_0,y_0)$ 处的一个单位法向量为

$$n = \frac{1}{\sqrt{f_x^2(x_0,y_0)+f_y^2(x_0,y_0)}}(f_x(x_0,y_0),f_y(x_0,y_0))$$

这表明梯度 $\mathbf{grad}\, f(x_0,y_0)$ 的方向与等值线上这点的一个法线方向相同，而沿这个方向的方向导数 $\dfrac{\partial f}{\partial n}$ 就等于 $|\mathbf{grad}\, f(x_0,y_0)|$，于是 $\mathbf{grad}\, f(x_0,y_0)=\dfrac{\partial f}{\partial n}\mathbf{n}$. 这一关系式表明了函数在一点的梯度与过这点的等值线、方向导数间的关系. 这就是说，函数在一点的梯度方向与等值线在这点的一个法线方向相同，它的指向为从数值较低的等值线指向数值较高的等值线，梯度的模就等于函数在这个法线方向的方向导数.

梯度概念可以推广到三元函数的情形. 设函数 $f(x,y,z)$ 在空间区域 G 内具有一阶连续偏导数，则对于每一点 $P_0(x_0,y_0,z_0)\in G$，都可定出一个向量

$$f_x(x_0,y_0,z_0)\mathbf{i}+f_y(x_0,y_0,z_0)\mathbf{j}+f_z(x_0,y_0,z_0)\mathbf{k}$$

这向量称为函数 $f(x,y,z)$ 在点 $P_0(x_0,y_0,z_0)$ 的梯度，记为 $\mathbf{grad}\, f(x_0,y_0,z_0)$，即

$$\mathbf{grad}\, f(x_0,y_0,z_0)=f_x(x_0,y_0,z_0)\mathbf{i}+f_y(x_0,y_0,z_0)\mathbf{j}+f_z(x_0,y_0,z_0)\mathbf{k}$$

结论：三元函数的梯度也是这样一个向量，它的方向与取得最大方向导数的方向一致，而它的模为方向导数的最大值.

如果引进曲面 $f(x,y,z)=c$ 为函数的等量面的概念，则可得函数 $f(x,y,z)$ 在点 $P_0(x_0,y_0,z_0)$ 的梯度的方向与过点 P_0 的等量面 $f(x,y,z)=c$ 在这点的法线的一个方向相同，且从数值较低的等量面指向数值较高的等量面，而梯度的模等于函数在这个法线方向的方向导数.

例3　求 $\mathbf{grad}\, \dfrac{1}{x^2+y^2}$.

解　这里

$$f(x,y)=\frac{1}{x^2+y^2}$$

因为

$$\frac{\partial f}{\partial x} = -\frac{2x}{(x^2+y^2)^2}, \qquad \frac{\partial f}{\partial y} = -\frac{2y}{(x^2+y^2)^2}$$

所以

$$\mathbf{grad}\,\frac{1}{x^2+y^2} = -\frac{2x}{(x^2+y^2)^2}\boldsymbol{i} - \frac{2y}{(x^2+y^2)^2}\boldsymbol{j}$$

例4　设 $f(x,y,z) = x^2 + y^2 + z^2$，求 $\mathbf{grad}\,f(1,-1,2)$.

解　　　　　　 $\mathbf{grad}\,f = (f_x, f_y, f_z) = (2x, 2y, 2z)$

于是

$$\mathbf{grad}\,f(1,-1,2) = (2,-2,4)$$

数量场与**向量场**：如果对于空间区域 G 内的任一点 M，都有一个确定的数量 $f(M)$，则称在这空间区域 G 内确定了一个数量场（如温度场、密度场等）．一个数量场可用一个数量函数 $f(M)$ 来确定，如果与点 M 相对应的是一个向量 $\boldsymbol{F}(M)$，则称在这空间区域 G 内确定了一个向量场（如力场、速度场等）．一个向量场可用一个向量函数 $\boldsymbol{F}(M)$ 来确定，而

$$\boldsymbol{F}(M) = P(M)\boldsymbol{i} + Q(M)\boldsymbol{j} + R(M)\boldsymbol{k}$$

其中，$P(M)$，$Q(M)$，$R(M)$ 是点 M 的数量函数.

利用场的概念，可以说向量函数 $\mathbf{grad}\,f(M)$ 确定了一个向量场 —— 梯度场，它是由数量场 $f(M)$ 产生的．通常称函数 $f(M)$ 为这个向量场的势，而这个向量场又称为势场．必须注意，任意一个向量场不一定是势场，因为它不一定是某个数量函数的梯度场.

例5　试求数量场 $\dfrac{m}{r}$ 所产生的梯度场，其中常数 $m > 0$，$r = \sqrt{x^2+y^2+z^2}$ 为原点 O 与点 $M(x,y,z)$ 间的距离.

解　　　　　 $\dfrac{\partial}{\partial x}\left(\dfrac{m}{r}\right) = -\dfrac{m}{r^2}\dfrac{\partial r}{\partial x} = -\dfrac{mx}{r^3}$

同理

$$\frac{\partial}{\partial y}\left(\frac{m}{r}\right) = -\frac{my}{r^3}, \qquad \frac{\partial}{\partial z}\left(\frac{m}{r}\right) = -\frac{mz}{r^3}$$

从而

$$\mathbf{grad}\,\frac{m}{r} = -\frac{m}{r^2}\left(\frac{x}{r}\boldsymbol{i} + \frac{y}{r}\boldsymbol{j} + \frac{z}{r}\boldsymbol{k}\right)$$

记 $\boldsymbol{e}_r = \dfrac{x}{r}\boldsymbol{i} + \dfrac{y}{r}\boldsymbol{j} + \dfrac{z}{r}\boldsymbol{k}$，它是与 $\overrightarrow{OM}$ 同方向的单位向量，则

$$\mathbf{grad}\,\frac{m}{r} = -\frac{m}{r^2}\boldsymbol{e}_r$$

上式右端在力学上可解释为:位于原点 O 而质量为 m 的质点对位于点 M 而质量为1的质点的引力. 这引力的大小与两质点的质量的乘积成正比,而与它们的距平方成反比,这引力的方向由点 M 指向原点. 因此,数量场 $\frac{m}{r}$ 的势场即梯度场 $\mathbf{grad}\,\frac{m}{r}$ 称为引力场,而函数 $\frac{m}{r}$ 称为引力势.

 习题 7-7

基础题

1. 求函数 $z = x^2 + y^2$ 在点 $(1,2)$ 处沿从点 $(1,2)$ 到点 $(2, 2+\sqrt{3})$ 的方向的方向导数.

2. 求函数 $z = \ln(x+y)$ 在抛物线 $y^2 = 4x$ 上点 $(1,2)$ 处,沿着这抛物线在该点处偏向 x 轴正向的切线方向的方向导数.

3. 求函数 $z = 1 - \left(\dfrac{x^2}{a^2} + \dfrac{y^2}{b^2}\right)$ 在点 $\left(\dfrac{a}{\sqrt{2}}, \dfrac{b}{\sqrt{2}}\right)$ 处沿曲线 $\dfrac{x^2}{a^2} + \dfrac{y^2}{b^2} = 1$ 在这点的内法线方向的方向导数.

4. 求函数 $u = xy^2 + z^2 - xyz$ 在点 $(1,1,2)$ 处沿方向角为 $\alpha = \dfrac{\pi}{3}, \beta = \dfrac{\pi}{4}, \gamma = \dfrac{\pi}{3}$ 的方向的方向导数.

5. 设 $f(x,y,z) = x^2 + 2y^2 + 3z^2 + xy + 3x - 2y - 6z$,求 $\mathbf{grad}\,f(0,0,0)$ 及 $\mathbf{grad}\,f(1,1,1)$.

提高题

1. 求函数 $u = xyz$ 在点 $(5,1,2)$ 处沿从点 $(5,1,2)$ 到点 $(9,4,14)$ 的方向的方向导数.

2. 求函数 $u = x^2 + y^2 + z^2$ 在曲线 $x = t, y = t^2, z = t^3$ 上点 $(1,1,1)$ 处,沿曲线在该点的切线正方向(对应于 t 增大的方向)的方向导数.

3. 求函数 $u = x + y + z$ 在球面 $x^2 + y^2 + z^2 = 1$ 上点 (x_0, y_0, z_0) 处,沿球面在该点的外法线方向的方向导数.

4. 求函数 $u = xy^2z$ 在点 $P_0(1, -1, 2)$ 处变化最快的方向,并求沿这个方向的方向导数.

§7.8　多元函数的极值及其求法

多元函数的极值在许多实际问题中有广泛的应用. 现以二元函数为例,介绍多元函数的极值概念、极值存在的必要条件和充分条件.

7.8.1　多元函数的极值

定义　设函数 $z = f(x, y)$ 在点 (x_0, y_0) 的某个邻域内有定义,如果对于该邻域内任何异于 (x_0, y_0) 的点 (x, y),都有

$$f(x, y) < f(x_0, y_0)(或 f(x, y) > f(x_0, y_0))$$

则称函数在点 (x_0, y_0) 有极大值(或极小值) $f(x_0, y_0)$.

极大值、极小值统称为极值. 使函数取得极值的点称为极值点.

例 1　函数 $z = 3x^2 + 4y^2$ 在点 $(0, 0)$ 处有极小值.

当 $(x, y) = (0, 0)$ 时,$z = 0$;当 $(x, y) \neq (0, 0)$ 时,$z > 0$. 因此,$z = 0$ 是函数的极小值.

例 2　函数 $z = -\sqrt{x^2 + y^2}$ 在点 $(0, 0)$ 处有极大值.

当 $(x, y) = (0, 0)$ 时,$z = 0$;当 $(x, y) \neq (0, 0)$ 时,$z < 0$. 因此,$z = 0$ 是函数的极大值.

例 3　函数 $z = xy$ 在点 $(0, 0)$ 处既不取得极大值也不取得极小值.

因为在点 $(0, 0)$ 处的函数值为零,而在点 $(0, 0)$ 的任一邻域内,总有使函数值为正的点,也有使函数值为负的点.

以上关于二元函数的极值概念,可推广到 n 元函数. 设 n 元函数 $u = f(P)$ 在点 P_0 的某一邻域内有定义,如果对于该邻域内任何异于 P_0 的点 P,都有

$$f(P) < f(P_0)(或 f(P) > f(P_0))$$

则称函数 $f(P)$ 在点 P_0 有极大值(或极小值) $f(P_0)$.

定理 1（必要条件） 设函数 $z = f(x, y)$ 在点 (x_0, y_0) 具有偏导数，且在点 (x_0, y_0) 处有极值，则有

$$f_x(x_0, y_0) = 0, \quad f_y(x_0, y_0) = 0$$

证明 不妨设 $z = f(x, y)$ 在点 (x_0, y_0) 处有极大值. 依极大值的定义，对于点 (x_0, y_0) 的某邻域内异于 (x_0, y_0) 的点 (x, y)，都有不等式

$$f(x, y) < f(x_0, y_0)$$

特殊的，在该邻域内取 $y = y_0$，而 $x \neq x_0$ 的点，也应有不等式

$$f(x, y_0) < f(x_0, y_0)$$

这表明一元函数 $f(x, y_0)$ 在 $x = x_0$ 处取得极大值，因而必有

$$f_x(x_0, y_0) = 0$$

类似的，可证

$$f_y(x_0, y_0) = 0$$

从几何上看，这时如果曲面 $z = f(x, y)$ 在点 (x_0, y_0, z_0) 处有切平面，则切平面

$$z - z_0 = f_x(x_0, y_0)(x - x_0) + f_y(x_0, y_0)(y - y_0)$$

成为平行于 xOy 坐标面的平面 $z = z_0$.

类似的可推得，如果三元函数 $u = f(x, y, z)$ 在点 (x_0, y_0, z_0) 具有偏导数，则它在点 (x_0, y_0, z_0) 具有极值的必要条件为

$$f_x(x_0, y_0, z_0) = 0, \quad f_y(x_0, y_0, z_0) = 0, \quad f_z(x_0, y_0, z_0) = 0$$

仿照一元函数，凡是能使 $f_x(x, y) = 0$，$f_y(x, y) = 0$ 同时成立的点 (x_0, y_0) 称为函数 $z = f(x, y)$ 的驻点.

从定理 1 可知，具有偏导数的函数的极值点必定是驻点. 但函数的驻点不一定是极值点.

例如，函数 $z = xy$ 在点 $(0, 0)$ 处的两个偏导数都是零，函数在 $(0, 0)$ 既不取得极大值，也不取得极小值.

定理 2（充分条件） 设函数 $z = f(x, y)$ 在点 (x_0, y_0) 的某邻域内连续且有一阶及二阶连续偏导数，又 $f_x(x_0, y_0) = 0$，$f_y(x_0, y_0) = 0$，令

$$f_{xx}(x_0, y_0) = A, \quad f_{xy}(x_0, y_0) = B, \quad f_{yy}(x_0, y_0) = C$$

则 $f(x, y)$ 在 (x_0, y_0) 处是否取得极值的条件如下：

（1）$AC - B^2 > 0$ 时具有极值，且当 $A < 0$ 时有极大值，当 $A > 0$ 时有极小值；

（2）$AC - B^2 < 0$ 时没有极值；

（3）$AC - B^2 = 0$ 时可能有极值，也可能没有极值.

在函数 $f(x, y)$ 的驻点处如果 $f_{xx} \cdot f_{yy} - f_{xy}^2 > 0$，则函数具有极值，且当 $f_{xx} < 0$

时有极大值,当 $f_{xx} > 0$ 时有极小值.

极值的求法:

第 1 步:解方程组

$$f_x(x,y) = 0, \quad f_y(x,y) = 0$$

求得一切实数解,即可得一切驻点.

第 2 步:对于每一个驻点 (x_0,y_0),求出二阶偏导数的值 A,B 和 C.

第 3 步:定出 $AC - B^2$ 的符号,按定理 2 的结论判定 $f(x_0,y_0)$ 是否是极值,是极大值,还是极小值.

例 4 求函数 $f(x,y) = x^3 - y^3 + 3x^2 + 3y^2 - 9x$ 的极值.

解 解方程组

$$\begin{cases} f_x(x,y) = 3x^2 + 6x - 9 = 0 \\ f_y(x,y) = -3y^2 + 6y = 0 \end{cases}$$

求得 $x = 1, -3; y = 0,2$. 于是,得驻点为 $(1,0),(1,2),(-3,0),(-3,2)$.

再求出二阶偏导数

$$f_{xx}(x,y) = 6x + 6, \quad f_{xy}(x,y) = 0, \quad f_{yy}(x,y) = -6y + 6$$

在点 $(1,0)$ 处,$AC - B^2 = 12 \cdot 6 > 0$,又 $A > 0$,所以函数在 $(1,0)$ 处有极小值 $f(1,0) = -5$.

在点 $(1,2)$ 处,$AC - B^2 = 12 \cdot (-6) < 0$,所以 $f(1,2)$ 不是极值.

在点 $(-3,0)$ 处,$AC - B^2 = -12 \cdot 6 < 0$,所以 $f(-3,0)$ 不是极值.

在点 $(-3,2)$ 处,$AC - B^2 = -12 \cdot (-6) > 0$,又 $A < 0$,所以函数的 $(-3,2)$ 处有极大值 $f(-3,2) = 31$.

注意:

不是驻点也可能是极值点,例如,函数 $z = -\sqrt{x^2 + y^2}$ 在点 $(0,0)$ 处有极大值,但 $(0,0)$ 不是函数的驻点. 因此,在考虑函数的极值问题时,除了考虑函数的驻点外,如果有偏导数不存在的点,那么,对这些点也应当考虑.

7.8.2 多元函数的最值

如果 $f(x,y)$ 在有界闭区域 D 上连续,则 $f(x,y)$ 在 D 上必定能取得最大值和最小值. 这种使函数取得最大值或最小值的点既可能在 D 的内部,也可能在 D 的边界上. 我们假定,函数在 D 上连续、在 D 内可微分且只有有限个驻点,这时如果函数在 D 的内部取得最大值(最小值),那么,这个最大值(最小值)也是函数的极大值(极小值). 因此,求最大值和最小值的一般方法是:将函数 $f(x,y)$ 在 D 内的所有驻点处的函数值及在 D 的边界上的最大值和最小值相互比较,其中最大的就是最大值,最小的就是最小值.

例5 某厂要用铁板做成一个体积为 8 m³ 的有盖长方体水箱. 问当长、宽、高各取多少时,才能使用料最省.

解 设水箱的长为 x m,宽为 y m,则其高应为 $\dfrac{8}{xy}$ m. 此水箱所用材料的面积为

$$A = 2\left(xy + y \cdot \frac{8}{xy} + x \cdot \frac{8}{xy}\right) = 2\left(xy + \frac{8}{x} + \frac{8}{y}\right) \ (x > 0, y > 0)$$

令 $A_x = 2\left(y - \dfrac{8}{x^2}\right) = 0, A_y = 2\left(x - \dfrac{8}{y^2}\right) = 0,$ 得

$$x = 2, y = 2$$

根据题意可知,水箱所用材料面积的最小值一定存在,并在开区域 $D = \{(x,y) \mid x > 0, y > 0\}$ 内取得. 因此,此驻点一定是 A 的最小值点,即当水箱的长为 2 m,宽为 2 m,高为 $\dfrac{8}{2 \cdot 2} = 2$ m 时,水箱所用的材料最省.

因此,A 在 D 内的唯一驻点 $(2,2)$ 处取得最小值,即长为 2 m,宽为 2 m,高为 $\dfrac{8}{2 \cdot 2} = 2$ m 时,所用材料最省.

从这个例子还可知,在体积一定的长方体中,以立方体的表面积为最小.

例6 有一宽为 24 cm 的长方形铁板,把它两边折起来做成一断面为等腰梯形的水槽. 问怎样折才能使断面的面积最大?

解 设折起来的边长为 x cm,倾角为 α,那么梯形断面的下底长为 $24 - 2x$,上底长为 $24 - 2x + 2x \cos \alpha$,高为 $x \cdot \sin \alpha$,所以断面面积

$$A = \frac{1}{2}(24 - 2x + 2x \cos \alpha + 24 - 2x) \cdot x \sin \alpha$$

即

$$A = 24x \cdot \sin \alpha - 2x^2 \sin \alpha + x^2 \sin \alpha \cos \alpha \ (0 < x < 12, 0 < \alpha \leqslant 90°)$$

可知,断面面积 A 是 x 和 α 的二元函数,这就是目标函数,求使这函数取得最大值的点 (x, α).

令

$$A_x = 24 \sin \alpha - 4x \sin \alpha + 2x \sin \alpha \cos \alpha = 0$$

$$A_\alpha = 24x\cos\alpha - 2x^2\cos\alpha + x^2(\cos^2\alpha - \sin^2\alpha) = 0$$

由于 $\sin\alpha \neq 0, x \neq 0$，上述方程组可化为

$$\begin{cases} 12 - 2x + x\cos\alpha = 0 \\ 24\cos\alpha - 2x\cos\alpha + x(\cos^2\alpha - \sin^2\alpha) = 0 \end{cases}$$

解方程组，得 $\alpha = 60°, x = 8$ cm.

根据题意可知，断面面积的最大值一定存在，并且在 $D = \{(x,y) \mid 0 < x < 12, 0 < \alpha \leq 90°\}$ 内取得，通过计算得知 $\alpha = 90°$ 时的函数值比 $\alpha = 60°, x = 8$ cm 时的函数值为小. 又函数在 D 内只有一个驻点，因此可断定，当 $x = 8$ cm，$\alpha = 60°$ 时，就能使断面的面积最大.

7.8.3 条件极值

对自变量有附加条件的极值称为条件极值. 例如，求表面积为 a^2 而体积为最大的长方体的体积问题. 设长方体的三棱的长为 x, y, z，则体积 $V = xyz$. 又因假定表面积为 a^2，所以自变量 x, y, z 还必须满足附加条件 $2(xy + yz + xz) = a^2$.

这个问题就是求函数 $V = xyz$ 在条件 $2(xy + yz + xz) = a^2$ 下的最大值问题，这是一个条件极值问题.

对于有些实际问题，可把条件极值问题化为无条件极值问题.

例如，上述问题，由条件 $2(xy + yz + xz) = a^2$，解得

$$z = \frac{a^2 - 2xy}{2(x + y)}$$

于是得

$$V = \frac{xy}{2}\left(\frac{a^2 - 2xy}{x + y}\right)$$

只需求 V 的无条件极值问题.

在很多情形下，将条件极值化为无条件极值有时是很困难的. 需要另一种求条件极值的专用方法，这就是拉格朗日乘数法.

现在来寻求函数 $z = f(x,y)$ 在条件 $\varphi(x,y) = 0$ 下取得极值的必要条件.

如果函数 $z = f(x,y)$ 在 (x_0, y_0) 取得所求的极值，那么有

$$\varphi(x_0, y_0) = 0$$

假定在 (x_0, y_0) 的某一邻域内 $f(x,y)$ 与 $\varphi(x,y)$ 均有连续的一阶偏导数，而 $\varphi_y(x_0, y_0) \neq 0$. 由隐函数存在定理，由方程 $\varphi(x,y) = 0$ 确定一个连续且具有连续导数的函数 $y = \psi(x)$，将其代入目标函数 $z = f(x,y)$，得一元函数

$$z = f[x, \psi(x)]$$

于是, $x = x_0$ 是一元函数 $z = f[x, \psi(x)]$ 的极值点, 由取得极值的必要条件, 有

$$\frac{\mathrm{d}z}{\mathrm{d}x}\bigg|_{x=x_0} = f_x(x_0, y_0) + f_y(x_0, y_0) \frac{\mathrm{d}y}{\mathrm{d}x}\bigg|_{x=x_0} = 0$$

即

$$f_x(x_0, y_0) - f_y(x_0, y_0) \frac{\varphi_x(x_0, y_0)}{\varphi_y(x_0, y_0)} = 0$$

从而函数 $z = f(x, y)$ 在条件 $\varphi(x, y) = 0$ 下在 (x_0, y_0) 取得极值的必要条件是

$$f_x(x_0, y_0) - f_y(x_0, y_0) \frac{\varphi_x(x_0, y_0)}{\varphi_y(x_0, y_0)} = 0$$

与 $\varphi(x_0, y_0) = 0$ 同时成立.

设 $\dfrac{f_y(x_0, y_0)}{\varphi_y(x_0, y_0)} = -\lambda$, 上述必要条件变为

$$\begin{cases} f_x(x_0, y_0) + \lambda \varphi_x(x_0, y_0) = 0 \\ f_y(x_0, y_0) + \lambda \varphi_y(x_0, y_0) = 0 \\ \varphi(x_0, y_0) = 0 \end{cases}$$

拉格朗日乘数法: 要找函数 $z = f(x, y)$ 在条件 $\varphi(x, y) = 0$ 下的可能极值点, 可以先构成辅助函数

$$F(x, y, \lambda) = f(x, y) + \lambda \varphi(x, y)$$

其中, λ 为某一常数.

然后解方程组

$$\begin{cases} F_x(x, y, \lambda) = f_x(x, y) + \lambda \varphi_x(x, y) = 0 \\ F_y(x, y, \lambda) = f_y(x, y) + \lambda \varphi_y(x, y) = 0 \\ \varphi(x, y) = 0 \end{cases}$$

由此方程组解出 x, y 及 λ, 则其中 (x, y) 就是所求的可能的极值点.

这种方法可推广到自变量多于两个而条件多于一个的情形.

至于如何确定所求的点是否是极值点, 在实际问题中往往可根据问题本身的性质来判定.

例7　求表面积为 a^2 而体积为最大的长方体的体积.

解 设长方体的三棱的长为 x,y,z，则问题就是在条件

$$2(xy + yz + xz) = a^2$$

下求函数 $V = xyz$ 的最大值.

构成辅助函数

$$F(x,y,z,\lambda) = xyz + \lambda(2xy + 2yz + 2xz - a^2)$$

解方程组

$$\begin{cases} F_x(x,y,z) = yz + 2\lambda(y + z) = 0 \\ F_y(x,y,z) = xz + 2\lambda(x + z) = 0 \\ F_z(x,y,z) = xy + 2\lambda(y + x) = 0 \\ 2xy + 2yz + 2xz = a^2 \end{cases}$$

得 $x = y = z = \dfrac{\sqrt{6}}{6}a$，这是唯一可能的极值点. 因为由问题本身可知最大值一定存在，所以最大值就在这个可能的值点处取得. 此时，$V = \dfrac{\sqrt{6}}{36}a^3$.

习题 7-8

基础题

1. 求下列函数的驻点，并判断是否为极值点（说明是极大值点，还是极小值点）：

（1）$z = x^2 + y^2$；

（2）$z = (x - y + 1)^2$；

（3）$z = x^3 + y^3 - 3(x^2 + y^2)$.

2. 求函数 $f(x,y) = 4(x - y) - x^2 - y^2$ 的极值.

3. 求函数 $f(x,y) = e^{2x}(x + y^2 + 2y)$ 的极值.

4. 求函数 $f(x,y) = x^3 + y^3 - 9xy + 27$ 的极值.

5. 求函数 $z = xy$ 在条件 $x + y = 1$ 下的极大值.

6. 将正数 a 分成 3 个正数之和，使它们的乘积为最大，求这 3 个正数.

7. 在平面 $x + z = 0$ 上求一点，使它到点 $A(1,1,1)$ 和 $B(2,3,-1)$ 的距离的平方和最小.

8. 建造容积为 V 的开顶长方体水池，长、宽、高各应为多少时，才能使表面积最小.

提高题

1. 已知函数 $f(x,y)$ 在点 $(0,0)$ 的某个领域内连续，且

$$\lim_{(x,y)\to(0,0)} \frac{f(x,y) - xy}{(x^2 + y^2)^2} = 1$$

则下述 4 个选项中正确的是( ).

A. 点 $(0,0)$ 不是 $f(x,y)$ 的极值点

B. 点 $(0,0)$ 是 $f(x,y)$ 的极大值点

C. 点 $(0,0)$ 是 $f(x,y)$ 的极小值点

D. 根据所给条件无法判断 $(0,0)$ 是否为 $f(x,y)$ 的极值点

2. 从斜边之长为 l 的一切直角三角形中，求有最大周长的直角三角形.

3. 要造一个容积等于定数 k 的长方体无盖水池，应如何选择水池的尺寸，方可使它的表面积最小.

第8章 重积分

在一元函数积分学中,我们已经看到运用元素法解决许多实际问题简捷而有效,其中被积函数为一元函数、积分区域为直线段情况. 但是,在处理许多实际问题时,往往需要建立多个计算的量,即多个未知数. 换句话说,此时的函数为多元函数,已学的一元函数积分学则无法解决了,如曲面的面积、质心位置等. 本章将定积分"大化小、常代变、求和、求极限"的思想方法推广到二元、三元等多元函数定义在区域、曲线以及曲面上的情况,即重积分、曲线积分和曲面积分. 这里主要介绍二重、三重积分的概念、计算方法及其应用.

§8.1 二重积分的概念与性质

8.1.1 二重积分的概念

引例1:求曲顶柱体的体积

所谓**曲顶柱体**,是指这样的一种立体,它的底是 xOy 面上的有界闭区域 D^*,它的侧面是以 D 的边界曲线为准线而母线是平行于 z 轴的柱面,它的顶是曲面 $z = f(x,y)$,$(x,y) \in D$,这里 $f(x,y) \geq 0$ 且在 D 上连续(见图8.1). 现在讨论如何定义和计算上述曲顶柱体的体积 V.

当 $z = f(x,y)$ 为常数时,此时的柱体为平顶柱体. 易知,它的体积可用公式

---

* 为简便起见,本章以后除特别说明外,都将有界闭区域简称为闭区域,即都假定平面闭区域和空间闭区域是有界的,且平面闭区域有有限面积,空间闭区域有有限体积.

$$体积 = 底面积 \times 高$$

来定义和计算. 但对于曲顶柱体, 当点 (x,y) 在区域 D 上变化时, 高度 $z = f(x,y)$ 是变化的, 故此时的体积不能直接用上述公式来定义和计算. 但如果回忆起第5章中求曲边梯形的面积问题, 就不难想到, 那里所采用的思路和方法, 也可用来解决目前的问题.

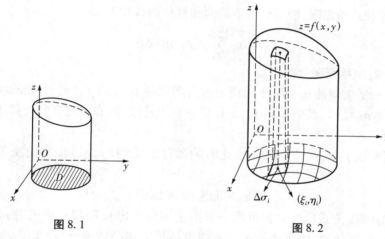

图 8.1   图 8.2

（1）**"大化小"**—— 用一组曲线网把 D 分成 n 个小闭区域

$$\Delta\sigma_1, \Delta\sigma_2, \cdots, \Delta\sigma_n$$

分别以这些小闭区域的边界曲线为准线, 作母线平行于 z 轴的柱面, 这些柱面把原来的曲顶柱体分为 n 个细曲顶柱体（见图 8.2）. 设这些细曲顶柱体的体积为 $\Delta V_i (i = 1, 2, \cdots, n)$, 则

$$V = \sum_{i=1}^{n} \Delta V_i$$

（2）**"常代变"**—— 当小区域 $\Delta\sigma_i (i = 1, 2, \cdots, n)$ 的直径很小* 时, 由于 $f(x,y)$ 在 D 上连续, 则在同一个小闭区域上的 $f(x,y)$ 变化很小, 即这时细曲顶柱体可近似地看成平顶柱体. 在每个小区域 $\Delta\sigma_i$（也表示该小区域的面积）中任取一点 (ξ_i, η_i), 以 $f(\xi_i, \eta_i)$ 为高而小区域 $\Delta\sigma_i$ 为底的平顶柱体（见图8.2）的体积近似为

---

* 一个闭区域的直径是指区域上任意两点间距离的最大值.

$$\Delta V_i \approx f(\xi_i, \eta_i) \Delta \sigma_i \qquad (i = 1, 2, \cdots, n)$$

（3）"求和"——将这 n 个细平顶柱体体积相加,即得曲顶柱体体积的近似值为

$$V = \sum_{i=1}^{n} \Delta V_i \approx \sum_{i=1}^{n} f(\xi_i, \eta_i) \Delta \sigma_i$$

（4）"求极限"——令 n 个小闭区域的直径中的最大值（不妨记为 λ）趋于零,取上述和式的极限,便得到所求的曲顶柱体的体积 V,即

$$V = \lim_{\lambda \to 0} \sum_{i=1}^{n} f(\xi_i, \eta_i) \Delta \sigma_i$$

引例 2:求平面薄片的质量

设有一平面薄片在 xOy 坐标面上占有闭区域 D,它在点 (x, y) 处的面密度函数为 $\rho = \rho(x, y)$,其中 $\rho(x, y) > 0$ 且在 D 上连续. 现在要定义和计算该薄片的质量 M.

当面密度 $\rho(x, y)$ 为常数时,此时的薄片是均匀的. 易知,它的质量可用公式

$$\text{质量} = \text{面密度} \times \text{面积}$$

来定义和计算（公式里的面积可用一般的定积分求出）. 但现在面密度 $\rho(x, y)$ 不是常数,是变化的,故薄片的质量不能直接用上述公式来计算. 但是,上面处理曲顶柱体体积问题的思想方法完全适用于本问题.

（1）"大化小"——用任意的分割把闭区域 D 分成 n 个小闭区域

$$\Delta \sigma_1, \Delta \sigma_2, \cdots, \Delta \sigma_n.$$

$\Delta \sigma_i$ 同时表示对应小区域的面积,$i = 1, 2, \cdots,$ n（见图 8.3）. $\Delta \sigma_i$ 对应的质量记为 ΔM_i,则

$$M = \sum_{i=1}^{n} \Delta M_i$$

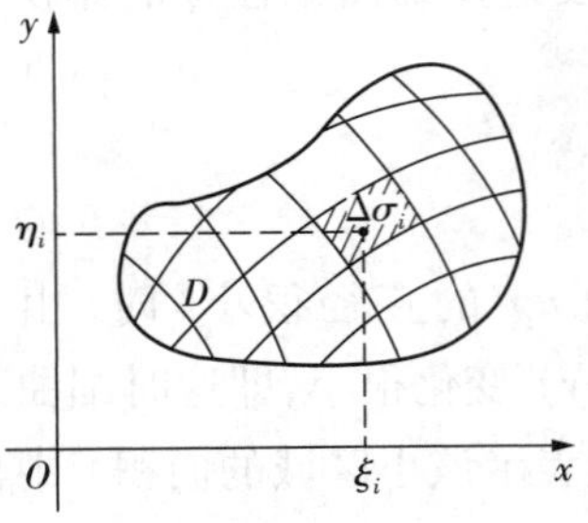

（2）"常代变"——当小区域 $\Delta \sigma_i$ 很小时,密度 $\rho(x, y)$ 在 $\Delta \sigma_i$ 上的变化一般也很小,这时的小块薄片可近似地看成均匀薄片. 在每个小区域 $\Delta \sigma_i$ 中任取一点 (ξ_i, η_i),以 $\rho(\xi_i, \eta_i)$ 来代替小区域 $\Delta \sigma_i$ 的密度（见图 8.3）,从而该区域的质量近似为

图 8.3

$$\Delta M_i \approx \rho(\xi_i, \eta_i) \Delta \sigma_i \qquad (i = 1, 2, \cdots, n)$$

（3）**"求和"**—— 将这 n 个小块薄片相加，即得整个平面薄片质量的近似值为

$$V = \sum_{i=1}^{n} \Delta M_i \approx \sum_{i=1}^{n} \rho(\xi_i, \eta_i) \Delta \sigma_i$$

（4）**"求极限"**—— 当分割越来越细密，即 n 个小闭区域的直径中的最大值（不妨记为 λ）趋于零，取上述和式的极限，便得到所求的平面薄片的质量 M，即

$$M = \lim_{\lambda \to 0} \sum_{i=1}^{n} \rho(\xi_i, \eta_i) \Delta \sigma_i$$

上面两个问题的实际意义虽然不同，但是解决问题的方法完全相同，结果也都可归结为同一形式的和的极限. 在物理、力学、几何和工程技术中，有许多物理量或几何量都可归结为这一形式的和的极限. 因此，我们要一般地研究这种和的极限，并抽象出下述二重积分的定义.

定义 设函数 $f(x, y)$ 是有界闭区域 D 上的有界函数. 将闭区域 D 任意分成 n 个小闭区域

$$\Delta \sigma_1, \Delta \sigma_2, \cdots, \Delta \sigma_n$$

其中，$\Delta \sigma_i$ 表示第 i 个小闭区域，也表示它的面积. 在每个 $\Delta \sigma_i$ 上任取一点 (ξ_i, η_i)，作乘积 $f(\xi_i, \eta_i) \Delta \sigma_i (i = 1, 2, \cdots, n)$，并作和 $\sum_{i=1}^{n} f(\xi_i, \eta_i) \Delta \sigma_i$. 如果当各小闭区域的直径中最大值 λ 趋于零时，这和的极限总存在，则称此极限为函数 $f(x, y)$ 在闭区域 D 上的**二重积分**，记作 $\iint\limits_{D} f(x, y) \mathrm{d}\sigma$，即

$$\iint\limits_{D} f(x, y) \mathrm{d}\sigma = \lim_{\lambda \to 0} \sum_{i=1}^{n} f(\xi_i, \eta_i) \Delta \sigma_i \tag{8.1}$$

其中，$f(x, y)$ 称为**被积函数**，$f(x, y) \mathrm{d}\sigma$ 称为被积表达式，$\mathrm{d}\sigma$ 称为**面积元素**，x 和 y 称为**积分变量**，D 称为**积分区域**，$\sum_{i=1}^{n} f(\xi_i, \eta_i) \Delta \sigma_i$ 称为**积分和**.

很明显，二重积分是定积分在二元函数情形下的推广.

二重积分记号 $\iint\limits_{D} f(x, y) \mathrm{d}\sigma$ 中的面积元素 $\mathrm{d}\sigma$ 象征着积分和中的 $\Delta \sigma_i$. 在上述二重积分的定义中，对闭区域的划分是任意的. 如果在直角坐标系中用平行于两坐标轴的直线网来划分 D，那么，除了包含边界点的一些小闭区域外，其余的小闭区域都是矩形区域. 设矩形区域 $\Delta \sigma_i$ 的边长为 Δx_j 和 Δy_k，则 $\Delta \sigma_i = \Delta x_j \Delta y_k$. 因此，在直角坐标系中，有时也把面积元素 $\mathrm{d}\sigma$ 记作 $\mathrm{d}x\mathrm{d}y$，从而把二重积

分记作

$$\iint\limits_{D} f(x,y)\mathrm{d}x\mathrm{d}y$$

其中, $\mathrm{d}x\mathrm{d}y$ 称为**直角坐标系中的面积元素**.

我们不予证明地指出, 当 $f(x,y)$ 在闭区域 D 上连续时, 式(8.1)右端的和的极限必定存在, 换句话说, **函数 $f(x,y)$ 在闭区域 D 上连续, 那么, 它在二重积分上必定存在**(也称 $f(x,y)$ 在 D 上可积). 我们总假定函数 $f(x,y)$ 在闭区域 D 上连续, 所以 $f(x,y)$ 在 D 上的二重积分都是存在的, 后面就不再加以说明.

由上述二重积分的定义可知, 曲顶柱体的体积是曲顶柱体的变高 $f(x,y)$ 在底 D 上的二重积分

$$V = \iint\limits_{D} f(x,y)\mathrm{d}\sigma$$

平面薄片的质量是它的面密度 $\rho(x,y)$ 在薄片所占闭区域 D 上的二重积分

$$M = \iint\limits_{D} \rho(x,y)\mathrm{d}\sigma$$

一般的, 如果 $f(x,y) \geqslant 0$, 被积函数 $f(x,y)$ 可理解为曲顶柱体的顶在点 (x,y) 处的竖坐标, 所以二重积分的几何意义就是曲顶柱体的体积. 如果被积函数 $f(x,y)$ 是负的, 则柱体在 xOy 面的下方, 那么, 此时二重积分的值是负的, 但其绝对值仍等于柱体的体积. 如果被积函数 $f(x,y)$ 在 D 的若干部分区域上是正的, 而在其他部分区域上是负的, 那么, 被积函数 $f(x,y)$ 在 D 上的二重积分就等于 xOy 面上方的柱体体积减去 xOy 面下方的柱体体积所得之差.

8.1.2　二重积分的性质

对比定积分与二重积分的定义可知, 这两种积分是同一类型的和式的极限, 故二重积分有着与定积分类似的性质. 现将这些性质叙述于下, 其中 D 是 xOy 平面上的有界闭区域.

性质 1　如果函数 $f(x,y)$, $g(x,y)$ 都在 D 上可积, 则对任意的常数 α, β, 函数 $\alpha f(x,y) + \beta g(x,y)$ 也在 D 上可积, 且

$$\iint\limits_{D} [\alpha f(x,y) + \beta g(x,y)]\mathrm{d}x\mathrm{d}y = \alpha \iint\limits_{D} f(x,y)\mathrm{d}x\mathrm{d}y + \beta \iint\limits_{D} g(x,y)\mathrm{d}x\mathrm{d}y$$

这一性质称为二重积分的**线性性质**.

性质 2　如果 $f(x,y)$ 在 D 上可积, 用曲线将 D 分割成两个闭区域 D_1 和 D_2, 则 $f(x,y)$ 在 D_1 和 D_2 上也都可积, 且

$$\iint\limits_{D} f(x,y)\,\mathrm{d}x\mathrm{d}y = \iint\limits_{D_1} f(x,y)\,\mathrm{d}x\mathrm{d}y + \iint\limits_{D_2} f(x,y)\,\mathrm{d}x\mathrm{d}y$$

这一性质称为二重积分的**区域可加性**.

性质3 如果在 D 上, $f(x,y) \equiv 1$, σ 为 D 的面积,则

$$\sigma = \iint\limits_{D} 1 \cdot \mathrm{d}\sigma = \iint\limits_{D} \mathrm{d}\sigma$$

性质3的几何意义很明显,高为1的平顶柱体的体积在数值上就等于柱体的底面积.

性质4 如果函数 $f(x,y)$ 在 D 上可积,并且在 D 上 $f(x,y) \geqslant 0$,则

$$\iint\limits_{D} f(x,y)\,\mathrm{d}x\mathrm{d}y \geqslant 0$$

由性质1和性质4可知,如果 $f(x,y)$, $g(x,y)$ 都在 D 上可积,且在 D 上 $f(x,y) \leqslant g(x,y)$,则

$$\iint\limits_{D} f(x,y)\,\mathrm{d}x\mathrm{d}y \leqslant \iint\limits_{D} g(x,y)\,\mathrm{d}x\mathrm{d}y$$

以上不等式也称二重积分的**单调性**.

性质5 如果函数 $f(x,y)$ 在 D 上可积,则函数 $|f(x,y)|$ 也在 D 上可积,且

$$\left| \iint\limits_{D} f(x,y)\,\mathrm{d}x\mathrm{d}y \right| \leqslant \iint\limits_{D} |f(x,y)|\,\mathrm{d}x\mathrm{d}y$$

性质6 设 M, m 分别为函数 $f(x,y)$ 在 D 上的最大值和最小值, σ 是 D 的面积,则有

$$m\sigma \leqslant \iint\limits_{D} f(x,y)\,\mathrm{d}\sigma \leqslant M\sigma$$

上述不等式是对于二重积分估值的不等式. 因为 $m \leqslant f(x,y) \leqslant M$,所以由性质4有

$$\iint\limits_{D} m\,\mathrm{d}\sigma \leqslant \iint\limits_{D} f(x,y)\,\mathrm{d}\sigma \leqslant \iint\limits_{D} M\,\mathrm{d}\sigma$$

再应用性质1和性质3,便得此估值不等式.

性质7(二重积分的中值定理) 设函数 $f(x,y)$ 在 D 上连续, σ 是 D 的面积,则在 D 上至少存在一点 (ξ, η),使得

$$\iint\limits_{D} f(x,y)\,\mathrm{d}\sigma = f(\xi, \eta) \cdot \sigma$$

证 显然 $\sigma \neq 0$. 把性质6的不等式两端同时除以 σ,则

$$m \leqslant \frac{1}{\sigma} \iint\limits_{D} f(x,y)\mathrm{d}\sigma \leqslant M$$

即确定的数值 $\frac{1}{\sigma} \iint\limits_{D} f(x,y)\mathrm{d}\sigma$ 是介于函数 $f(x,y)$ 的最大值 M 和最小值 m 之间的. 根据在闭区域上连续函数的介值定理,在 D 上至少存在一点 (ξ,η),使得函数在该点的值等于这个确定的数值,即

$$\frac{1}{\sigma} \iint\limits_{D} f(x,y)\mathrm{d}\sigma = f(\xi,\eta)$$

上式两端各乘以 σ,便得到所需要证明的公式.

例   估计二重积分 $\iint\limits_{D} e^{\cos x \sin y}\mathrm{d}x\mathrm{d}y$ 的值,其中 D 为圆形区域 $x^2 + y^2 \leqslant 9$.

解   对于任意的 $(x,y) \in R^2$,因 $-1 \leqslant \cos x \sin y \leqslant 1$,故有

$$\frac{1}{e} \leqslant e^{\cos x \sin y} \leqslant e$$

又 $S(D) = 9\pi$,故

$$\frac{9\pi}{e} \leqslant \iint\limits_{D} e^{\cos x \sin y}\mathrm{d}x\mathrm{d}y \leqslant 9\pi e$$

习题 8-1

基础题

1. 设有一平面薄板(不计其厚度),占有 xOy 平面上的闭区域 D,薄板上分布有面密度为 $\rho = \rho(x,y)$ 的电荷,且 $\rho(x,y)$ 在 D 上连续,试用二重积分表达该板上的全部电荷 Q.

2. 设 $f(x,y)$ 连续,$P = \iint\limits_{D_1} f(x,y)\mathrm{d}x\mathrm{d}y$,$Q = \iint\limits_{D_2} f(x,y)\mathrm{d}x\mathrm{d}y$,其中

$$D_1 = \{(x,y) \mid -a \leqslant x \leqslant a, -b \leqslant y \leqslant b\}$$
$$D_2 = \{(x,y) \mid 0 \leqslant x \leqslant a, 0 \leqslant y \leqslant b\}, a > 0, b > 0$$

试用二重积分的几何意义说明:若

$$f(x,y) = f(-x,y) = f(x,-y)$$

则 $P = 4Q$.

3.利用二重积分的定义证明:

$(1)\iint\limits_{D}kf(x,y)\mathrm{d}\sigma = k\iint\limits_{D}f(x,y)\mathrm{d}\sigma$(其中 σ 为 D 的面积)

$(2)\iint\limits_{D}f(x,y)\mathrm{d}\sigma = \iint\limits_{D_1}f(x,y)\mathrm{d}\sigma + \iint\limits_{D_2}f(x,y)\mathrm{d}\sigma$

其中, $D = D_1 \cup D_2, D_1, D_2$ 为两个无公共内点的闭区域.

提高题

1.利用二重积分的性质,比较下列积分的大小:

$(1)\iint\limits_{D}(x + y)^2\mathrm{d}x\mathrm{d}y$ 与 $\iint\limits_{D}(x + y)^3\mathrm{d}x\mathrm{d}y$.

①D 由直线 $x = 0, y = 0$ 和 $x + y = 1$ 所围成的闭区域;

②D 由圆周 $(x - 2)^2 + (y - 1)^2 = 2$ 所围成的闭区域.

$(2)\iint\limits_{D}\mathrm{e}^{xy}\mathrm{d}x\mathrm{d}y$ 与 $\iint\limits_{D}\mathrm{e}^{2xy}\mathrm{d}x\mathrm{d}y$.

①$D = \{(x,y) \mid 0 \leqslant x \leqslant 1, 0 \leqslant y \leqslant 1\}$;

②$D = \{(x,y) \mid -1 \leqslant x \leqslant 0, 0 \leqslant y \leqslant 1\}$.

2.利用二重积分的性质,估计下列积分的值:

$(1)I = \iint\limits_{D}xy(x + 2y)\mathrm{d}x\mathrm{d}y$,其中 $D = \{(x,y) \mid 0 \leqslant x \leqslant 1, 0 \leqslant y \leqslant 1\}$;

$(2)I = \iint\limits_{D}\sqrt{x^2 + 2y^2}\mathrm{d}x\mathrm{d}y$,其中 $D = \{(x,y) \mid 0 \leqslant x \leqslant 1, 0 \leqslant y \leqslant 2\}$;

$(3)I = \iint\limits_{D}\sin^2 x \sin^2 y\mathrm{d}x\mathrm{d}y$,其中 $D = \{(x,y) \mid 0 \leqslant x \leqslant \pi, 0 \leqslant y \leqslant \pi\}$;

$(4)I = \iint\limits_{D}\mathrm{e}^{x^2+y^2}\mathrm{d}x\mathrm{d}y$,其中 D 为圆周 $x^2 + y^2 = 4$ 所围成的闭区域;

$(5)I = \iint\limits_{D}(x^2 + 4y^2 + 9)\mathrm{d}x\mathrm{d}y$,其中 D 为环形闭区域 $1 \leqslant x^2 + y^2 \leqslant 4$.

3.设 D 是平面有界闭区域, $f(x,y)$ 和 $g(x,y)$ 都在 D 上连续,且 $g(x,y)$ 在 D 上不变号,证明:存在点 $(\xi,\eta) \in D$,使得

$$\iint\limits_{D}f(x,y)g(x,y)\mathrm{d}x\mathrm{d}y = f(\xi,\eta)\iint\limits_{D}g(x,y)\mathrm{d}x\mathrm{d}y.$$

4.设 D 是平面有界闭区域, $f(x,y)$ 在 D 上连续,证明:若 $f(x,y)$ 在 D 上非

负,且 $\iint\limits_{D} f(x,y)\mathrm{d}x\mathrm{d}y = 0$,则在 D 上 $f(x,y) \equiv 0$.

§8.2 二重积分的计算

由上一节易知,可按照二重积分的定义来计算二重积分,这对于少数特别简单的被积函数和积分区域是可行的,但对于一般的函数和区域来说,这不是一种切实可行的方法. 在被积函数连续的前提下,计算二重积分比较有效的一种方法是:将二重积分化为二次单积分(即两次定积分)来进行计算,这也是本节要介绍的二重积分的计算法. 这样计算时,根据积分区域和被积函数的不同情况,有时利用直角坐标比较方便,有时则利用极坐标比较方便. 下面分别加以讨论. 为表述简便,不妨假定被积函数 $f(x,y)$ 在积分区域 D 上是连续的.

8.2.1 二重积分在直角坐标系中的计算

下面从二重积分的几何意义出发来推导二重积分的计算公式,而不考虑严格的分析证明. 在推导时,不妨假定 $f(x,y) \geqslant 0$,但所得结果并不受此条件限制.

设 xOy 平面上的有界闭区域 D 可用不等式

$$D = \{(x,y) \mid \varphi_1(x) \leqslant y \leqslant \varphi_2(x), a \leqslant x \leqslant b\}$$

其中,函数 $\varphi_1(x),\varphi_2(x)$ 在区间 $[a,b]$ 上连续,则称 D 为 X 型平面区域,简称 X 型区域. 如图 8.4 所示的平面区域就是 X 型区域. 容易看出,X 型区域的特点是:穿过 D 内部且垂直于 x 轴(或平行于 y 轴)的直线与 D 的边界相交不多于两点.

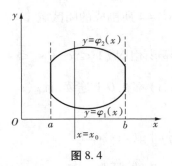

图 8.4

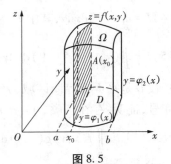

图 8.5

根据二重积分的几何意义,当 $f(x,y) \geqslant 0,(x,y) \in D$ 时,$\iint\limits_D f(x,y)\mathrm{d}\sigma$ 等于以 D 为底、以曲面 $z = f(x,y)$ 为顶的曲顶柱体(见图8.5)的体积. 另一方面,这个曲顶柱体的体积可按"平行截面面积为已知的立体"的计算方法(见5.4节)求得:在区间 $[a,b]$ 上任意取定一点 x_0,过点 $(x_0,0,0)$ 作平行于 yOz 面的平面 $x = x_0$. 此时,平面截面曲顶柱体得一曲边梯形(图8.5中阴影部分),其截面面积 $A(x_0)$ 可用定积分计算为

$$A(x_0) = \int_{\varphi_1(x_0)}^{\varphi_2(x_0)} f(x_0,y)\,\mathrm{d}y$$

一般,过区间 $[a,b]$ 上任意一点 x 且平行于 yOz 平面的平面截面的面积为

$$A(x) = \int_{\varphi_1(x)}^{\varphi_2(x)} f(x,y)\,\mathrm{d}y$$

于是,得曲顶柱体的体积为

$$V = \int_a^b A(x)\,\mathrm{d}x = \int_a^b \left[\int_{\varphi_1(x)}^{\varphi_2(x)} f(x,y)\,\mathrm{d}y \right] \mathrm{d}x$$

从而得到等式

$$\iint\limits_D f(x,y)\mathrm{d}\sigma = \int_a^b \left[\int_{\varphi_1(x)}^{\varphi_2(x)} f(x,y)\,\mathrm{d}y \right] \mathrm{d}x \tag{8.2}$$

式(8.2)右端的积分称为先对 y、后对 x 的**二次积分**. 就是说,首先把 x 看成常数,把 $f(x,y)$ 只看成 y 的函数,并对 y 计算从 $\varphi_1(x)$ 到 $\varphi_2(x)$ 的定积分. 然后把算得的结果(不含 y,是 x 的函数)再对 x 计算从 a 到 b 的定积分. 这个积分也常记作

$$\int_a^b \mathrm{d}x \int_{\varphi_1(x)}^{\varphi_2(x)} f(x,y)\,\mathrm{d}y$$

值得注意的是,不要将上式误解为 $\left(\int_a^b \mathrm{d}x \right) \cdot \left(\int_{\varphi_1(x)}^{\varphi_2(x)} f(x,y)\,\mathrm{d}y \right)$.

于是,得对 X 型区域 $D = \{(x,y) \mid \varphi_1(x) \leqslant y \leqslant \varphi_2(x), a \leqslant x \leqslant b\}$,则

$$\iint\limits_D f(x,y)\mathrm{d}\sigma = \int_a^b \mathrm{d}x \int_{\varphi_1(x)}^{\varphi_2(x)} f(x,y)\,\mathrm{d}y \tag{8.3}$$

式(8.3)就是把二重积分化为先对 y、后对 x 的二次积分的计算公式.

类似地,如果积分区域 D 可用不等式组

$$\psi_1(y) \leqslant x \leqslant \psi_2(y), c \leqslant y \leqslant d$$

来表示. 其中,函数 $\psi_1(y),\psi_2(y)$ 在区间 $[c,d]$ 上连续,则称 D 为 Y 型平面区域,简称 Y 型区域. 如图8.6所示的平面区域就是 Y 型区域. 可知,Y 型区域的特点

是:穿过 D 内部且垂直于 y 轴(或平行于 x 轴)的直线与 D 的边界相交不多于两点. 这时有,对 Y 型区域 $D = \{(x,y) \mid \psi_1(y) \leqslant x \leqslant \psi_2(y), c \leqslant y \leqslant d\}$,则

$$\iint\limits_{D} f(x,y)\mathrm{d}\sigma = \int_c^d \mathrm{d}y \int_{\psi_1(y)}^{\psi_2(y)} f(x,y)\mathrm{d}x \tag{8.4}$$

式(8.4)就是把二重积分化为先对 x、后对 y 的二次积分的计算公式.

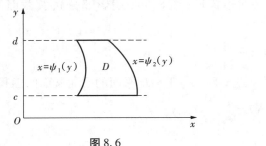

图 8.6

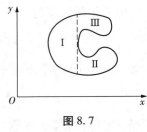

图 8.7

如果积分区域 D 既不是 X 型的,又不是 Y 型的. 例如图 8.7 所示的区域,既有一部分使穿过 D 内部且垂直于 x 轴的直线与 D 的边界相交多于两点,又有一部分使穿过 D 内部且垂直于 y 轴的直线与 D 的边界相交多于两点. 这时通常可把 D 分成几部分(如图 8.7 中的 3 部分),使得每个部分是 X 型区域或 Y 型区域,从而在每个区域上的二重积分都可利用上述两类对应的二次积分的计算公式计算. 再利用二重积分的区域可加性,将这些小区域上的二重积分的计算结果相加,就可得到整个区域 D 上的二重积分.

反之,如果积分区域 D 既是 X 型的,可用不等式 $\varphi_1(x) \leqslant y \leqslant \varphi_2(x)$, $a \leqslant x \leqslant b$ 表示,又是 Y 型的,可用不等式 $\psi_1(y) \leqslant x \leqslant \psi_2(y), c \leqslant y \leqslant d$ 表示. 如图 8.8 所示的区域,由上述两种类型的二次积分的计算公式有

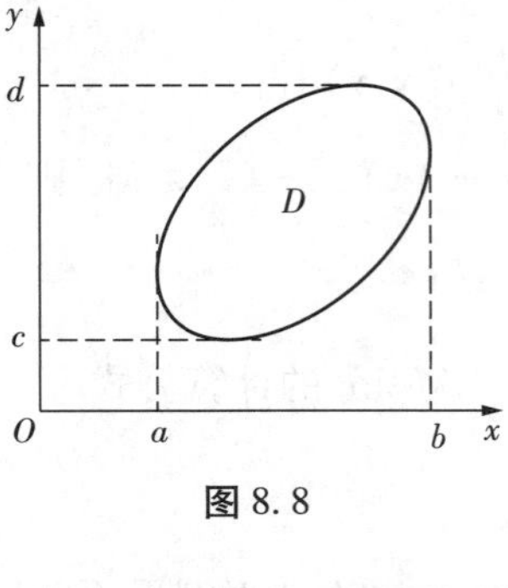

$$\int_a^b \mathrm{d}x \int_{\varphi_1(x)}^{\varphi_2(x)} f(x,y)\mathrm{d}y = \int_c^d \mathrm{d}y \int_{\psi_1(y)}^{\psi_2(y)} f(x,y)\mathrm{d}x$$

$$\tag{8.5}$$

式(8.5)表明,这两个不同积分顺序的二次积分相等,因为它们都等于同一个二重积分

$$\iint\limits_{D} f(x,y)\mathrm{d}\sigma$$

图 8.8

通过上述讨论易知,将二重积分化为二次积分时,采用不同的积分顺序,往往会对计算过程带来不同的复杂度. 应根据具体情况,选择恰当的积分顺序. 此

时的关键点就是确定二次积分的积分限. 一般可将二重积分化为二次积分的思想、步骤如下：

（1）画出积分区域 D 的图形.

（2）判断区域 D 的类型，并表示出对应的 D，即

$$X\text{型} \quad D = \{(x,y) \mid \varphi_1(x) \leqslant y \leqslant \varphi_2(x), a \leqslant x \leqslant b\}、$$

$$Y\text{型} \quad D = \{(x,y) \mid \psi_1(y) \leqslant x \leqslant \psi_2(y), c \leqslant y \leqslant d\}.$$

（3）结合式（8.3）、式（8.4），将二重积分写为对应的二次积分的计算公式，并计算该二次积分.

例1 计算 $\iint\limits_{D} xy\mathrm{d}\sigma$，其中 $D = \{(x,y) \mid 1 \leqslant x \leqslant 2, 0 \leqslant y \leqslant 3\}$.

解 首先画出积分区域 D，如图 8.9 所示.

然后判断区域 D 的类型. 任作一条垂直于 x 轴的直线穿过区域 D，该直线与区域的边界有两个交点，即可用 X 型区域，其中下面的交点所在的线为 y 的下限（用 x 的函数表示），上面的交点所在的线为 y 的上限（用 x 的函数表示），即 $0 \leqslant y \leqslant 3$. 相应地，$x$ 的变化范围是 $1 \leqslant x \leqslant 2$. 故

$$D = \{(x,y) \mid 0 \leqslant y \leqslant 3, 1 \leqslant x \leqslant 2\}$$

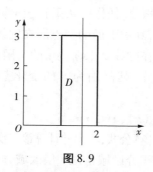

图 8.9

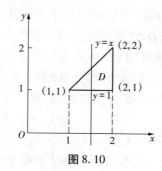

图 8.10

最后写出并计算二次积分

$$\iint\limits_{D} xy\mathrm{d}\sigma = \int_1^2 \mathrm{d}x \int_0^3 xy\mathrm{d}y$$

$$= \int_1^2 \left[\frac{1}{2}xy^2\right]_0^3 \mathrm{d}x = \int_1^2 \frac{9}{2}x\mathrm{d}x$$

$$= \left[\frac{9}{4}x^2\right]_1^2 = \frac{27}{4}$$

例2 计算 $\iint\limits_{D}(x+y)\mathrm{d}\sigma$，其中 D 是由直线 $x = 2, y = 1$ 及 $y = x$ 所围成的

闭区域.

解 解法 1：（1）画出积分区域 D，如图 8.10 所示.

（2）判断区域 D 的类型. 任作一条垂直于 x 轴的直线穿过区域 D，该直线与区域的边界有两个交点，即可用 X 型区域，其中下面的交点所在的线为 y 的下限（用 x 的函数表示），上面的交点所在的线为 y 的上限（用 x 的函数表示），即 $1 \leqslant y \leqslant x$，如图 8.10 所示. 相应地，$x$ 的变化范围是 $1 \leqslant x \leqslant 2$. 故

$$D = \{(x,y) \mid 1 \leqslant y \leqslant x, 1 \leqslant x \leqslant 2\}$$

（3）写出并计算二次积分. 即

$$\iint\limits_{D}(x+y)\mathrm{d}\sigma = \int_1^2 \mathrm{d}x \int_1^x (x+y)\mathrm{d}y$$

$$= \int_1^2 \left[xy + \frac{1}{2}y^2\right]_1^x \mathrm{d}x = \int_1^2 \left(\frac{3}{2}x^2 - x - \frac{1}{2}\right)\mathrm{d}x$$

$$= \left[\frac{1}{2}x^3 - \frac{1}{2}x^2 - \frac{1}{2}x\right]_1^2 = \frac{3}{2}$$

由上面的例子可知，对于 X 型区域上的二重积分，计算步骤如下：

（1）画出积分区域 D 的图形，并给出交点.

（2）确定积分顺序为先对 y 积分，再对 x 积分. 任作一条垂直于 x 轴的直线穿过区域 D，该直线与区域的边界有两个交点，其中下面的交点所在的线 $\varphi_1(x)$ 为 y 的下限（用 x 的函数表示），上面的交点所在的线 $\varphi_2(x)$ 为 y 的上限（用 x 的函数表示），即 y 的积分从线到线. 再对 x 积分，其范围为 x 的变化范围 $a \leqslant x \leqslant b$，即 x 的积分从点到点，即

$$D = \{(x,y) \mid \varphi_1(x) \leqslant y \leqslant \varphi_2(x), a \leqslant x \leqslant b\}$$

（3）结合 X 型区域的二重积分的二次积分计算公式，写出并计算该二次积分.

再进一步分析例 1、例 2 不难发现，它们的积分区域也是 Y 型区域，即可采用先对 x、后对 y 的二次积分的计算公式. 以例 2 为例.

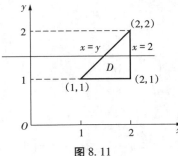

图 8.11

解法 2：（1）画出积分区域 D，如图 8.11 所示.

（2）判断区域 D 的类型. 任作一条垂直于 y 轴的直线穿过区域 D，该直线与区域的边界有两个交点，即可用 Y 型区域，其中左边的交点所在的线为 x 的下限（用 y 的函数表

示),右边的交点所在的线为 x 的上限(用 y 的函数表示),即 $y \leq x \leq 2$,如图 8.11 所示. 相应地,y 的变化范围是 $1 \leq y \leq 2$. 故

$$D = \{(x,y) \mid y \leq x \leq 2, 1 \leq y \leq 2\}$$

(3)写出并计算二次积分. 即

$$\iint\limits_D (x+y)\,d\sigma = \int_1^2 dy \int_y^2 (x+y)\,dx$$

$$= \int_1^2 \left[\frac{1}{2}x^2 + xy \right]_y^2 dy = \int_1^2 \left(2 - \frac{3}{2}y^2 + 2y \right) dy$$

$$= \left[2y - \frac{1}{2}y^3 + y^2 \right]_1^2 = \frac{3}{2}$$

由上面的解法 2 可知,对于 Y 型区域上的二重积分,计算步骤如下:

(1)画出积分区域 D 的图形,并给出交点.

(2)确定积分顺序为先对 x 积分,再对 y 积分. 任作一条垂直于 y 轴的直线穿过区域 D,该直线与区域的边界有两个交点,其中左边的交点所在的线 $\psi_1(y)$ 为 x 的下限(用 y 的函数表示),右边的交点所在的线 $\psi_2(y)$ 为 x 的上限(用 y 的函数表示),即 x 的积分从线到线. 再对 y 积分,其范围为 y 的变化范围 $c \leq y \leq d$,即 y 的积分从点到点,即 $D = \{(x,y) \mid \psi_1(y) \leq x \leq \psi_2(y), c \leq y \leq d\}$.

(3)结合 Y 型区域的二重积分的二次积分计算公式,写出并计算该二次积分.

例 3 计算 $\iint\limits_D xy\,d\sigma$,其中 D 是由抛物线 $y^2 = x$ 及直线 $y = x - 2$ 所围成的闭区域.

解 画出积分区域 D,如图 8.12、图 8.13 所示. 易知 D 既是 X 型,又是 Y 型.

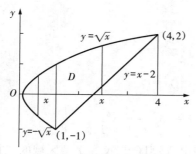

图 8.12

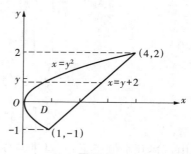

图 8.13

首先考虑 X 型区域,即图 8.12. 易知,在区间 $[0,1]$ 和 $[1,4]$ 上表示 $\varphi_1(x)$ 的函数不同,所以需要用经过交点 $(1,-1)$ 且平行于 y 轴的直线 $x=1$ 把区域 D 分成 D_1 和 D_2 两部分,其中

$$D_1 = \{(x,y) \mid -\sqrt{x} \leqslant y \leqslant \sqrt{x}, 0 \leqslant x \leqslant 1\}$$

$$D_2 = \{(x,y) \mid x-2 \leqslant y \leqslant \sqrt{x}, 1 \leqslant x \leqslant 4\}$$

因此,根据二重积分的性质 2,就有

$$\iint\limits_{D} xy\mathrm{d}\sigma = \iint\limits_{D_1} xy\mathrm{d}\sigma + \iint\limits_{D_2} xy\mathrm{d}\sigma$$

$$= \int_0^1 \mathrm{d}x \int_{-\sqrt{x}}^{\sqrt{x}} xy\mathrm{d}y + \int_1^4 \mathrm{d}x \int_{x-2}^{\sqrt{x}} xy\mathrm{d}y$$

$$= \int_0^1 \left[x \cdot \frac{1}{2} y^2 \right]_{-\sqrt{x}}^{\sqrt{x}} \mathrm{d}x + \int_1^4 \left[x \cdot \frac{1}{2} y^2 \right]_{x-2}^{\sqrt{x}} \mathrm{d}x$$

$$= \int_0^1 \left(\frac{1}{2} x^2 - \frac{1}{2} x^2 \right) \mathrm{d}x + \int_1^4 \left[\frac{1}{2} x^2 - \frac{1}{2} x(x-2)^2 \right] \mathrm{d}x$$

$$= 0 + \int_1^4 \left[\frac{1}{2} x^2 - \frac{1}{2} x^3 + 2x^2 - 2x \right] \mathrm{d}x$$

$$= \left[\frac{5}{6} x^3 - \frac{1}{8} x^4 - x^2 \right]_1^4$$

$$= \frac{45}{8}$$

本题用 X 型区域计算,需要对积分区域进行分割,比较复杂. 能否不经过划分区域也能用一个二次积分来计算这个二重积分呢? 下面考虑 Y 型区域(见图 8.13),此时,区域 $D = \{(x,y) \mid y^2 \leqslant x \leqslant y+2, -1 \leqslant y \leqslant 2\}$,有

$$\iint\limits_{D} xy\mathrm{d}\sigma = \int_{-1}^2 \mathrm{d}y \int_{y^2}^{y+2} xy\mathrm{d}x$$

$$= \int_{-1}^2 \left[\frac{1}{2} x^2 y \right]_{y^2}^{y+2} \mathrm{d}y$$

$$= \frac{1}{2} \int_0^1 \left[y(y+2)^2 - y^5 \right] \mathrm{d}x$$

$$= \frac{1}{2} \left[\frac{1}{4} y^4 + \frac{4}{3} y^3 + 2y^2 - \frac{1}{6} y^6 \right]_{-1}^2 = \frac{45}{8}$$

由上述几个例子可知,对于积分区域既是 X 型区域,又是 Y 型区域的二重积分问题,可根据情况以积分比较容易计算的方式选择积分区域类型,即选择恰

当的二次积分次序使计算简便. 比如,例3采用Y型区域比采用X型区域解题更简便.

例4 交换二次积分$\int_0^1 \mathrm{d}x \int_{x^2}^x f(x,y)\mathrm{d}y$的积分顺序.

解 根据二次积分,画出积分区域$D = \{(x,y) \mid x^2 \leq y \leq x, 0 \leq x \leq 1\}$的图形,如图8.14所示. 将此积分区域视为$Y$型区域:$0 \leq y \leq 1, y \leq x \leq \sqrt{y}$,则交换积分顺序有

$$\int_0^1 \mathrm{d}x \int_{x^2}^x f(x,y)\mathrm{d}y = \int_0^1 \mathrm{d}y \int_y^{\sqrt{y}} f(x,y)\mathrm{d}x$$

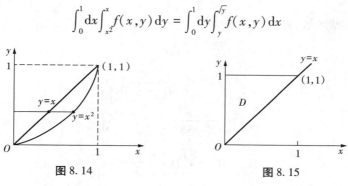

图8.14　　　　　　　　　　图8.15

例5 计算$\int_0^1 \mathrm{d}x \int_x^1 \mathrm{e}^{-y^2}\mathrm{d}y$的值.

解 先对y积分时,由于e^{-y^2}的原函数不能用初等函数表出,因而计算遇到困难,这时,我们改变积分次序后试一试.

由于积分区域D是由不等式$x \leq y \leq 1, 0 \leq x \leq 1$决定的,如图8.15所示. 改成先对$x$积分后对$y$积分就是

$$\int_0^1 \mathrm{d}x \int_x^1 \mathrm{e}^{-y^2}\mathrm{d}y = \int_0^1 \mathrm{d}y \int_0^y \mathrm{e}^{-y^2}\mathrm{d}x = \int_0^1 \mathrm{e}^{-y^2} x \Big|_0^y \mathrm{d}y$$

$$= \int_0^1 y\,\mathrm{e}^{-y^2}\mathrm{d}y = -\frac{1}{2}\mathrm{e}^{-y^2}\Big|_0^1 = \frac{1}{2}\left(1 - \frac{1}{\mathrm{e}}\right)$$

这说明,改变积分次序后,计算中的困难顺利地解决了,希望读者细细体会积分次序的重要性.

此外,计算二重积分既要考虑积分区域D的形状,又要考虑被积函数$f(x,y)$的特性.

例6 求两个底圆半径都等于R的直交圆柱面围成的立体的体积.

解 设这两个圆柱面的方程分别为

$$x^2 + y^2 = R^2 \text{ 及 } x^2 + z^2 = R^2$$

利用立体关于坐标平面的对称性,只要算出它在第一卦限部分(见图 8.16(a))的体积 V_1,然后再乘以 8 就行了.

所求立体在第一卦限部分可以看成一个曲顶柱体,它的底为

$$D = \left\{ (x,y) \mid 0 \leqslant y \leqslant \sqrt{R^2 - x^2}, 0 \leqslant x \leqslant R \right\}$$

如图 8.16(b) 所示. 它的顶是柱面 $z = \sqrt{R^2 - x^2}$. 于是

$$V_1 = \iint\limits_{D} \sqrt{R^2 - x^2}\, \mathrm{d}\sigma$$

考虑 X 型区域,则

$$V_1 = \iint\limits_{D} \sqrt{R^2 - x^2}\, \mathrm{d}\sigma$$

$$= \int_0^R \left[\int_0^{\sqrt{R^2-x^2}} \sqrt{R^2 - x^2}\, \mathrm{d}y \right] \mathrm{d}x$$

$$= \int_0^R \left[\sqrt{R^2 - x^2} \cdot y \right]_0^{\sqrt{R^2-x^2}} \mathrm{d}x$$

$$= \int_0^R (R^2 - x^2)\, \mathrm{d}x = \frac{2}{3} R^3$$

从而所求立体的体积为

$$V = 8 V_1 = \frac{16}{3} R^3$$

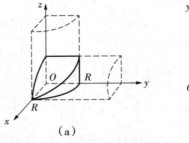

图 8.16

8.2.2　二重积分在极坐标系中的计算

当积分区域是圆域、圆环域、扇形域等,或被积分函数为 $f(x^2 + y^2)$ 时,通常可考虑利用极坐标来计算二重积分 $\iint\limits_{D} f(x,y)\, \mathrm{d}\sigma$.

按照二重积分的定义

$$\iint\limits_{D} f(x,y)\,\mathrm{d}\sigma = \lim_{\lambda \to 0} \sum_{i=1}^{n} f(\xi_i,\eta_i)\Delta\sigma_i$$

下面来研究这个和的极限在极坐标系中的形式.

不妨假设积分区域 D 满足以下条件:在极坐标系内,从极点 O 出发且穿过闭区域 D 内部的射线与 D 的边界曲线相交不超过两点. 由于在二重积分存在时,积分和式的极限与分割的方式无关,故此时不妨采用极坐标曲线网(即以极点为中心的一簇同心圆:$\rho =$ 常数,以及从极点出发的一簇射线:$\theta =$ 常数)把区域 D 分割成许多小闭区域(见图 8.17).

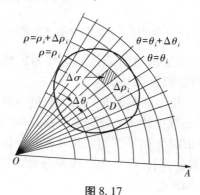

图 8.17

除了包含边界点的一些小闭区域外,对于任一个小闭区域的面积 $\Delta\sigma_i$,结合扇形面积公式 $S = \dfrac{1}{2}lR = \dfrac{1}{2}R^2\theta$(其中,$l$ 为弧长,R 为半径,θ 为以弧度表示的圆心角),可计算为

$$
\begin{aligned}
\Delta\sigma_i &= \frac{1}{2}(\rho_i + \Delta\rho_i)^2 \cdot \Delta\theta_i - \frac{1}{2}\rho_i^2 \cdot \Delta\theta_i \\
&= \frac{1}{2}(2\rho_i + \Delta\rho_i)\Delta\rho_i \cdot \Delta\theta_i \\
&= \frac{\rho_i + (\rho_i + \Delta\rho_i)}{2} \cdot \Delta\rho_i \cdot \Delta\theta_i \\
&= \bar{\rho}_i \cdot \Delta\rho_i \cdot \Delta\theta_i
\end{aligned}
$$

其中,$\bar{\rho}_i$ 表示相邻两圆弧的半径的平均值. 在这小闭区域内取圆周 $\rho = \bar{\rho}_i$ 上的一点 $(\bar{\rho}_i,\bar{\theta}_i)$,不妨设该点在直角坐标系下的坐标为 (ξ_i,η_i),则由直角坐标和极坐标之间的关系有 $\xi_i = \bar{\rho}_i\cos\bar{\theta}_i$,$\eta_i = \bar{\rho}_i\sin\bar{\theta}_i$. 于是

$$\lim_{\lambda \to 0} \sum_{i=1}^{n} f(\xi_i, \eta_i) \Delta\sigma_i = \lim_{\lambda \to 0} \sum_{i=1}^{n} f(\bar{\rho}_i \cos \bar{\theta}_i, \bar{\rho}_i \sin \bar{\theta}_i) \bar{\rho}_i \cdot \Delta\rho_i \cdot \Delta\theta_i$$

即

$$\iint\limits_{D} f(x,y) \mathrm{d}\sigma = \iint\limits_{D} f(\rho \cos \theta, \rho \sin \theta) \rho \mathrm{d}\rho \mathrm{d}\theta$$

这里把 (ρ, θ) 看成在同一平面上点 (x,y) 的极坐标表示,所以上式右端的积分区域不变,仍为 D. 又由于在直角坐标系中 $\iint\limits_{D} f(x,y) \mathrm{d}\sigma$ 也常常记为 $\iint\limits_{D} f(x,y) \mathrm{d}x\mathrm{d}y$,故上式又可写为

$$\iint\limits_{D} f(x,y) \mathrm{d}x\mathrm{d}y = \iint\limits_{D} f(\rho \cos \theta, \rho \sin \theta) \rho \mathrm{d}\rho \mathrm{d}\theta \tag{8.6}$$

式(8.6)就是二重积分的变量从直角坐标系变换为极坐标的**变换公式**. 其中,$\rho \mathrm{d}\rho \mathrm{d}\theta$ 就是**极坐标系中的面积元素**.

式(8.6)表明,要把直角坐标系下的二重积分问题变换为极坐标系下的二重积分问题,只要把被积函数中的 x,y 分别换成 $\rho \cos \theta, \rho \sin \theta$,并把直角坐标系下的面积元素 $\mathrm{d}x\mathrm{d}y$ 换成极坐标系下的面积元素 $\rho \mathrm{d}\rho \mathrm{d}\theta$ 即可.

极坐标系中的二重积分,同样可化为二次积分来计算.

设积分区域 D 可用不等式

$$\varphi_1(\theta) \leqslant \rho \leqslant \varphi_2(\theta), \alpha \leqslant \theta \leqslant \beta$$

来表示(见图8.18). 其中,函数 $\varphi_1(\theta), \varphi_2(\theta)$ 在 $[\alpha, \beta]$ 上连续,$0 \leqslant \beta - \alpha \leqslant 2\pi$.

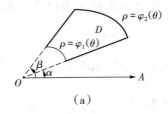

(a)

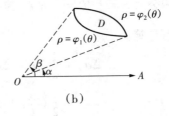

(b)

图 8.18

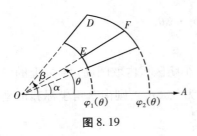

图 8.19

先在区间 $[\alpha, \beta]$ 上任意取定一个 θ 值,则对应于这个 θ 值,D 上的点(见图8.19中这些点在线段 EF 上)的极径 ρ 从 $\varphi_1(\theta)$ 到 $\varphi_2(\theta)$. 于是,先以 ρ 为积分变量,在区间 $[\varphi_1(\theta), \varphi_2(\theta)]$ 上作积分 $F(\rho) =$

$\int_{\varphi_1(\theta)}^{\varphi_2(\theta)} f(\rho\cos\theta,\rho\sin\theta)\rho\mathrm{d}\rho$. 又 θ 的变化范围是区间 $[\alpha,\beta]$，从而再以 θ 为积分变量，作积分 $\int_{\alpha}^{\beta} F(\rho)\mathrm{d}\theta$，从而得到极坐标系中的二重积分化为二次积分的公式为

$$\iint\limits_{D} f(\rho\cos\theta,\rho\sin\theta)\rho\mathrm{d}\rho\mathrm{d}\theta = \int_{\alpha}^{\beta}\left[\int_{\varphi_1(\theta)}^{\varphi_2(\theta)} f(\rho\cos\theta,\rho\sin\theta)\rho\mathrm{d}\rho\right]\mathrm{d}\theta \quad (8.7)$$

式(8.7) 也可写为

$$\iint\limits_{D} f(\rho\cos\theta,\rho\sin\theta)\rho\mathrm{d}\rho\mathrm{d}\theta = \int_{\alpha}^{\beta}\mathrm{d}\theta\int_{\varphi_1(\theta)}^{\varphi_2(\theta)} f(\rho\cos\theta,\rho\sin\theta)\rho\mathrm{d}\rho \quad (8.8)$$

由上述分析可知，式(8.8) 的情况是极点 O 在区域 D 外部. 下面介绍另外两种特殊情况.

（1）极点 O 在区域 D 的边界上，如图 8.20 所示. 那么，此时的区域 D 可表示为

$$0 \leqslant \rho \leqslant \varphi(\theta),\alpha \leqslant \theta \leqslant \beta$$

则二重积分的表达式为

$$\iint\limits_{D} f(\rho\cos\theta,\rho\sin\theta)\rho\mathrm{d}\rho\mathrm{d}\theta = \int_{\alpha}^{\beta}\mathrm{d}\theta\int_{0}^{\varphi(\theta)} f(\rho\cos\theta,\rho\sin\theta)\rho\mathrm{d}\rho \quad (8.9)$$

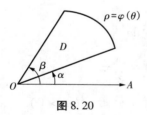

图 8.20

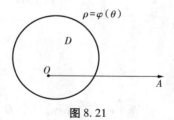

图 8.21

（2）极点 O 在区域 D 的内部时，如图 8.21 所示. 那么，此时的区域 D 可表示为

$$0 \leqslant \rho \leqslant \varphi(\theta),0 \leqslant \theta \leqslant 2\pi$$

则二重积分的表达式为

$$\iint\limits_{D} f(\rho\cos\theta,\rho\sin\theta)\rho\mathrm{d}\rho\mathrm{d}\theta = \int_{0}^{2\pi}\mathrm{d}\theta\int_{0}^{\varphi(\theta)} f(\rho\cos\theta,\rho\sin\theta)\rho\mathrm{d}\rho \quad (8.10)$$

由二重积分性质 3 有，闭区域 D 的面积可表示为

$$\sigma = \iint\limits_{D} 1 \cdot \mathrm{d}\sigma = \iint\limits_{D} \mathrm{d}\sigma$$

在极坐标系中的面积元素为 $\mathrm{d}\sigma = \rho\mathrm{d}\rho\mathrm{d}\theta$，上式变为

$$\sigma = \iint\limits_{D} \rho\mathrm{d}\rho\mathrm{d}\theta$$

如果闭区域 D 如图 8.19 所示，则由式（8.8）可知此时的面积为

$$\sigma = \iint\limits_{D} \rho\mathrm{d}\rho\mathrm{d}\theta = \int_{\alpha}^{\beta}\mathrm{d}\theta\int_{\varphi_1(\theta)}^{\varphi_2(\theta)} \rho\mathrm{d}\rho = \frac{1}{2}\int_{\alpha}^{\beta}\left[\varphi_2^2(\theta) - \varphi_1^2(\theta)\right]\mathrm{d}\theta$$

如果闭区域 D 如图 8.20 所示，则由式（8.9）可知，此时的面积为

$$\sigma = \frac{1}{2}\int_{\alpha}^{\beta}\varphi^2(\theta)\mathrm{d}\theta$$

例 7　计算 $\iint\limits_{D}\sqrt{x^2 + y^2}\,\mathrm{d}x\mathrm{d}y$，其中 D 是由 $x^2 + y^2 = 1$ 与 $x^2 + y^2 = 4$ 所围成的圆环形区域.

解　在极坐标下区域 D 表示为

$$D = \{(\rho,\theta)\,|\,1 \leqslant \rho \leqslant 2, 0 \leqslant \theta \leqslant 2\pi\}$$

其中

$$\rho = \sqrt{x^2 + y^2}$$

所以

$$\iint\limits_{D}\sqrt{x^2 + y^2}\,\mathrm{d}x\mathrm{d}y = \iint\limits_{D}\rho \cdot \rho\mathrm{d}\rho\mathrm{d}\theta$$

$$= \int_{0}^{2\pi}\mathrm{d}\theta\int_{1}^{2}\rho^2\mathrm{d}\rho$$

$$= \int_{0}^{2\pi}\frac{7}{3}\mathrm{d}\theta = \frac{14}{3}\pi$$

例 8　计算 $\iint\limits_{D}\mathrm{e}^{-x^2-y^2}\mathrm{d}x\mathrm{d}y$，其中 D 为圆域 $x^2 + y^2 \leqslant a^2(a > 0)$.

解　在极坐标下，区域 D 表示为

$$D = \{(\rho,\theta)\,|\,0 \leqslant \rho \leqslant a, 0 \leqslant \theta \leqslant 2\pi\}$$

其中

$$\rho = \sqrt{x^2 + y^2}$$

所以

$$\iint\limits_{D}\mathrm{e}^{-x^2-y^2}\mathrm{d}x\mathrm{d}y = \iint\limits_{D}\mathrm{e}^{-\rho^2} \cdot \rho\mathrm{d}\rho\mathrm{d}\theta$$

$$= \int_{0}^{2\pi}\mathrm{d}\theta\int_{0}^{a}\mathrm{e}^{-\rho^2} \cdot \rho\mathrm{d}\rho$$

$$= \int_0^{2\pi} \frac{1}{2}(1 - e^{a^2})\, \mathrm{d}\theta = (1 - e^{a^2})\, \pi$$

由上述各例可知,当积分区域是圆域、圆环域、扇形域等图形时,通常可采用极坐标来简化计算.

8.2.3 二重积分的换元法

在 8.2.2 中的二重积分的积分变量从直角坐标系到极坐标系的变换公式,是二重积分换元法的一种特殊情形,即平面上同一点 A 在直角坐标系中的坐标为 (x,y),在极坐标系中的坐标为 (ρ,θ),则两者的关系为

$$\begin{cases} x = \rho\, \cos\, \theta \\ y = \rho\, \sin\, \theta \end{cases} \tag{8.11}$$

即式(8.11)联系的点 (x,y) 和点 (ρ,θ) 看成同一个平面上的同一个点,只是采用不同的坐标罢了. 但式(8.11)也可用另一种观点来加以解释,即把它看成从直角坐标平面 $\rho O\theta$ 到直角坐标平面 xOy 的一种变换:对于 $\rho O\theta$ 平面上的一点 $M'(\rho,\theta)$,通过式(8.11),变成 xOy 平面上的一点 $M(x,y)$. 下面采用这种观点来讨论二重积分换元法的一般情形.

定理 设 $f(x,y)$ 在 xOy 平面上的闭区域 D 上连续,如果变换

$$T: x = x(u,v), y = y(u,v) \tag{8.12}$$

将 uOv 平面上的闭区域 D' 变为 xOy 平面上的闭区域,且满足:

(1)$x = x(u,v), y = y(u,v)$ 在 D' 上具有一阶连续偏导数;

(2)在 D' 上雅可比行列式

$$J(u,v) = \frac{\partial(x,y)}{\partial(u,v)} \neq 0$$

(3)变换 T 是 D' 与 D 之间的一一对应,则有

$$\iint_D f(x,y)\,\mathrm{d}x\mathrm{d}y = \iint_{D'} f(x(u,v),y(u,v))\,|J(u,v)|\,\mathrm{d}u\mathrm{d}v \tag{8.13}$$

式(8.13)称为**二重积分的换元公式**.

二重积分换元法的基本思想就是用与 uOv 平面上的轴向矩形网络相对应的 xOy 平面上的曲线网络来对积分区域 D 进行分割. 不难想象,由于坐标变换下平面区域形状的变化远比形状单一的一维区间的变化来得复杂,因而二重积分换元法的证明也远比定积分换元法的证明来得复杂,这是多维空间与一维空间的显著区别,这里仅简单分析一下式(8.13)产生的大致过程.

如图 8.22 所示,设 S' 是 uOv 平面上的一轴向小矩形区域,S' 的左下角点为 $A'(u_0,v_0)$,两边边长分别为 Δu 和 Δv,经 T 变换后,S' 的象区域 xOy 平面上的四边形区域 S,点 $A'(u_0,v_0)$ 的象点是 $A(x_0,y_0)$,同时 S' 的下方边界 $A'B'$ 的象曲线 $\overset{\frown}{AB}$ 具有参数方程

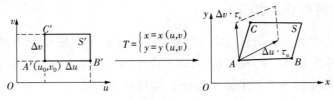

图 8.22

$$\begin{cases} x = x(u,v_0) \\ y = y(u,v_0) \end{cases} \qquad u \in [u_0,u_0 + \Delta u]$$

根据对 T 所作的假设,曲线段 $\overset{\frown}{AB}$ 在 (x_0,y_0) 处存在切线,切向量为
$$\tau_u = (x_u(u_0,v_0),y_u(u_0,v_0))$$

并且 $\overset{\frown}{AB}$ 的长度为
$$\int_{u_0}^{u_0+\Delta u} \sqrt{x_u^2(u,v_0) + y_u^2(u,v_0)}\, du$$
$$= \sqrt{x_u^2(u_0 + \theta\Delta u,v_0) + y_u^2(u_0 + \theta\Delta u,v_0)}\, \Delta u \qquad (0 < \theta < 1)$$
$$\approx \sqrt{x_u^2(u_0,v_0) + y_u^2(u_0,v_0)}\, \Delta u = |\tau_u| \Delta u$$

类似地,S' 左侧边界 $A'C'$ 的象曲线 $\overset{\frown}{AC}$ 在点 (x_0,y_0) 处也存在切线,切向量为
$$\tau_v = (x_v(u_0,v_0),y_v(u_0,v_0))$$

并且 $\overset{\frown}{AC}$ 的长度近似于 $|\tau_u| \Delta u$.

当 $\Delta u,\Delta v$ 很小时,可用向量 $\Delta u \cdot \tau_u$ 与 $\Delta v \cdot \tau_v$ 围成的平行四边形的面积来近似地表示曲边四边形 S 的面积. 利用向量积,这一平行四边形的面积为
$$|(\Delta u \cdot \tau_u) \times (\Delta v \cdot \tau_v)| = |\tau_u \times \tau_v| \Delta u \Delta v = \left| \frac{\partial(x,y)}{\partial(u,v)} \right| \Delta u \Delta v$$

若记 S 和 S' 的面积分别为 $\Delta\sigma$ 和 $\Delta\sigma'$,那么就有
$$\Delta\sigma \approx \left| \frac{\partial(x,y)}{\partial(u,v)} \right| \Delta\sigma'$$

其中, $\left|\dfrac{\partial(x,y)}{\partial(u,v)}\right|$ 在 (u_0,v_0) 处取值.

现在对定理中的 D' 作轴向矩形网络分割, 这一分割产生出 D 的曲线网络分割(见图8.23). 按照上面的分析, 有

$$\sum f(x_i,y_j)\Delta\sigma_{ij} \approx \sum f(x(u_i,v_j),y(u_i,v_j))\left|\dfrac{\partial(x,y)}{\partial(u,v)}\right|\Delta\sigma'_{ij}$$

其中, $\left|\dfrac{\partial(x,y)}{\partial(u,v)}\right|$ 在 (u_i,v_j) 处取值, 于是当各小矩形直径的最大值 λ 趋于零时, 就得到了式(8.13).

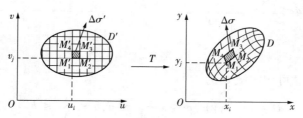

图8.23

由此可见, 在变换 $T:\begin{cases}x=x(u,v_0)\\y=y(u,v_0)\end{cases}$ 下, 区域 D 的面积元素 $\mathrm{d}\sigma$ 与区域 D' 的面积元素 $\mathrm{d}\sigma'$ 之间有关系为

$$\mathrm{d}\sigma = \left|\dfrac{\partial(x,y)}{\partial(u,v)}\right|\mathrm{d}\sigma'$$

这里可知 $\left|\dfrac{\partial(x,y)}{\partial(u,v)}\right|$ 作为面积变化率的实际意义.

这里指出, 如果雅可比式 $J(u,v)$ 只在 D' 内个别点上, 或一条曲线上为零, 而在其他点上不为零, 那么换元式(8.13)仍成立.

易知8.2.2小节所讨论的直角坐标系到极坐标系的变换情况满足定理对变换所设的要求, 并且

$$J(\rho,\theta) = \begin{vmatrix}\dfrac{\partial x}{\partial \rho} & \dfrac{\partial x}{\partial \theta} \\ \dfrac{\partial y}{\partial \rho} & \dfrac{\partial y}{\partial \theta}\end{vmatrix} = \begin{vmatrix}\cos\theta & -\rho\sin\theta \\ \sin\theta & \rho\cos\theta\end{vmatrix} = \rho$$

即式(8.8)是式(8.13)的一个特例.

一般, 在运用式(8.13)计算二重积分 $\iint\limits_D f(x,y)\mathrm{d}x\mathrm{d}y$ 时, 选择何种变换一般

取决于积分区域 D 的形状和被积函数 $f(x,y)$ 的表达式,归根结底取决于变换后的二重积分是否易于计算.

例9 求由直线 $x + y = c, x + y = d, y = ax, y = bx(0 < c < d, 0 < a < b)$ 所围成的闭区域 D(见图 8.24(a)) 的面积.

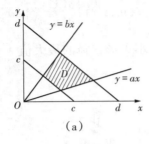
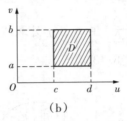

（a）　　　　　　　（b）

图 8.24

解 由题意可记区域 D 为

$$D = 1\left\{(x,y) \mid c \leqslant x + y \leqslant d, a \leqslant \frac{y}{x} \leqslant b\right\}$$

令 $u = x + y, v = \frac{y}{x}$,解得 $x = \frac{u}{1 + v}, y = \frac{uv}{1 + v}$,在此变换下,与 D 对应的 D'(见图 8.24(b)) 为

$$D' = \{(u,v) \mid c \leqslant u \leqslant d, a \leqslant v \leqslant b\}$$

又变换的雅可比行列式为

$$J_{(u,v)} = \frac{\partial(x,y)}{\partial(u,v)} = \frac{u}{(1 + v)^2} \neq 0, (u,v) \in D'$$

所以闭区域 D 的面积为

$$
\begin{aligned}
\iint\limits_{D} \mathrm{d}x\mathrm{d}y &= \iint\limits_{D'} \frac{u}{(1 + v)^2} \mathrm{d}u\mathrm{d}v \\
&= \int_a^b \frac{1}{(1 + v)^2} \mathrm{d}v \int_c^d u\mathrm{d}u \\
&= \frac{(b - a)(d^2 - c^2)}{2(1 + a)(1 + b)}
\end{aligned}
$$

本题也可直接将 $\iint\limits_{D} \mathrm{d}x\mathrm{d}y$ 化为关于 x,y 的二次积分来计算,或者更初等地利用梯形的面积公式来计算,但是都比上述方法复杂很多.

例 10　计算 $\iint\limits_{D}\sqrt{1-\dfrac{x^2}{a^2}-\dfrac{y^2}{b^2}}\,\mathrm{d}x\mathrm{d}y$，其中 D 为椭圆 $\dfrac{x^2}{a^2}+\dfrac{y^2}{b^2}=1$（$a>0$，$b>0$）所围成的闭区域.

解　作变换

$$T:\begin{cases}x=a\rho\,\cos\,\theta\\y=b\rho\,\sin\,\theta\end{cases}\qquad(\rho>0,0\leqslant\theta\leqslant2\pi)$$

此变换称为**广义极坐标变换**，在此变换下，与 D 对应的 D' 为

$$D'=\{(\rho,\theta)\mid0\leqslant\rho\leqslant1,0\leqslant\theta\leqslant2\pi\}$$

又变换的雅可比行列式为

$$J_{(\rho,\theta)}=\frac{\partial(x,y)}{\partial(\rho,\theta)}=ab\rho$$

此时，$J_{(\rho,\theta)}$ 在 D' 内仅当 $\rho=0$ 处为零，故换元公式仍成立，所以有

$$\iint\limits_{D}\sqrt{1-\frac{x^2}{a^2}-\frac{y^2}{b^2}}\,\mathrm{d}x\mathrm{d}y=\iint\limits_{D'}\sqrt{1-\rho^2}\,ab\rho\,\mathrm{d}\rho\mathrm{d}\theta$$

$$=\frac{2\pi ab}{3}$$

此处的广义极坐标变换可看成极坐标变换和伸缩变换的复合.

习题 8-2

基础题

1. 计算下列二次积分：

（1）$\displaystyle\int_{1}^{2}\mathrm{d}x\int_{x}^{x^2}xy\mathrm{d}y$；

（2）$\displaystyle\int_{-1}^{2}\mathrm{d}x\int_{x}^{1}x\,\mathrm{e}^{y}\mathrm{d}y$；

（3）$\displaystyle\int_{0}^{2\pi}\mathrm{d}\theta\int_{0}^{a}\rho^{2}\sin\,\theta\mathrm{d}\rho$；

（4）$\displaystyle\int_{0}^{2\pi}\mathrm{d}x\int_{0}^{\sin x}\cos\,x\mathrm{d}y$.

2. 计算下列二重积分：

（1）$\displaystyle\iint\limits_{D}(x+y)^{2}\mathrm{d}x\mathrm{d}y$，其中 $D=\{(x,y)\mid0\leqslant x\leqslant1,0\leqslant y\leqslant1\}$；

（2）$\displaystyle\iint\limits_{D}xy\mathrm{d}x\mathrm{d}y$，其中 D 是由 $y=x$，$y=1$ 与 y 轴所围成的闭区域；

(3) $\iint\limits_{D}(x + 2y)\mathrm{d}\sigma$, 其中 D 是由两坐标轴及直线 $x + y = 2$ 所围成的闭区域;

(4) $\iint\limits_{D}(x^3 + 3x^2y + y^3)\mathrm{d}x\mathrm{d}y$, 其中 $D = \{(x,y) \mid 0 \leqslant x \leqslant 1, 0 \leqslant y \leqslant 1\}$;

(5) $\iint\limits_{D}x\sqrt{y}\,\mathrm{d}x\mathrm{d}y$, 其中 D 是由两条抛物线 $y = \sqrt{x}$, $y = x^2$ 所围成的闭区域;

(6) $\iint\limits_{D}y\mathrm{e}^x\mathrm{d}x\mathrm{d}y$, 其中 D 是由顶点分别为 $(0,0)$, $(2,4)$ 和 $(6,0)$ 的三角形所围成的闭区域;

(7) $\iint\limits_{D}\mathrm{e}^{x+y}\mathrm{d}x\mathrm{d}y$, 其中 D 是由 $\mid x \mid + \mid y \mid \leqslant 1$ 所围成的闭区域;

(8) $\iint\limits_{D}xy^2\mathrm{d}x\mathrm{d}y$, 其中 D 是由圆周 $x^2 + y^2 = 4$ 与 y 轴所围成的右半闭区域.

3. 交换下列二次积分的积分次序:

(1) $\int_0^1\mathrm{d}y\int_0^y f(x,y)\mathrm{d}x$;　　　　　　(2) $\int_0^2\mathrm{d}y\int_{y^2}^{2y} f(x,y)\mathrm{d}x$;

(3) $\int_1^e\mathrm{d}x\int_0^{\ln x} f(x,y)\mathrm{d}y$;　　　　　(4) $\int_1^2\mathrm{d}x\int_{2-x}^{\sqrt{2x-x^2}} f(x,y)\mathrm{d}y$.

4. 把下列积分化为极坐标形式, 并计算积分值:

(1) $\int_0^{2a}\mathrm{d}y\int_0^{\sqrt{2ax-x^2}}(x^2 + y^2)\mathrm{d}x$;　　(2) $\int_0^a\mathrm{d}x\int_0^x\sqrt{x^2 + y^2}\,\mathrm{d}y$;

(3) $\int_0^1\mathrm{d}x\int_{x^2}^x\frac{1}{\sqrt{x^2 + y^2}}\,\mathrm{d}y$;　　　　(4) $\int_0^a\mathrm{d}y\int_0^{\sqrt{a^2-y^2}}(x^2 + y^2)\mathrm{d}x$.

5. 用极坐标计算下列二重积分:

(1) $\iint\limits_{D}y\mathrm{d}x\mathrm{d}y$, 其中 $D: x^2 + y^2 = a^2, x \geqslant 0, y \geqslant 0$;

(2) $\iint\limits_{D}\mathrm{e}^{x^2+y^2}\mathrm{d}x\mathrm{d}y$, 其中是由圆周 $x^2 + y^2 = 4$ 所围成的闭区域;

(3) $\iint\limits_{D}\ln(1 + x^2 + y^2)\mathrm{d}x\mathrm{d}y$, 其中 D 圆环 $1 \leqslant x^2 + y^2 \leqslant 2$;

(4) $\iint\limits_{D}\arctan\frac{y}{x}\mathrm{d}x\mathrm{d}y$, 其中 D 是由圆周 $x^2 + y^2 = 4, x^2 + y^2 = 1$ 及坐标轴围成的在第一象限内的闭区域.

提高题

1. 选用适当的坐标计算下列各题：

（1）$\iint\limits_{D}\dfrac{x^2}{y^2}\mathrm{d}x\mathrm{d}y$，其中 D 是由直线 $x=2,y=x$ 与曲线 $xy=1$ 所围成的闭区域；

（2）$\iint\limits_{D}(x^2+y^2)\mathrm{d}x\mathrm{d}y$，其中 D 是由直线 $y=x,y=x+a,y=a,y=3a(a>0)$ 所围成的闭区域；

（3）$\iint\limits_{D}\sqrt{x^2+y^2}\mathrm{d}x\mathrm{d}y$，其中 D 是由圆环形 $\{(x,y)\mid a^2\leqslant x^2+y^2\leqslant b^2\}$ 所围成的闭区域；

（4）$\iint\limits_{D}\sin(x^2+y^2)\mathrm{d}x\mathrm{d}y$，其中 D 是 $x^2+y^2\leqslant\pi$ 在 x 轴上方的部分.

2. 设 $D=\{(x,y)\mid a\leqslant x\leqslant b,c\leqslant y\leqslant d\}$，证明：

$$\iint\limits_{D}f(x)g(y)\mathrm{d}x\mathrm{d}y=\left(\int_{a}^{b}f(x)\mathrm{d}x\right)\left(\int_{c}^{d}g(y)\mathrm{d}y\right).$$

§8.3　三重积分

定积分和二重积分作为和式的极限的概念，很自然地推广到三重积分. 在被积函数连续的条件下，本节讨论的三重积分的基本方法也将沿用并推广二重积分的求解思想——将三重积分化为三次积分来计算. 下面将首先介绍三重积分的概念，然后采用直角坐标、柱面坐标、球面坐标分别讨论三重积分化为三次积分的计算方法.

8.3.1　三重积分的概念

引例：空间立体的体积

如图 8.25 所示，假设现有不均匀的空间形体 Ω，已知其上任一点 (x,y,z) 处的密度为 $\rho=\rho(x,y,z)$，求该形体的质量.

这个问题与之前求平面薄片质量的问题十分类

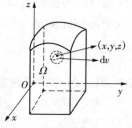

图 8.25

似,也可用相同的思想求解.

（1）任取空间区域 Ω 上的一个小体积 $\mathrm{d}v$.

（2）将该小区域视为是均匀密度的,并在该区域内任取一点 (x,y,z) 处的密度则可作为该区域的平均密度,则可得到该区域的质量元素 $\mathrm{d}m$ 与体积元素 $\mathrm{d}v$ 的关系为

$$\mathrm{d}m = \rho(x,y,z)\mathrm{d}v$$

（3）将质量元素在空间区域 Ω 内累加即可得到所求空间形体的总质量为

$$m = \int_{\Omega} \mathrm{d}m = \int_{\Omega} \rho(x,y,z)\mathrm{d}v$$

值得注意的是,上述积分的积分范围不再是一个平面区域,而是一个三维空间区域. 对此类实际问题,可抽象出下述数学概念,即三重积分问题.

定义 设 $f(x,y,z)$ 是在空间有界闭区域 Ω 上的有界函数. 将 Ω 任意分成 n 个小闭区域

$$\Delta v_1, \Delta v_2, \cdots, \Delta v_n$$

其中,Δv_i 表示第 i 个小闭区域, 也表示它的体积. 在每个 Δv_i 上任取一点 (ξ_i, η_i, ζ_i),作乘积 $f(\xi_i, \eta_i, \zeta_i)\Delta v_i (i = 1,2,\cdots,n)$,并作和 $\sum_{i=1}^{n} f(\xi_i, \eta_i, \zeta_i)\Delta v_i$. 如果当各小闭区域直径中的最大值 λ 趋于零时这和的极限总存在,则称此极限为函数 $f(x,y,z)$ 在闭区域 Ω 上的**三重积分**,记作 $\iiint_{\Omega} f(x,y,z)\mathrm{d}v$,即

$$\iiint_{\Omega} f(x,y,z)\mathrm{d}v = \lim_{\lambda \to 0} \sum_{i=1}^{n} f(\xi_i, \eta_i, \zeta_i)\Delta v \tag{8.14}$$

其中,$\mathrm{d}v$ 称为**体积元素**,其他记号和二重积分的情况类似.

在直角坐标系中,如果用平行于 3 个坐标面的平面来划分 Ω,则除了包含边界的一些不规则小闭区域外,其他的小闭区域 Δv_i 为长方体. 不妨设长方体的小闭区域 Δv_i 的边长为 $\Delta x_j, \Delta y_k, \Delta z_l$,则 $\Delta v_i = \Delta x_j \Delta y_k \Delta z_l$. 因此在直角坐标系中,有时也把体积元素 $\mathrm{d}v$ 记为 $\mathrm{d}x\mathrm{d}y\mathrm{d}z$,而把三重积分记为

$$\iiint_{\Omega} f(x,y,z)\mathrm{d}x\mathrm{d}y\mathrm{d}z$$

其中,$\mathrm{d}x\mathrm{d}y\mathrm{d}z$ 称为**直角坐标系中的体积元素**.

一般,函数 $f(x,y,z)$ 在闭区域 Ω 上连续时,上式右端的和式的极限必定存在,即函数 $f(x,y,z)$ 在闭区域 Ω 上的三重积分必定存在. 下述讨论中,总假定被积函数 $f(x,y,z)$ 在积分区域 Ω 上连续.

8.3.2　三重积分的计算

下面介绍采用直角坐标、柱面坐标、球面坐标分别讨论三重积分化为三次积分的计算方法，且仅限于叙述方法.

1）采用直角坐标计算三重积分

将三重积分化为三次积分计算，首先要降低积分的重数，即将三重积分化为二重积分与单积分的叠积分. 下面就不同类型的积分区域来分别讨论.

（1）坐标面投影法

如图 8.26 所示，假设闭区域 Ω 的下曲面 S_1 为 $z = z_1(x,y)$，上曲面 S_2 为 $z = z_2(x,y)$，任作一条平行于 z 轴且穿过闭区域 Ω 内部的直线 l，则该直线与闭区域的上、下曲面相交且不多于两点. 现将闭区域 Ω 投影到 xOy 平面上，得一平面闭区域 D_{xy}；然后过 D_{xy} 内任一点 (x,y) 作平行于 z 轴的直线，则这条直线通过下曲面 S_1 穿入闭区域 Ω 内，接着通过上曲面 S_2 穿出闭区域 Ω 外，不妨记穿入点和穿出点的竖坐标分别为 $z_1(x,y)$ 与 $z_2(x,y)$. 此时，积分区域 Ω 可以表示为

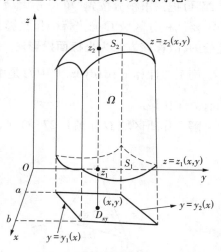

图 8.26

$$\Omega = \left\{ (x,y,z) \mid z_1(x,y) \leq z \leq z_2(x,y), (x,y) \in D_{xy} \right\}$$

其中，$z_1(x,y)$，$z_2(x,y)$ 都是 D_{xy} 上的连续函数. 即称 Ω 是 **XY 型空间区域**. XY 型空间区域的特点是：任何一条平行于 z 轴（或垂直于 xOy 面）且穿过 Ω 内部的直线与 Ω 的边界曲面的交点不超过两点.

对于上述 XY 型空间区域的三重积分，先将 x，y 看成定值，将 $f(x,y,z)$ 只看成 z 的函数，在区间 $[z_1(x,y), z_2(x,y)]$ 上对 z 积分，积分的结果是 x，y 的函数，记为 $F(x,y)$，即

$$F(x,y) = \int_{z_1(x,y)}^{z_2(x,y)} f(x,y,z)\,\mathrm{d}z$$

然后计算 $F(x,y)$ 在闭区域 D_{xy} 上的二重积分

$$\iint_{D_{xy}} F(x,y)\,\mathrm{d}\sigma = \iint_{D_{xy}} \left[\int_{z_1(x,y)}^{z_2(x,y)} f(x,y,z)\,\mathrm{d}z \right] \mathrm{d}\sigma = \iint_{D_{xy}} \mathrm{d}\sigma \int_{z_1(x,y)}^{z_2(x,y)} f(x,y,z)\,\mathrm{d}z$$

特别地,若闭区域 D_{xy} 有

$$D_{xy} = \{(x,y) \mid y_1(x) \leqslant y \leqslant y_2(x), a \leqslant x \leqslant b\}$$

把这个二重积分化为二次积分,于是得到此时三重积分的计算公式为

$$\iiint\limits_{\Omega} f(x,y,z)\mathrm{d}v = \int_a^b \mathrm{d}x \int_{y_1(x)}^{y_2(x)} \mathrm{d}y \int_{z_1(x,y)}^{z_2(x,y)} f(x,y,z)\mathrm{d}z$$

这样就把三重积分化成了三次积分来计算.

类似地,空间区域 Ω 还有 YZ 型、ZX 型.当 Ω 是 XY 型、YZ 型、ZX 型空间区域时,都可把三重积分按先"单积分"、后"二重积分"的思路来计算.由于该方法是需要把积分区域 Ω 向坐标面作投影,且此时的二重积分就是在该投影区域上进行的,故称该方法为**坐标面投影法**.

例 1 计算 $\iiint\limits_{\Omega} x\mathrm{d}x\mathrm{d}y\mathrm{d}z$,其中 Ω 是由 3 个坐标面及平面 $x + 2y + z = 1$ 所围成的有界闭区域.

解 作闭区域 Ω 如图 8.27(a)所示.

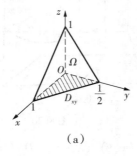
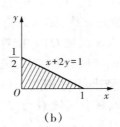

（a）　　　　　　　　　　（b）

图 8.27

将 Ω 作为 XY 型空间区域,则有

$$\Omega = \{(x,y,z) \mid 0 \leqslant z \leqslant 1 - x - 2y, (x,y) \in D_{xy}\}$$

其中,D_{xy} 如图 8.27(b)所示,将 D_{xy} 按 X 型平面区域写为

$$D_{xy} = \left\{(x,y) \mid 0 \leqslant y \leqslant \frac{1-x}{2}, 0 \leqslant x \leqslant 1\right\}$$

则有

$$\iiint\limits_{\Omega} x\mathrm{d}x\mathrm{d}y\mathrm{d}z = \iint\limits_{D_{xy}} \mathrm{d}\sigma \int_0^{1-x-2y} x\mathrm{d}z = \int_0^1 \mathrm{d}x \int_0^{\frac{1-x}{2}} \mathrm{d}y \int_0^{1-x-2y} x\mathrm{d}z$$

$$= \int_0^1 \mathrm{d}x \int_0^{\frac{1-x}{2}} x(1 - x - 2y)\mathrm{d}y$$

$$\int_0^1 \frac{1}{4} x(1-x)^2 \mathrm{d}x = \frac{1}{48}$$

（2）坐标轴投影法（截面法）

如果将空间区域 Ω 向 z 轴作投影得一投影区间 $[c_1, c_2]$，且 Ω 能表示为

$$\Omega = \{(x,y,z) \mid (x,y) \in D_z, c_1 \leqslant z \leqslant c_2\}$$

其中，D_z 是过点 $(0,0,z)$ 且垂直于 z 轴的平面截 Ω 所得的平面区域. 这类区域也称 Ω 是 **Z 型空间区域**，如图 8.28 所示.

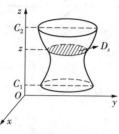

图 8.28

当 Ω 是上述 Z 型空间区域时，对给定的 $z \in [c_1, c_2]$，首先在此时的截面区域 D_z 上作二重积分 $\iint\limits_{D_z} f(x,y,z)$ $\mathrm{d}x\mathrm{d}y$，从而当 z 变化时，此二重积分即为 z 的函数

$$\varphi(z) = \iint\limits_{D_z} f(x,y,z)\mathrm{d}x\mathrm{d}y$$

然后对 $\varphi(z)$ 在区间 $[c_1, c_2]$ 上作定积分

$$\int_{c_1}^{c_2} \varphi(z)\mathrm{d}z = \int_{c_1}^{c_2}\left[\iint\limits_{D_z} f(x,y,z)\mathrm{d}x\mathrm{d}y\right]\mathrm{d}z = \int_{c_1}^{c_2}\mathrm{d}z\iint\limits_{D_z} f(x,y,z)\mathrm{d}x\mathrm{d}y$$

一般，当二重积分 $\iint\limits_{D_z} f(x,y,z)\mathrm{d}x\mathrm{d}y$ 能比较方便地计算出，其结果对 z 再进行积分也比较容易，那么就可考虑上述方法.

类似地，空间区域 Ω 还可有 X 型和 Y 型. 当 Ω 是 X 型、Y 型或 Z 型空间区域时，都可把三重积分按先"二重积分"、后"单积分"的思路来计算. 由于该方法是需要把积分区域 Ω 向坐标轴作投影，且此时的二重积分就是在 Ω 的截面区域上进行的，故称该方法为**坐标轴投影法或截面法**.

例2　计算 $\iiint\limits_{\Omega} z^2\mathrm{d}x\mathrm{d}y\mathrm{d}z$，其中 Ω 是由椭球面 $\dfrac{x^2}{a^2} + \dfrac{y^2}{b^2} + \dfrac{z^2}{c^2} = 1$ 所围成的空间闭区域.

解　作空间闭区域 Ω，如图 8.29 所示.

将 Ω 作为 Z 型空间区域，则有

$$\Omega = \left\{(x,y,z) \mid \frac{x^2}{a^2} + \frac{y^2}{b^2} \leqslant 1 - \frac{z^2}{c^2}, -c \leqslant z \leqslant c\right\}$$

则有

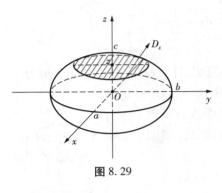

图 8.29

$$\iiint\limits_{\Omega} z^2 \mathrm{d}x\mathrm{d}y\mathrm{d}z = \int_{-c}^{c} \mathrm{d}z \iint\limits_{D_{xy}} z^2 \mathrm{d}x\mathrm{d}y = \int_{-c}^{c} z^2 S_{D_z} \mathrm{d}z$$

其中,S_{D_z} 是由二重积分的性质 3 得到,其表示截面区域 D_z 的面积. 利用椭圆面积公式即可得到

$$S_{D_z} = \pi \left[a \sqrt{1 - \frac{z^2}{c^2}} \right] \left[b \sqrt{1 - \frac{z^2}{c^2}} \right]$$

$$= \pi ab \left(1 - \frac{z^2}{c^2} \right)$$

所以有

$$\iiint\limits_{\Omega} z^2 \mathrm{d}x\mathrm{d}y\mathrm{d}z = \int_{-c}^{c} z^2 \cdot \pi ab \left(1 - \frac{z^2}{c^2} \right) \mathrm{d}z = \frac{4}{15} \pi abc^3$$

2) 采用柱面坐标计算三重积分

设 $M(x,y,z)$ 为空间内一点,并设点 M 在 xOy 面上的投影 P 的极坐标为 ρ,θ,则此时的 3 个数 ρ,θ,z 称为点 M 的柱面坐标(见图 8.30),这里规定 ρ,θ,z 的变化范围为

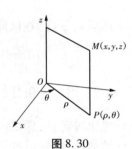

图 8.30

$$0 \leqslant \rho < + \infty$$
$$0 \leqslant \theta \leqslant 2\pi$$
$$- \infty < z < + \infty$$

3 组坐标面分别为

$\rho = $ 常数,即以 z 轴为轴的圆柱面;

$\theta = $ 常数,即过 z 轴的半平面;

$z = $ 常数,即与 xOy 面平行的平面.

显然,点 M 的直角坐标和柱面坐标的关系为

$$\begin{cases} x = \rho \cos \theta \\ y = \rho \sin \theta \\ z = z \end{cases}$$

现在讨论如何把三重积分 $\iiint\limits_{\Omega} f(x,y,z) \mathrm{d}v$ 中的变量从直角坐标转换为柱面坐标. 为此,需要重新表达体积元素 $\mathrm{d}v$,利用 3 组坐标面 $\rho = $ 常数,$\theta = $ 常数,$z = $ 常数,把 Ω 分成许多小闭区域,则除了含 Ω 的边界点的一些不规则小闭区域

外,所有的小闭区域都是柱体. 现仅考虑 ρ,θ,z 各取微小增量 $d\rho,d\theta,dz$ 所形成的单个柱体的体积(见图 8.31),则这个体积近似等于底面积与高的乘积. 那么,此时的底面积为 $\rho d\rho d\theta$(即为极坐标系中的面积元素),高为 dz,于是有

$$dv = \rho d\rho d\theta dz$$

这就是**柱面坐标系中的体积元素**. 从而可得将三重积分的变量从直角坐标转换为柱面坐标的公式,即

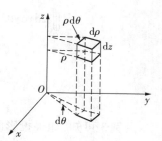

图 8.31

$$\iiint\limits_{\Omega} f(x,y,z)\,dxdydz = \iiint\limits_{\Omega} f(\rho\cos\theta,\rho\sin\theta,z)\rho d\rho d\theta dz$$

至于变量变换为柱面坐标后的三重积分的计算,则可化为三次积分来计算. 化为三次积分时,积分限是根据 ρ,θ,z 在积分区域中 Ω 的变化范围确定.

例3 利用柱面坐标来计算三重积分 $\iiint\limits_{\Omega} z\,dxdydz$,其中 Ω 是由曲面 $z = x^2 + y^2$ 与平面 $z = 4$ 所围成的闭区域.

解 闭区域如图 8.32(a) 所示. 将 Ω 投影到 xOy 面上,得投影区域 D_{xy} 为圆 $x^2 + y^2 = 4$ 所围成的闭区域,如图 8.32(b) 所示,其可表示为

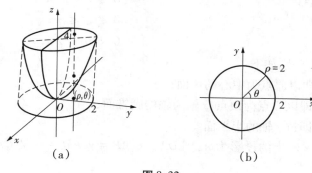

(a)　　　　　　　　　　(b)

图 8.32

$$D_{xy} = \left\{(\rho,\theta)\,\middle|\,0 \leqslant \rho \leqslant 2, 0 \leqslant \theta \leqslant 2\pi\right\}$$

在 D_{xy} 内任取一点 (ρ,θ),过此点作平行于 z 轴的直线,则该直线通过曲面 $z = x^2 + y^2$ 穿入 Ω 内,然后通过平面 $z = 4$ 穿出 Ω 外. 因此,闭区域 Ω 可表示为

$$\Omega = \left\{(\rho,\theta,z)\,\middle|\,\rho^2 \leqslant z \leqslant 4, 0 \leqslant \rho \leqslant 2, 0 \leqslant \theta \leqslant 2\pi\right\}$$

于是

$$\iiint\limits_{\Omega} z\mathrm{d}x\mathrm{d}y\mathrm{d}z = \iiint\limits_{\Omega} z\rho\mathrm{d}\rho\mathrm{d}\theta\mathrm{d}z = \int_0^{2\pi}\mathrm{d}\theta\int_0^2\rho\mathrm{d}\rho\int_{\rho^2}^4 z\mathrm{d}z$$

$$= \frac{1}{2}\int_0^{2\pi}\mathrm{d}\theta\int_0^2\rho(16-\rho^4)\mathrm{d}\rho$$

$$= \frac{1}{2}\cdot 2\pi\left[8\rho^2 - \frac{1}{6}\rho^6\right]_0^2 = \frac{64}{3}\pi$$

由例 3 可知,如果投影区域为圆形区域,常用柱面坐标来计算. 但如果曲面是球面或者球面的一部分时,还有下面计算三重积分的方法.

3)采用球面坐标计算三重积分

设 $M(x,y,z)$ 为空间内一点,并设点 M 在 xOy 面上的投影为 $P(x,y,0)$,则点

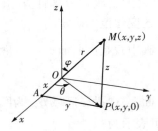

图 8.33

M 也可用 3 个有序的数 r,φ,θ 来确定,其中 r 为原点 O 到点 M 间的距离,φ 为有向线段 $\overrightarrow{OM}$ 与 z 轴正向所夹的角,θ 为从 z 轴正向来看自 x 轴逆时针方向转到有向线段 $\overrightarrow{OP}$ 的角. 这样的 3 个数 r,φ,θ 称为点 M 的球面坐标(见图 8.33),这里 r,φ,θ 的变化范围为

$$0 \leqslant r < +\infty$$
$$0 \leqslant \varphi \leqslant \pi$$
$$0 < \theta < 2\pi$$

3 组坐标面分别如下:

$r =$ 常数,即以原点为中心的球面;

$\varphi =$ 常数,即以原点为顶点、z 轴为轴的圆锥面;

$\theta =$ 常数,即过 z 轴的半平面.

设点 P 在 x 轴上的投影为 A,则 $OA = x, AP = y, PM = z$. 又 $OP = r\sin\varphi$,$z = r\cos\varphi$,则

$$x = OP\cos\theta = r\sin\varphi\cos\theta, y = OP\sin\theta = r\sin\varphi\sin\theta$$

因此,点 M 的直角坐标与球面坐标的关系为

$$\begin{cases} x = r\sin\varphi\cos\theta \\ y = r\sin\varphi\sin\theta \\ z = r\cos\varphi \end{cases}$$

下面讨论如何把三重积分 $\iiint\limits_{\Omega} f(x,y,z)\mathrm{d}v$ 中的变量从直角坐标转化为球面

坐标. 为此,需要重新表达体积元素 dv,利用三组坐标面 $r = $常数,$\varphi = $常数,$\theta = $常数把 Ω 分成许多小闭区域. 现仅考虑 r,φ,θ 各取微小增量 $dr,d\varphi,d\theta$ 所形成的近似六面体的体积(见图 8.34). 不计高阶无穷小,可把这个六面体看作长方体,其经线方向的长为 $rd\varphi$,纬线方向的宽为 $r \sin \varphi d\theta$,向径方向的高为 dr,于是有

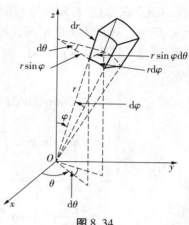

图 8.34

$$dv = rd\varphi \cdot r \sin \varphi d\theta dr = r^2 \sin \varphi dr d\varphi d\theta$$

这就是**球面坐标系中的体积元素**. 从而可得将三重积分的变量从直角坐标转换为球面坐标的公式,即

$$\iiint\limits_{\Omega} f(x,y,z) dxdydz = \iiint\limits_{\Omega} f(r \sin \varphi \cos \theta, r \sin \varphi \sin \theta, r \cos \varphi) r^2 \sin \varphi dr d\varphi d\theta$$

至于变量变换为球面坐标后的三重积分的计算,则可化为对 r,φ,θ 的三次积分来计算.

若积分区域 Ω 的边界曲面是一个包围原点在内的闭曲面,其球面坐标方程为 $r = r(\varphi,\theta)$,则

$$I = \iiint\limits_{\Omega} f(r \sin \varphi \cos \theta, r \sin \varphi \sin \theta, r \cos \varphi) r^2 \sin \varphi dr d\varphi d\theta$$

$$= \int_0^{2\pi} d\theta \int_0^{\pi} d\varphi \int_0^{r(\varphi,\theta)} f(r \sin \varphi \cos \theta, r \sin \varphi \sin \theta, r \cos \varphi) r^2 \sin \varphi dr$$

当积分区域 Ω 为球面 $r = a$ 所围成时,则

$$I = \int_0^{2\pi} d\theta \int_0^{\pi} d\varphi \int_0^{a} f(r \sin \varphi \cos \theta, r \sin \varphi \sin \theta, r \cos \varphi) r^2 \sin \varphi dr$$

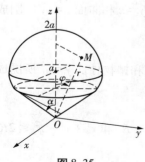

图 8.35

特别地,当 $f(r\sin\varphi\cos\theta, r\sin\varphi\sin\theta, r\cos\varphi) = 1$ 时,由上式即得球的体积

$$V = \int_0^{2\pi} d\theta \int_0^{\pi} \sin \varphi d\varphi \int_0^{a} r^2 dr = 2\pi \cdot 2 \cdot \frac{a^2}{3} = \frac{4}{3}\pi a^3$$

这就是我们熟知的球体的体积.

例 4 求半径为 a 的球面与半顶角为 α 的内接锥面所围成的立体(见图 8.35)的体积.

解 设球面通过原点 O,球心在 z 轴上,又内接

锥面的顶点在原点 O,其轴与 z 轴重合,则球面方程为 $r = 2a\cos\varphi$,锥面方程为 $\varphi = \alpha$. 因为立体所占有的空间区域 Ω 可表示为

$$\Omega = \{(r,\varphi,\theta) \mid 0 \leqslant r \leqslant 2a\cos\varphi, 0 \leqslant \varphi \leqslant \alpha, 0 \leqslant \theta \leqslant 2\pi\}$$

于是

$$V = \iiint\limits_{\Omega} r^2\sin\varphi\,\mathrm{d}r\mathrm{d}\varphi\mathrm{d}\theta = \int_0^{2\pi}\mathrm{d}\theta\int_0^{\alpha}\mathrm{d}\varphi\int_0^{2a\cos\varphi} r^2\sin\varphi\,\mathrm{d}r$$

$$= 2\pi\int_0^{\alpha}\sin\varphi\,\mathrm{d}\varphi\int_0^{2a\cos\varphi} r^2\,\mathrm{d}r$$

$$= \frac{16\pi a^3}{3}\int_0^{\alpha}\cos^3\varphi\,\sin\varphi\,\mathrm{d}\varphi$$

$$= \frac{4\pi a^3}{3}(1 - \cos^4\alpha)$$

 **习题 8-3**

基础题

1. 设某物体占空间闭区域 $\Omega = \{(x,y,z) \mid 0 \leqslant x \leqslant 1, 0 \leqslant y \leqslant 1, 0 \leqslant z \leqslant 1\}$,在点 (x,y,z) 处的密度函数为 $\rho(x,y,z) = x + y + z$,求该物体的质量.

2. 计算下列三重积分:

(1) $\iiint\limits_{\Omega} xy\,\mathrm{d}x\mathrm{d}y\mathrm{d}z$,其中 Ω 是以点 $(0,0,0),(1,0,0),(0,2,0),(0,0,3)$ 为顶点的四面体;

(2) $\iiint\limits_{\Omega} z\,\mathrm{d}x\mathrm{d}y\mathrm{d}z$,其中 Ω 是由平面 $x = 0,y = 1,z = 0,y = x$ 和曲面 $z = xy$ 所围成的闭区域;

(3) $\iiint\limits_{\Omega} yz\,\mathrm{d}x\mathrm{d}y\mathrm{d}z$,其中 Ω 是由平面 $z = 0,z = y,y = 1$ 和抛物柱面 $y = x^2$ 所围成的闭区域;

(4) $\iiint\limits_{\Omega} z^2\,\mathrm{d}x\mathrm{d}y\mathrm{d}z$,其中 Ω 是由两个球体 $x^2 + y^2 + z^2 \leqslant R^2$ 和 $x^2 + y^2 + z^2 \leqslant 2Rz$ 的公共部分,$R > 0$.

3. 利用柱面坐标计算下列积分:

（1）$\iiint\limits_{\Omega} \sqrt{x^2 + y^2}\, dxdydz$，其中 Ω 是由曲面 $z = 9 - x^2 - y^2$ 与 $z = 0$ 所围成的闭区域；

（2）$\iiint\limits_{\Omega} x^2\, dxdydz$，其中 Ω 是由曲面 $z = 2\sqrt{x^2 + y^2}$，$x^2 + y^2 = 1$ 与 $z = 0$ 所围成的闭区域；

（3）$\iiint\limits_{\Omega} z\, dxdydz$，其中 Ω 是由曲面 $z = x^2 + y^2$ 与 $z = 2y$ 所围成的闭区域.

4. 利用球面坐标计算下列积分:

（1）$\iiint\limits_{\Omega} y^2\, dxdydz$，其中 Ω 是介于两个球面 $x^2 + y^2 + z^2 = a^2$ 与 $x^2 + y^2 + z^2 = b^2$ 之间的部分；

（2）$\iiint\limits_{\Omega} (x^2 + y^2)\, dxdydz$，其中 Ω 是由曲面 $z = \sqrt{x^2 + y^2}$ 与 $z = \sqrt{1 - x^2 - y^2}$ 所围成的闭区域；

（3）$\iiint\limits_{\Omega} (x^2 + y^2 + z^2)\, dxdydz$，其中 Ω 为球体 $x^2 + y^2 + (z - 1)^2 \leqslant 1$.

提高题

1. 选择适当的坐标计算下列三重积分:

（1）$\iiint\limits_{\Omega} xy\, dxdydz$，其中 Ω 为柱面 $x^2 + y^2 = 1$ 及平面 $z = 1, z = 0, x = 0, y = 0$ 所围成的在第一卦限内的闭区域；

（2）$\iiint\limits_{\Omega} (x^2 + y^2)\, dxdydz$，其中 Ω 是由曲面 $x^2 + y^2 = 2z$ 及平面 $z = 2$ 所围成的闭区域；

（3）$\iiint\limits_{\Omega} \sqrt{x^2 + y^2 + z^2}\, dxdydz$，其中 Ω 是由球面 $x^2 + y^2 + z^2 = z$ 所围成的闭区域.

2. 设闭区域 $\Omega = \{(x,y,z) \mid a \leqslant x \leqslant b, c \leqslant y \leqslant d, m \leqslant z \leqslant n\}$，证明：

$$\iiint\limits_{\Omega} f(x)g(y)h(z)\, dxdydz = \left(\int_a^b f(x)\, dx \right) \left(\int_c^d g(y)\, dy \right) \left(\int_m^n h(z)\, dz \right).$$

§8.4 重积分的应用

前面已指出了曲顶柱体的体积、平面薄片的质量可通过二重积分来计算,空间物体的质量可通过三重积分来计算.本节将进一步把定积分应用中的元素法推广到重积分的应用中,利用重积分的元素法来解决一些几何和物理问题.

8.4.1 曲面的面积

为讨论曲面的面积,首先来看下面这个例子的结论.

例 1 设一底面为矩形的柱体被一平面所截,如果截面的法向量为 $e_n = (\cos \alpha, \cos \beta, \cos \gamma)$,底面位于 xOy 面,证明截面(平行四边形)的面积 S 与底面的面积 σ 有关系为

$$S = \frac{1}{\cos \gamma} \sigma$$

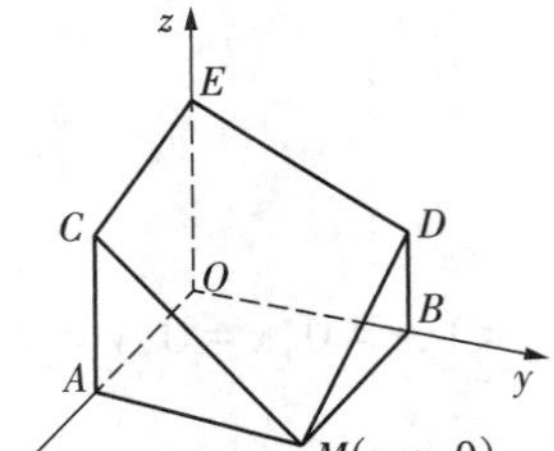

图 8.36

证明 如图 8.36 所示,截面 $MCED$ 的法向量为 $e_n = (\cos \alpha, \cos \beta, \cos \gamma)$,记点 M 的坐标为 $(x_0, y_0, 0)$,则由解析几何的点法式有截面 $MCED$ 的方程为

$$\cos \alpha(x - x_0) + \cos \beta(y - y_0) + \cos \gamma(z - 0) = 0$$

将点 D 的 x, y 坐标 $x = 0, y = y_0$ 代入方程有 $z = \frac{\cos \alpha}{\cos \gamma} x_0$,即点 D 的坐标为 $\left(0, y_0, \frac{\cos \alpha}{\cos \gamma} x_0\right)$;类似的,代入点 C 的坐标 $x = x_0, y = 0$ 有 $z = \frac{\cos \beta}{\cos \gamma} y_0$,即点 C 的坐标为 $\left(x_0, 0, \frac{\cos \beta}{\cos \gamma} y_0\right)$,从而有

$$\overrightarrow{MC} = \left(0, -y_0, \frac{\cos \beta}{\cos \gamma} y_0\right) = y_0\left(0, -1, \frac{\cos \beta}{\cos \gamma}\right)$$

$$\overrightarrow{MD} = \left(-x_0, 0, \frac{\cos \alpha}{\cos \gamma} x_0\right) = x_0\left(-1, 0, \frac{\cos \alpha}{\cos \gamma}\right)$$

于是,得截面的面积为

$$S = |\overrightarrow{MC} \times \overrightarrow{MD}| = \left| \left(\frac{\cos \alpha}{\cos \gamma}, \frac{\cos \beta}{\cos \gamma}, 1 \right) \right| |x_0 y_0| = \frac{1}{|\cos \gamma|} \sigma$$

由例1可知,若空间的平行四边形所在平面的法向量为$(\cos \alpha, \cos \beta, \cos \gamma)$,则它的面积$S$与其在$xOy$面上的投影四边形面积$\sigma$满足上述关系式. 这一结论可推广到空间任一平面图形上,即若空间的平面图形的法向量为$(\cos \alpha, \cos \beta, \cos \gamma)$,则该平面的面积$S$与其在$xOy$面上的投影图形面积$\sigma$之间满足关系式

$$S = \frac{1}{|\cos \gamma|} \sigma$$

直观来看,曲面和平面图形一样是有面积的. 但实际中,曲面图形面积的定义和存在性的证明是一个颇为复杂的问题,这里不作阐述.

下面结合定积分"以曲代直"的近似思想,采用二重积分计算某些空间曲面的面积.

不妨设空间有界曲面S的方程为

$$z = f(x, y)$$

其中,D为曲面S在xOy面上的投影区域,函数$f(x, y)$在D上具有连续偏导数$f_x(x, y)$和$f_y(x, y)$. 要计算曲面S的面积S(曲面的面积也记为S).

在投影区域D上任取一直径很小的闭区域$d\sigma$(其面积也记为$d\sigma$). 在$d\sigma$内任取一点$P(x, y)$,则在曲面S上有一点$M(x, y, f(x, y))$使得其在xOy面上的投影为点P. 记点M处曲面S的切平面为T(见图8.37). 以小闭区域$d\sigma$的边界为准线作母线平行于z轴的柱面,则该柱面在曲面S和切平面T上分别截下一小片曲面和平面. 由于$d\sigma$的直径很小,因此,曲面上那一小片曲面的面积可由对应的那

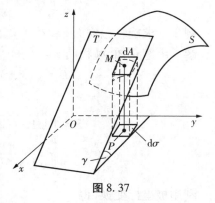

图8.37

一小片平面的面积dS近似代替. 设点M处曲面S上的法线与z轴所成的角为γ,则

$$dS = \frac{1}{|\cos \gamma|} d\sigma$$

因为

$$|\cos \gamma| = \frac{1}{\sqrt{1 + f_x^2(x,y) + f_y^2(x,y)}}$$

所以

$$dS = \sqrt{1 + f_x^2(x,y) + f_y^2(x,y)} \, d\sigma$$

这就是曲面 S 的面积元素，以它为被积函数表达式在闭区域 D 上积分，得

$$S = \iint_D \sqrt{1 + f_x^2(x,y) + f_y^2(x,y)} \, d\sigma$$

上式也可写为

$$S = \iint_D \sqrt{1 + \left(\frac{\partial z}{\partial x}\right)^2 + \left(\frac{\partial z}{\partial y}\right)^2} \, dxdy$$

这就是曲面面积的计算公式.

类似地，曲面方程为 $x = g(y,z)$ 或 $y = h(z,x)$ 分别投影到 yOz 面和 zOx 面上的投影区域为 D_{yz}, D_{zx}，则对应的曲面面积的计算公式为

$$S = \iint_{D_{yz}} \sqrt{1 + \left(\frac{\partial x}{\partial y}\right)^2 + \left(\frac{\partial x}{\partial z}\right)^2} \, dydz$$

$$S = \iint_{D_{zx}} \sqrt{1 + \left(\frac{\partial y}{\partial z}\right)^2 + \left(\frac{\partial y}{\partial x}\right)^2} \, dzdx$$

例 2　求旋转抛物面 $z = x^2 + y^2$ 位于 $0 \leqslant z \leqslant 9$ 之间的那一部分的面积.

解　由题意知，抛物面 $z = x^2 + y^2, 0 \leqslant z \leqslant 9$ 在 xOy 面上的投影为

$$D = \{(x,y) \mid x^2 + y^2 \leqslant 9\}$$

则有

$$S = \iint_D \sqrt{1 + (2x)^2 + (2y)^2} \, dxdy$$

$$= \iint_D \sqrt{1 + 4(x^2 + y^2)} \, dxdy$$

利用极坐标变换，得

$$S = \int_0^{2\pi} d\theta \int_0^3 \sqrt{1 + 4\rho^2} \, \rho d\rho$$

$$= \frac{\pi}{6}(37\sqrt{37} - 1)$$

例 3　设有一颗地球同步轨道卫星，距地面的高度为 $h = 36\,000$ km，运行的角速度与地球自转的角速度相同，试计算该通信卫星的覆盖面积与地球表面积

的比值（地球半径 $R = 6\,400$ km）.

解 取地心为坐标原点，地心到通信卫星中心的连线为 z 轴，建立坐标系如图 8.38 所示.

通信卫星覆盖的曲面 S 是上半球面被半顶角为 α 的圆锥面所截得的部分，其方程为

$$z = \sqrt{R^2 - x^2 - y^2}, x^2 + y^2 \leqslant R^2 \sin \alpha$$

而对应的投影区域为

$$D = \left\{ (x,y) \,\middle|\, x^2 + y^2 \leqslant R^2 \sin^2 \alpha \right\}$$

于是，通信卫星的覆盖面积为

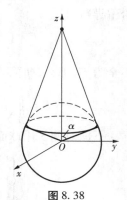

图 8.38

$$S = \iint_D \sqrt{1 + \left(\frac{\partial z}{\partial x}\right)^2 + \left(\frac{\partial z}{\partial y}\right)^2}\, \mathrm{d}x\mathrm{d}y$$

$$= \iint_D \frac{R}{\sqrt{R^2 - x^2 - y^2}}\, \mathrm{d}x\mathrm{d}y$$

利用极坐标变换，得

$$S = \int_0^{2\pi} \mathrm{d}\theta \int_0^{R\sin\alpha} \frac{R}{\sqrt{R^2 - \rho^2}} \rho\, \mathrm{d}\rho$$

$$= 2\pi R \int_0^{R\sin\alpha} \frac{\rho}{\sqrt{R^2 - \rho^2}}\, \mathrm{d}\rho$$

$$= 2\pi R^2 (1 - \cos \alpha)$$

又 $\cos \alpha = \dfrac{R}{R + h}$，代入上式得

$$S = 2\pi R^2 \left(1 - \frac{R}{R + h}\right) = 2\pi R^2 \cdot \frac{h}{R + h}$$

由此可得这颗通信卫星的覆盖面积与地球表面积之比为

$$\frac{S}{4\pi R^2} = \frac{h}{2(R + h)} = \frac{36 \cdot 10^6}{2(36 + 6.4) \cdot 10^6} \approx 42.5\%$$

由以上结果可知，卫星覆盖了全球 1/3 以上的面积，故使用 3 颗相隔 $\dfrac{2}{3}\pi$ 角度的通信卫星就可以几乎覆盖地球的全部表面.

比显示方程更一般的是空间曲面的参数方程. 设曲面 S 具有方程

$$\begin{cases} x = x(u,v) \\ y = y(u,v) \qquad ((u,v) \in D) \\ z = z(u,v) \end{cases}$$

其中, D 是一平面有界闭区域, 又 $x(u,v)$, $y(u,v)$, $z(u,v)$ 在 D 上具有连续的一阶偏导数, 且

$$\frac{\partial(x,y)}{\partial(u,v)}, \frac{\partial(y,z)}{\partial(u,v)}, \frac{\partial(z,x)}{\partial(u,v)}$$

不全为零, 那么, 曲面 S 可计算为

$$S = \iint\limits_{D} \sqrt{\left[\frac{\partial(x,y)}{\partial(u,v)}\right]^2 + \left[\frac{\partial(y,z)}{\partial(u,v)}\right]^2 + \left[\frac{\partial(z,x)}{\partial(u,v)}\right]^2}\, \mathrm{d}u\mathrm{d}v$$

下面对例 3 用球面参数方程来计算, 其参数方程为

$$\begin{cases} x = R\sin\varphi\cos\theta \\ y = R\sin\varphi\sin\theta \qquad ((\varphi,\theta) \in D_{\varphi\theta}) \\ z = R\cos\varphi \end{cases}$$

其中

$$D_{\varphi\theta} = \{(\varphi,\theta)\,|\,0 \leqslant \varphi \leqslant \alpha, 0 \leqslant \theta \leqslant 2\pi\}$$

于是有

$$S = \iint\limits_{D} R^2\sin\varphi\,\mathrm{d}\varphi\mathrm{d}\theta = R^2\int_0^{2\pi}\mathrm{d}\theta\int_0^{\alpha}\sin\varphi\,\mathrm{d}\varphi$$

$$= 2\pi R^2(1 - \cos\alpha) = 2\pi R^2 \cdot \frac{h}{R+h}$$

8.4.2 质 心

先讨论平面薄片的质心.

在 xOy 平面上有 n 个质点, 它们分别位于 (x_1,y_1), (x_2,y_2), $\cdots$, (x_n,y_n) 处, 质量分别为 $m_1, m_2, \cdots, m_n$. 由力学知识知道, 该质点系的质心坐标为

$$\bar{x} = \frac{M_y}{M} = \frac{\sum\limits_{i=1}^{n} m_i x_i}{\sum\limits_{i=1}^{n} m_i}, \bar{y} = \frac{M_x}{M} = \frac{\sum\limits_{i=1}^{n} m_i y_i}{\sum\limits_{i=1}^{n} m_i}$$

其中, $M = \sum\limits_{i=1}^{n} m_i$ 为该质点系的总质量, 则

$$M_y = \sum\limits_{i=1}^{n} m_i x_i, M_x = \sum\limits_{i=1}^{n} m_i y_i$$

分别为该质点系对 y 轴和 x 轴的**静矩**.

设有一平面薄片, 占有 xOy 面上的闭区域 D, 在点 (x,y) 处的面密度为

$\rho(x,y)$,假定 $\rho(x,y)$ 在 D 上连续,现在要找该薄片的质心的坐标.

在闭区域 D 上任取一直径很小的闭区域 $d\sigma$(其面积也记为 $d\sigma$),并在 $d\sigma$ 内任取一点 $P(x,y)$. 由于 $d\sigma$ 的直径很小,且 $\rho(x,y)$ 在 D 上连续,因此薄片中相应于 $d\sigma$ 的部分的质量可近似等于 $\rho(x,y)d\sigma$. 于是,可写出静矩元素 dM_y 和 dM_x,即

$$dM_y = x\rho(x,y)d\sigma, dM_x = y\rho(x,y)d\sigma$$

以这些元素为被积表达式,在闭区域 D 上积分,便得

$$M_y = \iint_D x\rho(x,y)d\sigma, M_x = \iint_D y\rho(x,y)d\sigma$$

由 8.1 节可知,薄片的质量为

$$M = \iint_D \rho(x,y)d\sigma$$

因此,薄片的质心的坐标为

$$\bar{x} = \frac{M_y}{M} = \frac{\iint_D x\rho(x,y)d\sigma}{\iint_D \rho(x,y)d\sigma}, \bar{y} = \frac{M_x}{M} = \frac{\iint_D y\rho(x,y)d\sigma}{\iint_D \rho(x,y)d\sigma}$$

如果薄片是均匀的,即面密度为常量,则上式中可把 ρ 提到积分记号外面并从分子、分母中约去,这样便得均匀薄片的质心的坐标为

$$\bar{x} = \frac{1}{S}\iint_D x d\sigma, \bar{y} = \frac{1}{S}\iint_D y d\sigma \qquad (8.15)$$

其中,$S = \iint_D d\sigma$ 为闭区域 D 的面积. 这时,薄片的质心完全由闭区域 D 的形状所决定. 我们把均匀平面薄片的质心称为这平面薄片所占的平面图形的**形心**. 因此,平面图形 D 的形心的坐标,就可用式(8.15)计算.

例4 求位于两圆 $x^2 + y^2 = ay$ 和 $x^2 + y^2 = 2ay(a > 0)$ 之间的均匀薄片的质心坐标,如图 8.39 所示.

解 因为闭区域 D 关于 y 轴对称,所以质心 $A(\bar{x}, \bar{y})$ 必有 $\bar{x} = 0$,即在 y 轴上.

再根据式(8.15)计算 $\bar{y}$ 的值即可.

由闭区域 D 中半径为 2 的圆面

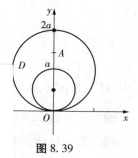

图 8.39

1 的圆面积,即有

$$S = \pi \left[a^2 - \left(\frac{a}{2} \right)^2 \right] = \frac{3}{4} \pi a^2$$

又结合极坐标变换 $x = \rho \cos \theta, y = \rho \sin \theta$ 可知,两个圆的极坐标方程分别为

$$\rho = a \sin \theta, \rho = 2a \sin \theta$$

从而有

$$
\begin{aligned}
\iint\limits_{D} y \mathrm{d}\sigma &= \iint\limits_{D} \rho^2 \sin \theta \mathrm{d}\rho \mathrm{d}\theta \\
&= \int_0^\pi \sin \theta \mathrm{d}\theta \int_{a \sin \theta}^{2a \sin \theta} \rho^2 \mathrm{d}\rho \\
&= \frac{7a^3}{3} \int_0^\pi \sin^4 \theta \mathrm{d}\theta \\
&= \frac{14a^3}{3} \int_0^{\frac{\pi}{2}} \sin^4 \theta \mathrm{d}\theta = \frac{7}{8} \pi a^3
\end{aligned}
$$

因此

$$\bar{y} = \frac{\dfrac{7}{8} \pi a^3}{\dfrac{3}{4} \pi a^2} = \frac{7}{6} a$$

综上所述,所求质心为 $A \left(0, \dfrac{7}{6} a \right)$.

类似地,可得到三维空间中有界闭区域 Ω 在点 (x, y, z) 处的密度为 $\rho(x, y, z)$ ($\rho(x, y, z)$ 在闭区域 Ω 上连续)的物体的质心坐标为

$$\bar{x} = \frac{1}{M} \iiint\limits_{\Omega} x \rho(x, y, z) \mathrm{d}v$$

$$\bar{y} = \frac{1}{M} \iiint\limits_{\Omega} y \rho(x, y, z) \mathrm{d}v$$

$$\bar{z} = \frac{1}{M} \iiint\limits_{\Omega} z \rho(x, y, z) \mathrm{d}v$$

其中,$M = \iiint\limits_{\Omega} \rho(x, y, z) \mathrm{d}v$.

例5 求均匀半球体的质心.

解 取半球体的对称轴为 z 轴,球心为原点,又设球的半径为 R,则半球所

占空间闭区域 Ω 可表示为

$$\Omega = \left\{ (x, y, z) \mid x^2 + y^2 + z^2 \leqslant R^2, z \geqslant 0 \right\}$$

由于半球关于 z 轴对称,所以质心 $A(\bar{x}, \bar{y}, \bar{z})$ 必有 $\bar{x} = \bar{y} = 0$,即在 z 轴上. 又

$$\bar{z} = \frac{1}{M} \iiint_{\Omega} z\rho \, \mathrm{d}v = \frac{1}{V} \iiint_{\Omega} z \, \mathrm{d}v$$

其中,$V = \dfrac{2}{3}\pi R^3$ 为半球体的体积,则

$$\iiint_{\Omega} z \, \mathrm{d}v = \iiint_{\Omega} r\cos\varphi \cdot r^2 \sin\varphi \, \mathrm{d}r \mathrm{d}\varphi \mathrm{d}\theta$$

$$= \int_0^{2\pi} \mathrm{d}\theta \int_0^{\frac{\pi}{2}} \cos\varphi \, \sin\varphi \, \mathrm{d}\varphi \int_0^a r^3 \mathrm{d}r$$

$$= 2\pi \cdot \left[\frac{\sin^2\varphi}{2} \right]_0^{\frac{\pi}{2}} \cdot \frac{a^4}{4} = \frac{\pi a^4}{4}$$

因此

$$\bar{z} = \frac{3a}{8}$$

综上所述,所求质心为 $A\left(0, 0, \dfrac{3}{8}a\right)$.

 习题 8-4

基础题

1. 求下列曲面的面积:

(1) 平面 $3x + 2y + z = 1$ 被椭圆柱面 $2x^2 + y^2 = 1$ 截下的部分;

(2) 柱面 $z = \sqrt{9 - y^2}$ 被柱面 $|x| + |y| = 1$ 截下的部分;

(3) 锥面 $z = \sqrt{x^2 + y^2}$ 被柱面 $z^2 = 2x$ 截下的部分;

(4) 半球面 $z = \sqrt{a^2 - x^2 - y^2}$ 含在圆柱面 $x^2 + y^2 = ax$ 内部的那一部分.

2. 求由下列参数方程给出的曲面的面积:

（1）$x = u\cos v, y = u\sin v, z = v, 0 \leqslant u \leqslant 1, 0 \leqslant v \leqslant \pi$；

（2）$x = uv, y = u + v, z = u - v, u^2 + v^2 \leqslant 1$.

3. 求下列平面图形 D 的形心：

（1）半圆 $x^2 + y^2 \leqslant 1, y \geqslant 0$；

（2）位于两圆 $r = a\cos\theta, r = b\cos\theta(0 < a < b)$ 之间的闭区域.

提高题

1. 求底圆半径相等的两个直交圆柱面 $x^2 + y^2 = R^2$ 及 $x^2 + z^2 = R^2$ 所围立体的表面积.

2. 已知薄板的面密度为 $\rho(x,y)$，计算区域 D 中薄板的质量和质心：

（1）$D = \{(x,y) \mid 0 \leqslant x \leqslant 2, -1 \leqslant y \leqslant 1\}, \rho(x,y) = xy^2$；

（2）D 为一个三角形区域，3 个顶点分别是 $(0,0), (2,1), (0,3)$，$\rho(x,y) = x + y$；

（3）D 以抛物线 $x = y^2$，直线 $y = x - 2$ 为边界，$\rho(x,y) = x + y$.

第9章 曲线积分与曲面积分

§9.1 对弧长的曲线积分

9.1.1 对弧长的曲线积分的概念与性质

1）曲线形构件的质量

设一曲线形构件所占的位置在 xOy 面内的一段曲线弧 L 上，如图 9.1 所示. 已知曲线形构件上各点的粗细程度和质地设计得不尽相同，也就是说构件的线密度不是常数. 设 L 上任一点 (x,y) 处的线密度为 $\mu(x,y)$. 求曲线形构件的质量.

如果 $\mu(x,y)=\mu$（常量），则
$$M=\mu \cdot l$$
其中，l 为 L 的长度.

现在构件上各点处的线密度是变量，当然不能用上式计算. 回忆上一章中求曲顶柱体体积的做法，不难想象，仍可通过大化小、常代变、近似和、取极限 4 个步骤来求该构件的质量.

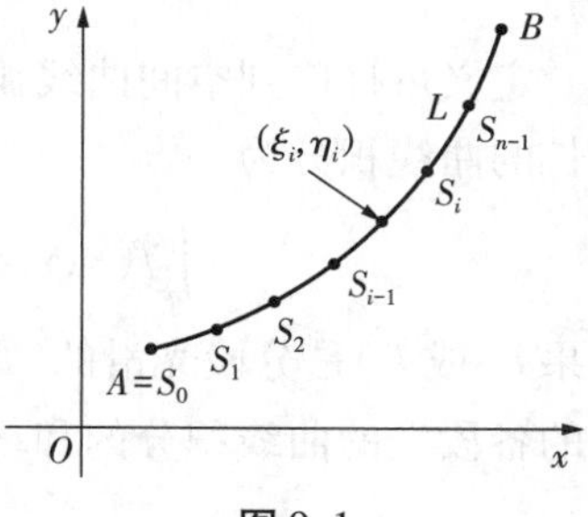

图 9.1

大化小：把曲线分成 n 小段，$\Delta s_1,\Delta s_2,\cdots,\Delta s_n$（$\Delta s_i$ 也表示 $S_{i-1}S_i$ 弧段的弧长）.

常代变：任取 $(\xi_i,\eta_i)\in\Delta s_i$，得第 i 小段质量的近似值 $\mu(\xi_i,\eta_i)\Delta s_i$.

近似和：整个物质曲线的质量近似为 $M\approx\sum_{i=1}^{n}\mu(\xi_i,\eta_i)\Delta s_i$.

取极限：令 $\lambda=\max\{\Delta s_1,\Delta s_2,\cdots,\Delta s_n\}\to 0$，则整个物质曲线的质量为

$$M = \lim_{\lambda \to 0} \sum_{i=1}^{n} \mu(\xi_i, \eta_i) \Delta s_i$$

这种和的极限在研究其他问题时也会遇到. 现在引入下面的定义.

定义 设函数 $f(x,y)$ 定义在可求长度的曲线 L 上, 并且有界. 将 L 任意分成 n 个弧段: $\Delta s_1, \Delta s_2, \cdots, \Delta s_n$, 并用 Δs_i 表示第 i 段的弧长; 在每一弧段 Δs_i 上任取一点 (ξ_i, η_i), 作和 $\sum_{i=1}^{n} f(\xi_i, \eta_i) \Delta s_i$; 令 $\lambda = \max\{\Delta s_1, \Delta s_2, \cdots, \Delta s_n\}$, 如果当 $\lambda \to 0$ 时, 这和的极限总存在, 则称此极限为函数 $f(x,y)$ 在曲线弧 L 上对弧长的曲线积分或第一类曲线积分, 记作 $\int_L f(x,y)\mathrm{d}s$, 即

$$\int_L f(x,y)\mathrm{d}s = \lim_{\lambda \to 0} \sum_{i=1}^{n} f(\xi_i, \eta_i) \Delta s_i$$

其中, $f(x,y)$ 称为被积函数, L 称为积分弧段, $\mathrm{d}s$ 称为弧长元素.

2) 曲线积分的存在性

当 $f(x,y)$ 在光滑曲线弧 L 上连续时, 对弧长的曲线积分 $\int_L f(x,y)\mathrm{d}s$ 是存在的. 以后我们总假定 $f(x,y)$ 在 L 上是连续的.

根据对弧长的曲线积分的定义, 曲线形构件的质量就是曲线积分 $\int_L \mu(x,y)\mathrm{d}s$ 的值, 其中, $\mu(x,y)$ 为线密度. 特别地, $L = \int_L \mathrm{d}s$ (L 为曲线弧 L 的长度).

定义可推广到空间曲线弧 Γ 的情形, 即三元函数 $f(x,y,z)$ 在曲线弧 Γ 上对弧长的曲线积分为

$$\int_\Gamma f(x,y,z)\mathrm{d}s = \lim_{\lambda \to 0} \sum_{i=1}^{n} f(\xi_i, \eta_i, \zeta_i) \Delta s_i$$

如果 L (或 Γ) 是分段光滑的, 则规定函数在 L (或 Γ) 上的曲线积分等于函数在光滑的各段上的曲线积分的和. 例如, 设 L 可分成两段光滑曲线弧 L_1 及 L_2, 则规定

$$\int_{L_1+L_2} f(x,y)\mathrm{d}s = \int_{L_1} f(x,y)\mathrm{d}s + \int_{L_2} f(x,y)\mathrm{d}s$$

3) 闭曲线积分

如果 L 是闭曲线, 那么, 函数 $f(x,y)$ 在闭曲线 L 上对弧长的曲线积分记作 $\oint_L f(x,y)\mathrm{d}s$.

4) 对弧长的曲线积分的性质

性质 1 设 c_1, c_2 为常数,则

$$\int_L \left[c_1 f(x,y) + c_2 g(x,y) \right] \mathrm{d}s = c_1 \int_L f(x,y) \mathrm{d}s + c_2 \int_L g(x,y) \mathrm{d}s$$

性质 2 若积分弧段 L 可分成两段光滑曲线弧 L_1 和 L_2,则

$$\int_L f(x,y) \mathrm{d}s = \int_{L_1} f(x,y) \mathrm{d}s + \int_{L_2} f(x,y) \mathrm{d}s$$

性质 3 设在 L 上 $f(x,y) \leqslant g(x,y)$,则

$$\int_L f(x,y) \mathrm{d}s \leqslant \int_L g(x,y) \mathrm{d}s$$

特别地,有

$$\left| \int_L f(x,y) \mathrm{d}s \right| \leqslant \int_L |f(x,y)| \mathrm{d}s$$

9.1.2 对弧长的曲线积分的计算法

根据对弧长的曲线积分的定义,如果曲线形构件 L 的线密度为 $f(x,y)$,则曲线形构件 L 的质量为 $\int_L f(x,y) \mathrm{d}s$.

另一方面,若曲线 L 的参数方程为

$$x = \varphi(t), \quad y = \psi(t) \qquad (\alpha \leqslant t \leqslant \beta)$$

则质量元素为

$$f(x,y) \mathrm{d}s = f\left[\varphi(t), \psi(t) \right] \sqrt{\varphi'^2(t) + \psi'^2(t)} \mathrm{d}t$$

曲线的质量为

$$\int_\alpha^\beta f\left[\varphi(t), \psi(t) \right] \sqrt{\varphi'^2(t) + \psi'^2(t)} \mathrm{d}t$$

即

$$\int_L f(x,y) \mathrm{d}s = \int_\alpha^\beta f\left[\varphi(t), \psi(t) \right] \sqrt{\varphi'^2(t) + \psi'^2(t)} \mathrm{d}t$$

定理 设 $f(x,y)$ 在曲线弧 L 上有定义且连续,L 的参数方程为 $x = \varphi(t)$,$y = \psi(t) (\alpha \leqslant t \leqslant \beta)$,其中,$\varphi(t), \psi(t)$ 在 $[\alpha, \beta]$ 上具有一阶连续导数,且 $\varphi'^2(t) + \psi'^2(t) \neq 0$,则曲线积分 $\int_L f(x,y) \mathrm{d}s$ 存在,且

$$\int_L f(x,y) \mathrm{d}s = \int_\alpha^\beta f\left[\varphi(t), \psi(t) \right] \sqrt{\varphi'^2(t) + \psi'^2(t)} \mathrm{d}t \qquad (\alpha < \beta)$$

注意：

定积分的下限 α 一定要小于上限 β. 这是因为,证明中用到的小弧段的长度 Δs_i 总是正的,从而 $\Delta t_i > 0$,所以定积分下限 α 一定小于上限 β.

讨论：

(1) 若曲线 L 的方程为 $y = \psi(x)(a \leqslant x \leqslant b)$,则 $\int_L f(x,y)\,\mathrm{d}s = ?$

提示：

L 的参数方程为 $x = x, y = \psi(x)(a \leqslant x \leqslant b)$,则

$$\int_L f(x,y)\,\mathrm{d}s = \int_a^b f[x,\psi(x)]\sqrt{1 + \psi'^2(x)}\,\mathrm{d}x$$

(2) 若曲线 L 的方程为 $x = \varphi(y)(c \leqslant y \leqslant d)$,则 $\int_L f(x,y)\,\mathrm{d}s = ?$

提示：

L 的参数方程为 $x = \varphi(y), y = y(c \leqslant y \leqslant d)$,则

$$\int_L f(x,y)\,\mathrm{d}s = \int_c^d f[\varphi(y),y]\sqrt{\varphi'^2(y) + 1}\,\mathrm{d}y$$

(3) 若空间曲线弧 Γ 的参数方程为 $x = \varphi(t), y = \psi(t), z = \omega(t)(\alpha \leqslant t \leqslant \beta)$,则 $\int_\Gamma f(x,y,z)\,\mathrm{d}s = ?$

提示：

$$\int_\Gamma f(x,y,z)\,\mathrm{d}s = \int_\alpha^\beta f[\varphi(t),\psi(t),\omega(t)]\sqrt{\varphi'^2(t) + \psi'^2(t) + \omega'^2(t)}\,\mathrm{d}t$$

此外,再补充下面两个方面的结论：

(1) 对称性. 若积分弧段 L 关于 x 轴对称,被积函数 $f(x,y)$ 关于 y 是奇函数,则 $\int_L f(x,y)\,\mathrm{d}s = 0$;换成 $f(x,y)$ 关于 y 是偶函数,则 $\int_L f(x,y)\,\mathrm{d}s = 2\int_{L_1} f(x,y)\,\mathrm{d}s$(其中,$L_1$ 为 L 上的 $y \geqslant 0$ 的那部分弧段). 若 L 关于直接 $y = x$ 对称,则

$$\int_L f(x,y)\,\mathrm{d}s = \int_L f(y,x)\,\mathrm{d}s$$

(2) 物理应用. 设曲线弧为 xOy 面上的曲线 L,在点 (x,y) 处线密度为 $\mu(x,y)$,则曲线弧对 x 轴、y 轴的转动惯量为

$$I_x = \int_L y^2 \cdot \mu(x,y)\,\mathrm{d}s, \quad I_y = \int_L x^2 \cdot \mu(x,y)\,\mathrm{d}s$$

例1 计算 $\int_L \sqrt{y}\,\mathrm{d}s$,其中 L 是抛物线 $y = x^2$ 上点 $O(0,0)$ 与点 $B(1,1)$ 之间的

一段弧(见图9.2).

解　曲线的方程为 $y = x^2(0 \leqslant x \leqslant 1)$，因此

$$\int_L \sqrt{y}\,\mathrm{d}s = \int_0^1 \sqrt{x^2}\sqrt{1 + (x^2)'^2}\,\mathrm{d}x$$

$$= \int_0^1 x\sqrt{1 + 4x^2}\,\mathrm{d}x = \frac{1}{12}\left[(1 + 4x^2)^{\frac{3}{2}}\right]_0^1$$

$$= \frac{1}{12}(5\sqrt{5} - 1)$$

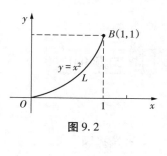

图9.2

例2　设 L 为椭圆 $\dfrac{x^2}{4} + \dfrac{y^2}{3} = 1$，其周长记为 a，计算 $\oint_L (2xy + 3x^2 + 4y^2)\,\mathrm{d}s$.

分析　虽然把 L 化为参数方程 $x = 2\cos t, y = \sqrt{3}\sin t(0 \leqslant t \leqslant 2\pi)$ 代入可以计算出来，但比较麻烦，可以借助对称性和弧长公式来求.

解　　　　　　　　原式 $= \oint_L 2xy\,\mathrm{d}s + \oint_L (3x^2 + 4y^2)\,\mathrm{d}s$

由对称性得 $\oint_L 2xy\,\mathrm{d}s = 0$. 在 L 上的点 (x,y) 满足 $3x^2 + 4y^2 = 12$，于是

$$原式 = 12\oint_L \mathrm{d}s = 12a$$

例3　计算曲线积分 $\int_\Gamma (x^2 + y^2 + z^2)\,\mathrm{d}s$，其中，$\Gamma$ 为螺旋线 $x = a\cos t, y = a\sin t, z = kt$ 上相应于 t 从 0 到达 2π 的一段弧.

解　在曲线 Γ 上有

$$x^2 + y^2 + z^2 = (a\cos t)^2 + (a\sin t)^2 + (kt)^2 = a^2 + k^2t^2$$

并且

$$\mathrm{d}s = \sqrt{(-a\sin t)^2 + (a\cos t)^2 + k^2}\,\mathrm{d}t = \sqrt{a^2 + k^2}\,\mathrm{d}t$$

于是

$$\int_\Gamma (x^2 + y^2 + z^2)\,\mathrm{d}s = \int_0^{2\pi} (a^2 + k^2t^2)\sqrt{a^2 + k^2}\,\mathrm{d}t$$

$$= \frac{2}{3}\pi\sqrt{a^2 + k^2}(3a^2 + 4\pi^2k^2)$$

习题 9-1

基础题

一、选择题

1. 设曲线弧段 $\overset{\frown}{AB}$ 为,则曲线积分有关系( ).

   A. $\int_{\overset{\frown}{AB}} f(x,y)\,\mathrm{d}s = -\int_{\overset{\frown}{BA}} f(x,y)\,\mathrm{d}s$ B. $\int_{\overset{\frown}{AB}} f(x,y)\,\mathrm{d}s = \int_{\overset{\frown}{BA}} f(x,y)\,\mathrm{d}s$

   C. $\int_{\overset{\frown}{AB}} f(x,y)\,\mathrm{d}s + \int_{\overset{\frown}{BA}} f(x,y)\,\mathrm{d}s = 0$ D. $\int_{\overset{\frown}{AB}} f(x,y)\,\mathrm{d}s = \int_{\overset{\frown}{BA}} f(-x,-y)\,\mathrm{d}s$

2. 设有物质曲线 $C: x = t,\ y = \dfrac{t^2}{2},\ z = \dfrac{t^3}{3}\ (0 \leqslant t \leqslant 1)$,其线密度为 $\rho = \sqrt{2y}$,它的质量 $M = ($).

   A. $\int_0^1 t\sqrt{1 + t^2 + t^4}\,\mathrm{d}t$ B. $\int_0^1 t^2\sqrt{1 + t^2 + t^4}\,\mathrm{d}t$

   C. $\int_0^1 \sqrt{1 + t^2 + t^4}\,\mathrm{d}t$ D. $\int_0^1 \sqrt{t}\,\sqrt{1 + t^2 + t^4}\,\mathrm{d}t$

3. 设 $\overline{OM}$ 是从 $O(0,0)$ 到 $M(1,1)$ 的直线段,则与曲线积分 $I = \int_{\overline{OM}} \mathrm{e}^{\sqrt{x^2+y^2}}\,\mathrm{d}s$ 不相等的积分是( ).

   A. $\int_0^1 \mathrm{e}^{\sqrt{2}x}\sqrt{2}\,\mathrm{d}x$ B. $\int_0^1 \mathrm{e}^{\sqrt{2}y}\sqrt{2}\,\mathrm{d}y$

   C. $\int_0^{\sqrt{2}} \mathrm{e}^r\,\mathrm{d}r$ D. $\int_0^1 \mathrm{e}^r\sqrt{2}\,\mathrm{d}r$

4. 设 L 是从 $A(0,0)$ 到 $B(4,3)$ 的直线段,则曲线积分 $\int_L (x - y)\,\mathrm{d}s = ($).

   A. $\int_0^4 \left(x - \dfrac{3}{4}x\right)\mathrm{d}x$ B. $\int_0^3 \left(\dfrac{3}{4}y - y\right)\mathrm{d}y$

   C. $\int_0^3 \left(\dfrac{3}{4}y - y\right)\sqrt{1 + \dfrac{9}{16}}\,\mathrm{d}y$ D. $\int_0^4 \left(x - \dfrac{3}{4}x\right)\sqrt{1 + \dfrac{9}{16}}\,\mathrm{d}x$

5. 设 L 为抛物线 $y = x^2$ 上从点 $(0,0)$ 到点 $(1,1)$ 的一段弧,则曲线积分 $\int_L \sqrt{y}\,\mathrm{d}s = ($).

A. $\int_0^1 \sqrt{1 + 4x^2}\,\mathrm{d}x$ B. $\int_0^1 \sqrt{y}\,\sqrt{1 + y}\,\mathrm{d}y$

C. $\int_0^1 x\sqrt{1 + 4x^2}\,\mathrm{d}x$ D. $\int_0^1 \sqrt{y}\,\sqrt{1 + \dfrac{1}{y}}\,\mathrm{d}y$

6. 设 L 是从 $A(1,0)$ 到 $B(-1,2)$ 的直线段,则曲线积分 $\displaystyle\int_L (x + y)\,\mathrm{d}s =$
( ).

A. $\sqrt{2}$ B. 2 C. $-\sqrt{2}$ D. $2\sqrt{2}$

二、填空题

1. 设 L 是圆周 $x^2 + y^2 = 1$,则 $I_1 = \displaystyle\oint_L x^3\,\mathrm{d}s$ 与 $I_2 = \displaystyle\oint_L x^5\,\mathrm{d}s$ 的大小关系是
_____.

2. 设 L 是连接 $A(1,0)$ 与 $B(0,1)$ 两点的直线段,则 $\displaystyle\int_L (x + y)\,\mathrm{d}s =$ _____.

3. 设 L 为 $x = x_0, 0 \leqslant y \leqslant \dfrac{3}{2}$,则 $\displaystyle\int_L 4\,\mathrm{d}s =$ _____.

4. 设 $L : x = a\cos t, y = a\sin t \,(0 \leqslant t \leqslant 2\pi)$,则 $\displaystyle\int_L (x^2 - y^2)\,\mathrm{d}s =$ _____.

5. 设 L 是圆周 $x^2 + y^2 = 1$,则 $I = \displaystyle\oint_L x^2\,\mathrm{d}s =$ _____.

6. 设 L 为圆 $x^2 + y^2 = 1$ 的右半圆弧,则 $\displaystyle\int_L |y|\,\mathrm{d}s =$ _____.

7. 设 L 为曲线 $y^2 = 4x$ 上从点 $A(0,0)$ 到点 $B(1,2)$ 的弧段,则 $\displaystyle\int_L y\sqrt{1 + x}\,\mathrm{d}s =$
_____.

三、解答题

计算下列对弧长的曲线积分:

(1) $\displaystyle\oint_L x\,\mathrm{d}s$,其中为由直线 $y = x$ 与抛物线 $y = x^2$ 所围区域的整个边界;

(2) $\displaystyle\oint_L \mathrm{e}^{\sqrt{x^2+y^2}}\,\mathrm{d}s$,其中 L 为圆周 $x^2 + y^2 = a^2$,直线 $y = x$ 及 x 轴在第一象限内所围成的扇形的整个边界;

(3) $\displaystyle\int_\Gamma x^2 yz\,\mathrm{d}s$,其中 Γ 为折线 $ABCD$,这里 A,B,C,D 依次为点 $(0,0,0)$,$(0,0,2)$,$(1,0,2)$,$(1,3,2)$;

(4) $\displaystyle\int_L y^2\,\mathrm{d}s$,其中 L 为摆线一拱 $x = a(t - \sin t), y = a(1 - \cos t)\,(0 \leqslant$

$t \leqslant 2\pi)$;

(5) $\int_L (x^2 + y^2) \mathrm{d}s$,其中 L 为曲线 $\begin{cases} x = a(\cos t + t \sin t) \\ y = a(\sin t - t \cos t) \end{cases} (0 \leqslant t \leqslant 2\pi)$.

提高题

1. 计算 $\int_L \sqrt{x^2 + y^2}\,\mathrm{d}s$,其中 L 为圆周 $x^2 + y^2 = ax$.

2. 计算 $\int_L (x^2 + y^2)^n \mathrm{d}s$,其中 L 为圆周 $x = a\cos t, y = a\sin t\,(0 \leqslant t \leqslant 2\pi)$.

3. 计算 $\int_L \left(x^{\frac{4}{3}} + y^{\frac{4}{3}}\right)\mathrm{d}s$,其中 L 为内摆线 $x = a\cos^3 t, y = a\sin^3 t\left(0 \leqslant t \leqslant \dfrac{\pi}{2}\right)$ 在第一象限内的一段弧.

4. 计算 $\int_L \dfrac{z^2}{x^2 + y^2}\mathrm{d}s$,其中 L 为螺线 $x = a\cos t, y = a\sin t, z = at(0 \leqslant t \leqslant 2\pi)$.

5. 计算 $\int_\Gamma \sqrt{2y^2 + z^2}\,\mathrm{d}s$,其中 Γ 为圆周 $x^2 + y^2 + z^2 = a^2$ 与平面 $x = y$ 的交线.

§9.2　对坐标的曲线积分

9.2.1　对坐标的曲线积分的概念与性质

1) 变力沿曲线所做的功

设一个质点在 xOy 面内在变力 $\boldsymbol{F}(x,y) = P(x,y)\boldsymbol{i} + Q(x,y)\boldsymbol{j}$ 的作用下从点 A 沿光滑曲线弧 L 移动到点 B,如图 9.3 所示.试求变力 $\boldsymbol{F}(x,y)$ 所做的功.

如果 $\boldsymbol{F}$ 是常力,且质点是从 A 沿直线移动到 B,则力 $\boldsymbol{F}$ 所做的功 W 为

$$W = \boldsymbol{F} \cdot \overrightarrow{AB}$$

而现在在每一点力 $\boldsymbol{F}(x,y)$ 都不一样(大小和方向),且质点移动路线是曲线 L,当然不能用上式计算.这里只能应用已沿用过多次的划分、近似、求和、取极限的方法.

用曲线 L 上的点 $A = A_0, A_1, A_2, \cdots, A_{n-1}, A_n = B$ 把 L 分成 n 个小弧段,设 $A_k = $

(x_k, y_k)，有向线段 $\overrightarrow{A_k A_{k+1}}$ 的长度为 Δs_k，它与 x 轴的夹角为 τ_k，则

$$\overrightarrow{A_k A_{k+1}} = \{\cos \tau_k, \sin \tau_k\} \Delta s_k$$
$$(k = 0, 1, 2, \cdots, n - 1)$$

因为 $P(x, y), Q(x, y)$ 在 L 上连续，可用 $\overrightarrow{A_k A_{k+1}}$ 上任一点 (ξ_k, η_k) 处的力来近似这个小弧段各点的受力.

显然，变力 $\boldsymbol{F}(x, y)$ 沿有向小弧段

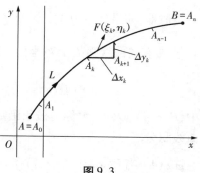

图 9.3

$\overrightarrow{A_k A_{k+1}}$ 所做的功 ΔW_k 可近似为

$$\Delta W_k \approx \boldsymbol{F}(\xi_k, \eta_k) \cdot \overrightarrow{A_k A_{k+1}} = [P(\xi_k, \eta_k) \cos \tau_k + Q(\xi_k, \eta_k) \sin \tau_k] \Delta s_k$$
$$= P(\xi_k, \eta_k) \Delta x_k + Q(\xi_k, \eta_k) \Delta y_k$$

于是，变力 $\boldsymbol{F}(x, y)$ 所做的功

$$W = \sum_{k=0}^{n-1} \Delta W_k \approx \sum_{k=0}^{n-1} \boldsymbol{F}(\xi_k, \eta_k) \cdot \overrightarrow{A_k A_{k+1}}$$
$$\approx \sum_{k=0}^{n-1} P(\xi_k, \eta_k) \Delta x_k + Q(\xi_k, \eta_k) \Delta y_k$$

令 λ 为每小弧段 y 最大长度，则当 $\lambda \to 0$ 时上述和的极限值便是变力 $\boldsymbol{F}$ 沿着有向曲线弧所做的功，即

$$W = \lim_{\lambda \to 0} \sum_{k=0}^{n-1} [P(\xi_k, \eta_k) \Delta x_k + Q(\xi_k, \eta_k) \Delta y_k]$$

由于这种和的极限与前面介绍过的和的极限不同，而且在其他问题中常会遇到，于是引入下面的定义.

2）对坐标的曲线积分的定义

定义　设函数 $f(x, y)$ 在有向光滑曲线 L 上有界. 把 L 分成 n 个有向小弧段 $L_1, L_2, \cdots, L_n$；小弧段 L_i 的起点为 (x_{i-1}, y_{i-1})，终点为 (x_i, y_i)，$\Delta x_i = x_i - x_{i-1}$，$\Delta y_i = y_i - y_{i-1}$；$(\xi_i, \eta_i)$ 为 L_i 上任意一点，λ 为各小弧段长度的最大值.

如果极限 $\lim\limits_{\lambda \to 0} \sum\limits_{i=1}^{n} f(\xi_i, \eta_i) \Delta x_i$ 总存在，则称此极限为函数 $f(x, y)$ 在有向曲线 L 上**对坐标 x 的曲线积分**，记作 $\int_L f(x, y) \mathrm{d}x$，即

$$\int_L f(x, y) \mathrm{d}x = \lim_{\lambda \to 0} \sum_{i=1}^{n} f(\xi_i, \eta_i) \Delta x_i$$

类似地,如果 $\lambda \to 0$ 时, $\sum_{i=1}^{n} Q(\xi_i, \eta_i) \Delta y_i$ 的极限总存在,则称此极限为函数

$Q(x, y)$ 在有向曲线弧 L 上**对坐标 y 的曲线积分**,记做 $\int_L Q(x, y) \mathrm{d}y$,即

$$\int_L Q(x, y) \mathrm{d}y = \lim_{\lambda \to 0} \sum_{i=1}^{n} Q(\xi_i, \eta_i) \Delta y_i$$

其中,$P(x, y)$,$Q(x, y)$ 称为**被积函数**,L 称为**积分弧段**. 上面两个积分也称**第二类曲线积分**.

注:(1)当 $P(x, y)$,$Q(x, y)$ 在有向光滑曲线弧 L 上连续时,积分 $\int_L P(x, y) \mathrm{d}x$

及 $\int_L Q(x, y) \mathrm{d}y$ 都存在.

（2）上面两个积分都是在同一有向积分弧上积分,因此第二类曲线积分常见的形式为

$$I = \int_L P(x, y) \mathrm{d}x + Q(x, y) \mathrm{d}y$$

（3）物理意义:$W = \int_L P(x, y) \mathrm{d}x + Q(x, y) \mathrm{d}y$ 表示平面上变力 $F(x, y) = (P(x, y), Q(x, y))$ 沿着有向曲线弧 L 所做的功. 如果令 $\mathrm{d}r = (\mathrm{d}x, \mathrm{d}y)$,则向量形式为

$$W = \int_L F(x, y) \cdot \mathrm{d}r$$

3）定义的推广

设 Γ 为空间内一条光滑有向曲线,$\{\cos \alpha, \cos \beta, \cos \gamma\}$ 是曲线在点 (x, y, z) 处的与曲线方向一致的单位切向量,函数 $P(x, y, z)$,$Q(x, y, z)$,$R(x, y, z)$ 在 Γ 上有定义,则定义(假如各式右端的积分存在)

$$\int_\Gamma P(x, y, z) \mathrm{d}x = \int_\Gamma P(x, y, z) \cos \alpha \mathrm{d}s$$

$$\int_\Gamma Q(x, y, z) \mathrm{d}y = \int_\Gamma Q(x, y, z) \cos \beta \mathrm{d}s$$

$$\int_\Gamma R(x, y, z) \mathrm{d}z = \int_\Gamma R(x, y, z) \cos \gamma \mathrm{d}s$$

$$\int_L f(x, y, z) \mathrm{d}x = \lim_{\lambda \to 0} \sum_{i=1}^{n} f(\xi_i, \eta_i, \zeta_i) \Delta x_i$$

$$\int_L f(x, y, z) \mathrm{d}y = \lim_{\lambda \to 0} \sum_{i=1}^{n} f(\xi_i, \eta_i, \zeta_i) \Delta y_i$$

$$\int_L f(x,y,z)\,\mathrm{d}z = \lim_{\lambda \to 0} \sum_{i=1}^n f(\xi_i,\eta_i,\zeta_i)\Delta z_i$$

对坐标的曲线积分的简写形式为

$$\int_L P(x,y)\,\mathrm{d}x + \int_L Q(x,y)\,\mathrm{d}y = \int_L P(x,y)\,\mathrm{d}x + Q(x,y)\,\mathrm{d}y$$

$$\int_\Gamma P(x,y,z)\,\mathrm{d}x + \int_\Gamma Q(x,y,z)\,\mathrm{d}y + \int_\Gamma R(x,y,z)\,\mathrm{d}z$$

$$= \int_\Gamma P(x,y,z)\,\mathrm{d}x + Q(x,y,z)\,\mathrm{d}y + R(x,y,z)\,\mathrm{d}z$$

4）对坐标的曲线积分的性质

（1）如果把 L 分成 L_1 和 L_2，则

$$\int_L P\mathrm{d}x + Q\mathrm{d}y = \int_{L_1} P\mathrm{d}x + Q\mathrm{d}y + \int_{L_2} P\mathrm{d}x + Q\mathrm{d}y$$

（2）设 L 是有向曲线弧，L^- 是与 L 方向相反的有向曲线弧，则

$$\int_{L^-} P(x,y)\,\mathrm{d}x + Q(x,y)\,\mathrm{d}y = -\int_L P(x,y)\,\mathrm{d}x + Q(x,y)\,\mathrm{d}y$$

性质2表明,在求第二类曲线积分时要注意积分弧段的方向,也就是说积分弧段 L 是有方向的,这是区别于第一类曲线积分的最重要的标志.

9.2.2　对坐标的曲线积分的计算

具体的方法是化第二类曲线积分为定积分来计算. 由于积分弧的方程形式不同,因而化为定积分的公式也不一样.

（1）设 $P(x,y)$,$Q(x,y)$ 是定义在光滑有向曲线 $L: x = \varphi(t)$,$y = \psi(t)$ 上的连续函数,当参数 t 单调地由 α 变到 β 时,点 $M(x,y)$ 从 L 的起点 A 沿 L 运动到终点 B,$\varphi(t)$,$\psi(t)$ 在 $[\alpha,\beta]$ 或 $[\beta,\alpha]$ 上具有一阶连续导数,且 $\varphi'^2_{(t)} + \psi'^2_{(t)} \neq 0$,而 $P(x,y)$,$Q(x,y)$ 在有向曲线弧 L 上连续,则曲线积分 $\int_L P(x,y)\,\mathrm{d}y + Q(x,y)\,\mathrm{d}y$ 存在,且

$$\int_L P(x,y)\,\mathrm{d}x = \int_\alpha^\beta P[\varphi(t),\psi(t)]\varphi'(t)\,\mathrm{d}t$$

$$\int_L Q(x,y)\,\mathrm{d}y = \int_\alpha^\beta Q[\varphi(t),\psi(t)]\psi'(t)\,\mathrm{d}t$$

将两者结合起来写成

$$\int_L P(x,y)\,\mathrm{d}x + Q(x,y)\,\mathrm{d}y = \int_\alpha^\beta \{P[\varphi(t),\psi(t)]\varphi'(t) +$$
$$Q[\varphi(t),\psi(t)]\psi'(t)\}\,\mathrm{d}t \tag{9.1}$$

式(9.1)表明,计算第二类曲线积分$\int_L P(x,y)\,\mathrm{d}x + Q(x,y)\,\mathrm{d}y$时,只要把$x$, $y,\mathrm{d}x,\mathrm{d}y$依次换成$\varphi(t),\psi(t),\varphi'_{(t)}\,\mathrm{d}t,\psi'_{(t)}\,\mathrm{d}t$,将定积分的下(上)限$\alpha(\beta)$分别换成$L$的起(终)点的参数值.同时要注意,由于下限$\alpha$对应于$L$的起点,上限$\beta$对应于$L$的终点,所以这里下限$\alpha$未必小于上限$\beta$.

(2) 设L的方程为$y=\psi(x)$,从起点到终点,x从a变到b,则

$$\int_L P(x,y)\,\mathrm{d}x + Q(x,y)\,\mathrm{d}y = \int_a^b \{P[x,\psi_{(x)}] + Q[x,\psi_{(x)}]\psi'_{(x)}\}\,\mathrm{d}x \tag{9.2}$$

(3) 设L的方程为$x=\varphi(y)$,从起点到终点,y从c变到d,则

$$\int_L P(x,y)\,\mathrm{d}x + Q(x,y)\,\mathrm{d}y = \int_c^d \{P[\varphi_{(y)},y]\varphi'_{(y)} + Q[\varphi_{(y)},y]\}\,\mathrm{d}y \tag{9.3}$$

(4) 若空间曲线Γ由参数方程$x=\varphi(t),y=\psi(t),z=\omega(t)$给出,那么,曲线积分

$$\int_\Gamma P(x,y,z)\,\mathrm{d}x + Q(x,y,z)\,\mathrm{d}y + R(x,y,z)\,\mathrm{d}z$$
$$= \int_\alpha^\beta \{P[\varphi(t),\psi(t),\omega(t)]\varphi'(t) + Q[\varphi(t),\psi(t),$$
$$\omega(t)]\psi'(t) + R[\varphi(t),\psi(t),\omega(t)]\omega'(t)\}\,\mathrm{d}t \tag{9.4}$$

其中,α对应于Γ的起点,β对应于Γ的终点.

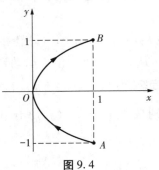

图 9.4

例1 计算$\int_L xy\,\mathrm{d}x$,其中L为抛物线$y^2=x$上从点$A(1,-1)$到点$B(1,1)$的一段弧(见图9.4).

解 解法1:以x为参数.L分为AO和OB两部分:

AO的方程为$y=-\sqrt{x}$,x从1变到0;OB的方程为$y=\sqrt{x}$,x从0变到1.因此

$$\int_L xy\,\mathrm{d}x = \int_{AO} xy\,\mathrm{d}x + \int_{OB} xy\,\mathrm{d}x$$
$$= \int_1^0 x(-\sqrt{x})\,\mathrm{d}x + \int_0^1 x\sqrt{x}\,\mathrm{d}x = 2\int_0^1 x^{\frac{3}{2}}\,\mathrm{d}x = \frac{4}{5}$$

解法2:以y为积分变量.L的方程为$x=y^2$,y从-1变到1.因此

$$\int_L xy\mathrm{d}x = \int_{-1}^{1} y^2 y(y^2)'\mathrm{d}y = 2\int_{-1}^{1} y^4 \mathrm{d}y = \frac{4}{5}$$

例2 计算$\int_L y^2 \mathrm{d}x$(见图9.5):

(1) L 为按逆时针方向绕行的上半圆周 $x^2 + y^2 = a^2$;

(2) L 为从点 $A(a,0)$ 沿 x 轴到点 $B(-a,0)$ 的直线段.

解 (1)L 的参数方程为

$$x = a\cos\theta, y = a\sin\theta$$

θ 从 0 变到 π. 因此

$$\int_L y^2 \mathrm{d}x = \int_0^{\pi} a^2 \sin^2\theta(-a\sin\theta)\mathrm{d}\theta = a^3 \int_0^{\pi}(1-\cos^2\theta)d\cos\theta = -\frac{4}{3}a^3$$

(2) L 的方程为 $y = 0$,x 从 a 变到 $-a$. 从而

$$\int_L y^2 \mathrm{d}x = \int_a^{-a} 0\mathrm{d}x = 0$$

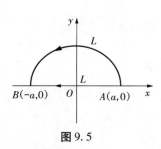

图9.5

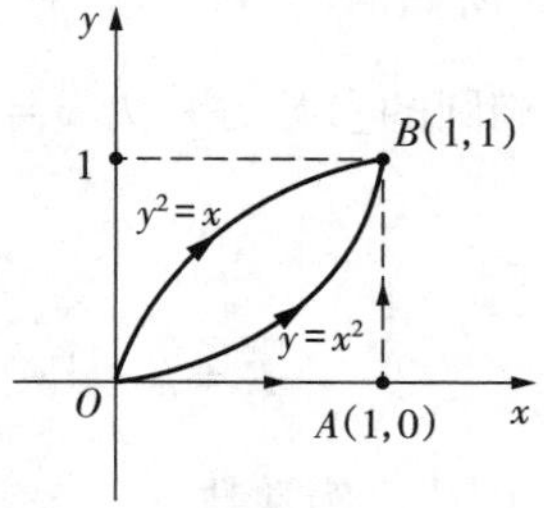

图9.6

例3 计算$\int_L 2xy\mathrm{d}x + x^2\mathrm{d}y$,其中 L 为(见图9.6):

(1) 抛物线 $y = x^2$ 上从 $O(0,0)$ 到 $B(1,1)$ 的一段弧;

(2) 抛物线 $x = y^2$ 上从 $O(0,0)$ 到 $B(1,1)$ 的一段弧;

(3) 从 $O(0,0)$ 到 $A(1,0)$,再到 R $(1,1)$ 的有向折线 OAB.

解 (1) $L:y = x^2$,x 从 0 变到 1. 所以

$$\int_L 2xy\mathrm{d}x + x^2\mathrm{d}y = \int_0^1 (2x \cdot x^2 + x^2 \cdot 2x)\mathrm{d}x = 4\int_0^1 x^3 \mathrm{d}x = 1$$

(2) $L:x = y^2$,y 从 0 变到 1. 所以

$$\int_L 2xy\mathrm{d}x + x^2\mathrm{d}y = \int_0^1 (2y^2 \cdot y \cdot 2y + y^4)\mathrm{d}y = 5\int_0^1 y^4 \mathrm{d}y = 1$$

(3) $OA:y = 0$,x 从 0 变到 1;$AB:x = 1$,y 从 0 变到 1. 故

$$\int_L 2xy\mathrm{d}x + x^2\mathrm{d}y = \int_{OA} 2xy\mathrm{d}x + x^2\mathrm{d}y + \int_{AB} 2xy\mathrm{d}x + x^2\mathrm{d}y$$

$$= \int_0^1 (2x \cdot 0 + x^2 \cdot 0)\mathrm{d}x + \int_0^1 (2y \cdot 0 + 1)\mathrm{d}y$$

$$= 0 + 1 = 1$$

例4 计算 $\int_\Gamma x^3\mathrm{d}x + 3zy^2\mathrm{d}y - x^2y\mathrm{d}z$,其中 Γ 是从点 $A(3,2,1)$ 到点 $B(0,0,0)$ 的直线段 AB.

解 直线 AB 的参数方程为 $x = 3t, y = 2t, x = t, t$ 从 1 变到 0. 所以

$$I = \int_1^0 \left[(3t)^3 \cdot 3 + 3t(2t)^2 \cdot 2 - (3t)^2 \cdot 2t \right]\mathrm{d}t = 87\int_1^0 t^3\mathrm{d}t = -\frac{87}{4}$$

例5 一个质点在力 $\boldsymbol{F}$ 的作用下从点 $A(a,0)$ 沿椭圆 $\dfrac{x^2}{a^2} + \dfrac{y^2}{b^2} = 1$ 按逆时针方向移动到点 $B(0,b)$,$\boldsymbol{F}$ 的大小与质点到原点的距离成正比,方向恒指向原点. 求力 $\boldsymbol{F}$ 所做的功 W.

解 椭圆的参数方程为 $x = a\cos t, y = b\sin t, t$ 从 0 变到 $\dfrac{\pi}{2}$. 故

$$\boldsymbol{r} = \overrightarrow{OM} = x\boldsymbol{i} + y\boldsymbol{j}$$

$$\boldsymbol{F} = k \cdot |\boldsymbol{r}| \cdot \left(-\frac{\boldsymbol{r}}{|\boldsymbol{r}|} \right) = -k(x\boldsymbol{i} + y\boldsymbol{j})$$

其中,$k > 0$ 是比例常数.

于是

$$W = \int_{\widehat{AB}} -kx\mathrm{d}x - ky\mathrm{d}y = -k\int_{\widehat{AB}} x\mathrm{d}x + y\mathrm{d}y$$

$$= -k\int_0^{\frac{\pi}{2}} (-a^2\cos t\sin t + b^2\sin t\cos t)\mathrm{d}t$$

$$= k(a^2 - b^2)\int_0^{\frac{\pi}{2}} \sin t\cos t\mathrm{d}t = \frac{k}{2}(a^2 - b^2)$$

9.2.3 两类曲线积分之间的联系

设有向曲线弧 L 的起点为 A,终点为 B,曲线弧 L 由参数方程 $x = \varphi(t), y = \psi(t)$ 给出,起点 A、终点 B 对应参数分别为 α, β(不妨设 $\alpha < \beta$). 设函数 $\varphi(t)$,$\psi(t)$ 在闭区间 $[\alpha, \beta]$ 上具有一阶连续导数,且 $\varphi'^2(t) + \psi'^2(t) \neq 0$,函数

$P(x,y),Q(x,y)$ 在 L 上连续(见图9.7).

一方面,由对坐标的曲线积分计算式
(9.1),有

$$\int_L P(x,y)\mathrm{d}x + Q(x,y)\mathrm{d}y$$

$$= \int_\alpha^\beta \big[P(\varphi(t),\psi(t))\varphi'(t) +$$

$$Q(\varphi(t),\psi(t))\psi'(t) \big]\mathrm{d}t$$

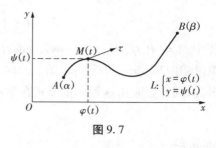

图 9.7

另一方面,向量 $\tau = \varphi'(t)\boldsymbol{i} + \psi'(t)\boldsymbol{j}$ 为曲线弧 L 上点 $M(\varphi(t),\psi(t))$ 处的一个切向量,指向与参数 t 增大时点 M 移动的方向一致,称这种指向与有向曲线弧的走向一致的切向量为有向曲线弧的切向量,这样有向曲线弧 L 的切向量 $\tau = (\varphi'(t),\psi'(t))$,它的方向余弦为

$$\cos\alpha = \frac{\varphi'(t)}{\sqrt{\varphi'(t)^2 + \psi'(t)^2}}, \quad \cos\beta = \frac{\psi'(t)}{\sqrt{\varphi'(t)^2 + \psi'(t)^2}}$$

由对弧长的曲线积分的计算公式,有

$$\int_L (P\cos\alpha + Q\cos\beta)\mathrm{d}s = \int_\alpha^\beta \Big\{ P[\varphi(t),\psi(t)] \frac{\varphi'(t)}{\sqrt{\varphi'(t)^2 + \psi'(t)^2}} + Q[\varphi(t),$$

$$\psi(t)] \frac{\psi'(t)}{\sqrt{\varphi'(t)^2 + \psi'(t)^2}} \Big\} \sqrt{\varphi'(t)^2 + \psi'(t)^2}\,\mathrm{d}t$$

$$= \int_\alpha^\beta \big\{ P[\varphi(t),\psi(t)]\psi'(t) +$$

$$Q[\varphi(t),\psi(t)]\psi'(t) \big\}\mathrm{d}t$$

与上式比较可知,平面曲线弧 L 上两类曲线积分之间有关系为

$$\int_L P\mathrm{d}x + Q\mathrm{d}y = \int_L (P\cos\alpha + Q\cos\beta)\mathrm{d}s$$

其中,$\alpha(x,y),\beta(x,y)$ 为有向曲线弧 L 在点 (x,y) 处的切向量的方向角.

推广到空间曲线 $\varGamma$ 上的两类曲线积分之间有

$$\int_L P\mathrm{d}x + Q\mathrm{d}y + R\mathrm{d}z = \int_\varGamma (P\cos\alpha + Q\cos\beta + R\cos\gamma)\mathrm{d}s$$

其中,$\alpha(x,y,z),\beta(x,y,z),\gamma(x,y,z)$ 为有向曲线弧 $\varGamma$ 在点 (x,y,z) 处的切向量的方向角.

两类曲线积分的联系可用向量的形式表达. 以空间曲线 $\varGamma$ 为例,在 $\varGamma$ 上两类曲线积分之间的联系可写为

$$\int_\Gamma A \cdot dr = \int_\Gamma A \cdot \tau ds = \int_\Gamma A\tau ds$$

其中, $A = (P, Q, R)$, $\tau = (\cos\alpha, \cos\beta, \cos\gamma)$ 为有向曲线弧 Γ 在点 (x, y, z) 处的单位切向量, $dr = \tau ds = (dx, dy, dz)$ 称为有向曲线元, $A\tau$ 为向量 A 在向量 τ 上的投影. 识别并会应用这种向量形式在学习场论时显得非常重要.

 **习题 9-2**

基础题

一、选择题

1. 设 $\overline{AB}$ 为由 $A(0, \pi)$ 到 $B(\pi, 0)$ 的直线段, 则 $\int_{\overline{AB}} \sin y \, dx + \sin x \, dy = $ (   ).

    A. 2   B. -1 C. 0   D. 1

2. 设 C 表示椭圆 $\dfrac{x^2}{a^2} + \dfrac{y^2}{b^2} = 1$, 其方向为逆时针, 则 $\int_C (x + y^2) \, dx = $ (   ).

    A. πab B. 0   C. $a + b^2$ D. 1

3. 设 C 为由 $A(1, 1)$ 到 $B(2, 3)$ 的直线段, 则 $\int_C (x + 3y) \, dx + (y + 3x) \, dy = $ (   ).

    A. $\int_1^2 [(x + 2x) + (2x + 3x)] \, dx$ B. $\int_1^2 [(x + 2x - 1) + (2x - 1 + 3x)] \, dx$

    C. $\int_1^2 [(7x - 3) + 2(5x - 1)] \, dx$ D. $\int_1^2 [(7x - 3) + (5x - 1)] \, dx$

4. 设曲线 C 的方程为 $x = \sqrt{\cos t}, y = \sqrt{\sin t} \left(0 \leqslant t \leqslant \dfrac{\pi}{2}\right)$, 则 $\int_C x^2 y \, dy - y^2 x \, dx = $ (   ).

    A. $\int_0^{\frac{\pi}{2}} (\cos t \sqrt{\sin t} - \sin t \sqrt{\cos t}) \, dt$

    B. $\int_0^{\frac{\pi}{2}} (\cos^2 t - \sin^2 t) \, dt$

C. $\int_0^{\frac{\pi}{2}} \cos t \sqrt{\sin t}\, \frac{\mathrm{d}t}{2\sqrt{\sin t}} - \int_0^{\frac{\pi}{2}} \sin t \sqrt{\cos t}\, \frac{\mathrm{d}t}{2\sqrt{\cos t}}$

D. $\frac{1}{2} \int_0^{\frac{\pi}{2}} \mathrm{d}t$

5. 设 $f(u)$ 连续可导, L 为以原点为心的单位圆, 则必有( ).

    A. $\oint_L f(x^2 + y^2)(x\mathrm{d}x + y\mathrm{d}y) = 0$ B. $\oint_L f(x^2 + y^2)(x\mathrm{d}y + y\mathrm{d}x) = 0$

    C. $\oint_L f(x^2 + y^2)(\mathrm{d}x + y\mathrm{d}y) = 0$ D. $\oint_L f(x^2 + y^2)(x\mathrm{d}x + \mathrm{d}y) = 0$

6. 设 C 是从 $O(0,0)$ 沿折线 $y = 1 - |x - 1|$ 到 $A(2,0)$ 的折线段, 则 $\int_C x\mathrm{d}y - y\mathrm{d}x = ($).

    A. 0   B. -1 C. -2 D. 2

二、填空题

1. L 为 xOy 平面内直线 $x = a$ 上的一段, 则 $\int_L P(x,y)\mathrm{d}x = $ _____.

2. 设 L 为 $y = x^2$ 上从 $O(0,0)$ 到 $A(2,4)$ 的一段弧, 则 $\int_L (x^2 - y^2)\mathrm{d}x = $ _____.

3. L 为圆弧 $y = \sqrt{4x - x^2}$ 上从原点到 $A(2,2)$ 的一段弧, 则 $\int_L xy\mathrm{d}y = $ _____.

4. 设 L 为圆周 $(x - a)^2 + y^2 = a^2 (a > 0)$ 及 x 轴所围成的在第一象限的区域的整个边界(按逆时针方向绕行), 则 $\int_L xy\mathrm{d}y = $ _____.

三、解答题

1. 计算 $\int_L (x + y)\mathrm{d}x + (y - x)\mathrm{d}y$, 其中 L 为:

(1) 抛物线 $x = y^2$ 上从 $(1,1)$ 到 $(4,2)$ 的一段弧;

(2) 从点 $(1,1)$ 到点 $(4,2)$ 的一直线段;

(3) 先沿直线从点 $(1,1)$ 到点 $(1,2)$, 然后再沿直线到点 $(4,2)$ 的折线;

(4) 曲线 $x = 2t^2 + t + 1, y = t^2 + 1$ 上从点 $(1,1)$ 到点 $(4,2)$ 的一段弧.

2. 计算 $\int_L y\mathrm{d}x + x\mathrm{d}y$,其中 L 为圆周 $x = R\cos t, y = R\sin t$ 上对应 t 从 0 到 $\dfrac{\pi}{2}$ 的一段弧.

3. 计算 $\oint_L \dfrac{(x+y)\mathrm{d}x - (x-y)\mathrm{d}y}{x^2 + y^2}$,其中 L 为圆周 $x^2 + y^2 = a^2$(方向按逆时针).

4. 计算 $\int_\Gamma x\mathrm{d}x + y\mathrm{d}y + (x + y - 1)\mathrm{d}z$,其中 Γ 为从点 $(1,1,1)$ 到点 $(2,3,4)$ 的直线段.

5. 计算 $\int_L (x^2 - 2xy)\mathrm{d}x + (y^2 - 2xy)\mathrm{d}y$,其中 L 是 $y = x^2$ 上从点 $(-1,1)$ 到点 $(1,1)$ 的一段弧.

提高题

1. 计算 $\int_L (2a - y)\mathrm{d}x - (a - y)\mathrm{d}y$,其中 L 为摆线 $x = a(t - \sin t), y = a(1 - \cos t)$ 的一拱(对应于由 t 从 0 变到 2π 的一段弧).

2. 把对坐标的曲线积分 $\int_L P(x,y)\mathrm{d}x + Q(x,y)\mathrm{d}y$ 化成对弧长的曲线积分,其中 L 为:

   (1) 在 xOy 平面内沿直线从点 $(0,0)$ 到 $(3,4)$;

   (2) 沿抛物线 $y = x^2$ 从点 $(0,0)$ 到点 $(4,2)$;

   (3) 沿上半圆周 $x^2 + y^2 = 2x$ 从点 $(0,0)$ 到点 $(1,1)$.

3. 设 L 为曲线 $x = t, y = t^2, z = t^3$ 上相应于 t 从 0 变到 1 的曲线弧,把对坐标的曲线积分 $\int_L P\mathrm{d}x + Q\mathrm{d}y + R\mathrm{d}z$ 化成对弧长的曲线积分.

4. 计算 $\int_L (3xy + \sin x)\mathrm{d}x + (x^2 - ye^y)\mathrm{d}y$,其中 L 为曲线 $y = x^2 - 2x$ 从 $(0,0)$ 到 $(4,8)$ 的一段弧.

§9.3　格林公式及其应用

9.3.1　格林公式

1) 单连通与复连通区域

设 D 为平面区域,如果 D 内任一闭曲线所围的部分都属于 D,则称 D 为平面单连通区域,否则称为复连通区域. 形象地说,单连通域是没有"空洞"的区域.

2) 区域 D 的边界曲线 L 的方向

对平面区域 D 的边界曲线 L,则规定 L 的正向如下:当观察者沿 L 的这个方向行走时,D 内在他近处的那一部分总在他的左边. 或者说,当 D 为单连通域时,L 取逆时针方向为正向;当 D 为多连通域时,外边界取逆时针方向为正向,内边界取顺时针方向为正向. 图 9.8(a) 中 L 为区域 D 的正向边界;图 9.8(b) 中 L 为区域 D 的负向边界;图 9.8(c) 中逆时针的 L_1 和顺时针的 L_2 共同构成区域 D 的正向边界.

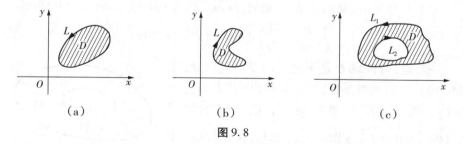

| (a) | (b) | (c) |

图 9.8

格林公式　设闭区域 D 由分段光滑的曲线 L 围成,函数 $P(x,y)$ 及 $Q(x,y)$ 在 D 上具有一阶连续偏导数,则有

$$\iint\limits_{D}\left(\frac{\partial Q}{\partial x}-\frac{\partial P}{\partial y}\right)\mathrm{d}x\mathrm{d}y=\oint_{L}P\mathrm{d}x+Q\mathrm{d}y \qquad (9.5)$$

其中,L 是 D 的取正向的边界曲线.

简要证明:

仅就 D 即是 X- 型的又是 Y- 型的区域情形进行证明(见图 9.9).

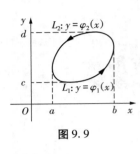

图 9.9

设 $D = \{(x,y) \mid \varphi_1(x) \leqslant y \leqslant \varphi_2(x), a \leqslant x \leqslant b\}$.

因为 $\dfrac{\partial P}{\partial y}$ 连续, 所以由二重积分的计算法有

$$\iint\limits_{D} \frac{\partial P}{\partial y} \mathrm{d}x\mathrm{d}y = \int_a^b \left\{ \int_{\varphi_1(x)}^{\varphi_2(x)} \frac{\partial P(x,y)}{\partial y} \mathrm{d}y \right\} \mathrm{d}x$$

$$= \int_a^b \{ P[x, \varphi_2(x)] - P[x, \varphi_1(x)] \} \mathrm{d}x$$

另一方面, 由对坐标的曲线积分的性质及计算法有

$$\oint_L P\mathrm{d}x = \int_{L_1} P\mathrm{d}x + \int_{L_2} P\mathrm{d}x = \int_a^b P[x, \varphi_1(x)] \mathrm{d}x + \int_b^a P[x, \varphi_2(x)] \mathrm{d}x$$

$$= \int_a^b \{ P[x, \varphi_1(x)] - P[x, \varphi_2(x)] \} \mathrm{d}x$$

因此

$$-\iint\limits_{D} \frac{\partial P}{\partial y} \mathrm{d}x\mathrm{d}y = \oint_L P\mathrm{d}x$$

设 $D = \{(x,y) \mid \psi_1(y) \leqslant x \leqslant \psi_2(y), c \leqslant y \leqslant d\}$. 类似的可证

$$\iint\limits_{D} \frac{\partial Q}{\partial x} \mathrm{d}x\mathrm{d}y = \oint_L Q\mathrm{d}x$$

由于 D 既是 X- 型的又是 Y- 型的, 故以上两式同时成立, 两式合并即得

$$\iint\limits_{D} \left(\frac{\partial Q}{\partial x} - \frac{\partial P}{\partial y} \right) \mathrm{d}x\mathrm{d}y = \oint_L P\mathrm{d}x + Q\mathrm{d}y$$

一般地, 若区域 D 是平面上的复连通区域 (见图 9.10), 可以做两条辅助线 AB 和 CD, 把 D 分为 D_1 和 D_2, 则 D_1, D_2 是单连通域, 把它们的边界线 $\overset{\frown}{ABCDA}, \overset{\frown}{ADCBA}$ 分别记为 L_1 和 L_2, 在 D_1, D_2 应用格式公式, 就有

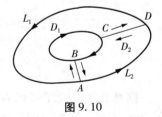

图 9.10

$$\iint\limits_{D_1} \left(\frac{\partial Q}{\partial x} - \frac{\partial P}{\partial y} \right) \mathrm{d}x\mathrm{d}y = \int_{L_1} P\mathrm{d}x + Q\mathrm{d}y$$

$$\iint\limits_{D_2} \left(\frac{\partial Q}{\partial x} - \frac{\partial P}{\partial y} \right) \mathrm{d}x\mathrm{d}y = \int_{L_2} P\mathrm{d}x + Q\mathrm{d}y$$

两式相加, 并注意到沿辅助线 AB 和 CD 的曲线积分相互抵消, 且在外围上积分路线是逆时针方向的, 所以恰好是整个积分路线的正方向, 于是, 在多连通域上

也有

$$\iint_D\left(\frac{\partial Q}{\partial x}-\frac{\partial P}{\partial y}\right)\mathrm{d}x\mathrm{d}y=\oint_L P\mathrm{d}x+Q\mathrm{d}y$$

注意:

对复连通区域D,格林公式右端应包括沿区域D的全部边界的曲线积分,且边界的方向对区域D来说都是正向.

设区域D的边界曲线为L,取$P=-y,Q=x$,则由格林公式得

$$2\iint_D\mathrm{d}x\mathrm{d}y=\oint_L x\mathrm{d}y-y\mathrm{d}x,\quad 或\ A=\iint_D\mathrm{d}x\mathrm{d}y=\frac{1}{2}\oint_L x\mathrm{d}y-y\mathrm{d}x \tag{9.6}$$

例1　椭圆$x=a\cos\theta,y=b\sin\theta$所围成图形的面积$A$.

解　根据式(9.6)有

$$\begin{aligned}A&=\frac{1}{2}\oint_L x\mathrm{d}y-y\mathrm{d}x\\&=\frac{1}{2}\int_0^{2\pi}(ab\cos^2\theta+ab\sin^2\theta)\mathrm{d}\theta\\&=\frac{1}{2}ab\int_0^{2\pi}\mathrm{d}0=\pi ab\end{aligned}$$

例2　计算$\oint_L(3x+y)\mathrm{d}y-(x-y)\mathrm{d}x$,$L$是圆周$(x-1)^2+(y-4)^2=9$,且为逆时针方向.

解　令$P=-(x-y),Q=3x+y$,则

$$\frac{\partial Q}{\partial x}-\frac{\partial P}{\partial y}=2$$

由式(9.5),有

$$\oint_L(3x+y)\mathrm{d}y-(x-y)\mathrm{d}x=\iint_D 2\mathrm{d}x\mathrm{d}y=2S_D=18\pi$$

例3　计算$\iint_D \mathrm{e}^{-y^2}\mathrm{d}x\mathrm{d}y$,其中$D$是以$O(0,0)$,$A(1,1)$,$B(0,1)$为顶点的三角形闭区域(见图9.11).

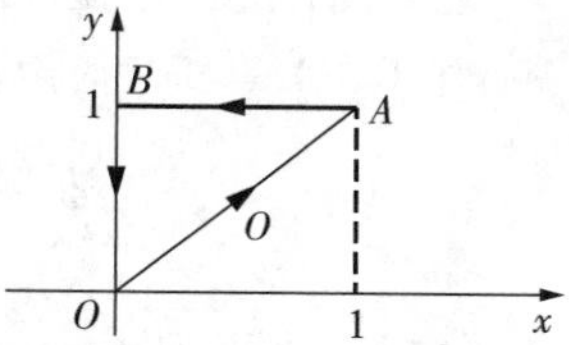

图9.11

分析　要使$\frac{\partial Q}{\partial x}-\frac{\partial P}{\partial y}=\mathrm{e}^{-y^2}$,只需$P=0,Q=x\mathrm{e}^{-y^2}$.

解　令$P=0,Q=x\mathrm{e}^{-y^2}$,则

$$\frac{\partial Q}{\partial x} - \frac{\partial P}{\partial y} = e^{-y^2}$$

由式(9.5)有

$$\iint_D e^{-y^2} dx dy = \int_{OA+AB+BO} x e^{-y^2} dy = \int_{OA} x e^{-y^2} dy = \int_0^1 x e^{-x^2} dx = \frac{1}{2}(1 - e^{-1})$$

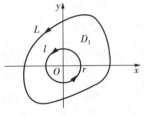

图 9.12

例 4　计算 $\oint_L \frac{x dy - y dx}{x^2 + y^2}$，其中 L 为一条无重点、分段光滑且不经过原点的连续闭曲线，L 的方向为逆时针方向(见图9.12).

解　令 $P = \frac{-y}{x^2 + y^2}$，$Q = \frac{x}{x^2 + y^2}$. 则当 $x^2 + y^2 \neq 0$ 时,有

$$\frac{\partial Q}{\partial x} = \frac{y^2 - x^2}{(x^2 + y^2)^2} = \frac{\partial P}{\partial y}$$

记 L 所围成的闭区域为 D. 当 $(0,0) \notin D$ 时,由格林公式得

$$\oint_L \frac{x dy - y dx}{x^2 + y^2} = 0$$

当 $(0,0) \in D$ 时,在 D 内取一圆周 $l : x^2 + y^2 = r^2 (r > 0)$. 由 L 及 l 围成了一个复连通区域 D_1,应用格林公式得

$$\oint_L \frac{x dy - y dx}{x^2 + y^2} - \oint_l \frac{x dy - y dx}{x^2 + y^2} = 0$$

其中,l 的方向取逆时针方向.

于是

$$\oint_L \frac{x dy - y dx}{x^2 + y^2} = \oint_l \frac{x dy - y dx}{x^2 + y^2} = \int_0^{2\pi} \frac{r^2 \cos^2\theta + r^2 \sin^2\theta}{r^2} d\theta = 2\pi$$

记 L 所围成的闭区域为 D.

当 $(0,0) \notin D$ 时,由格林公式得

$$\oint_L \frac{x dy - y dx}{x^2 + y^2} = \iint_D \left(\frac{\partial Q}{\partial x} - \frac{\partial P}{\partial y} \right) dx dy = 0$$

分析　这里 $P = \frac{-y}{x^2 + y^2}$，$Q = \frac{x}{x^2 + y^2}$,当 $x^2 + y^2 \neq 0$ 时,有

$$\frac{\partial Q}{\partial x} = \frac{y^2 - x^2}{(x^2 + y^2)^2} = \frac{\partial P}{\partial y}$$

9.3.2 平面上曲线积分与路径无关的条件

设 G 是一个开区域, $P(x,y)$, $Q(x,y)$ 在区域 G 内具有一阶连续偏导数. 如果对于 G 内任意指定的两个点 A, B 以及 G 内从点 A 到点 B 的任意两条曲线 L_1, L_2(见图 9.13), 等式

$$\int_{L_1} P\mathrm{d}x + Q\mathrm{d}y = \int_{L_2} P\mathrm{d}x + Q\mathrm{d}y$$

恒成立, 就说曲线积分 $\int_L P\mathrm{d}x + Q\mathrm{d}y$ 在 G 内**与路径无关**, 否则说与路径有关.

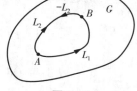

图 9.13

设曲线积分 $\int_L P\mathrm{d}x + Q\mathrm{d}y$ 在 G 内与路径无关, L_1 和 L_2 是 G 内任意两条从点 A 到点 B 的曲线, 则有

$$\int_{L_1} P\mathrm{d}x + Q\mathrm{d}y = \int_{L_2} P\mathrm{d}x + Q\mathrm{d}y$$

因为

$$\int_{L_1} P\mathrm{d}x + Q\mathrm{d}y = \int_{L_2} P\mathrm{d}x + Q\mathrm{d}y \Leftrightarrow \int_{L_1} P\mathrm{d}x + Q\mathrm{d}y - \int_{L_2} P\mathrm{d}x + Q\mathrm{d}y = 0$$

$$\Leftrightarrow \int_{L_1} P\mathrm{d}x + Q\mathrm{d}y + \int_{L_2^-} P\mathrm{d}x + Q\mathrm{d}y = 0 \Leftrightarrow \oint_{L_1+(L_2^-)} P\mathrm{d}x + Q\mathrm{d}y = 0$$

所以有以下结论:

曲线积分 $\int_L P\mathrm{d}x + Q\mathrm{d}y$ 在 G 内与路径无关相当于沿 G 内任意闭曲线 C 的曲线积分 $\oint_L P\mathrm{d}x + Q\mathrm{d}y$ 等于零.

定理 1 设开区域 G 是一个单连通域, 函数 $P(x,y)$ 及 $Q(x,y)$ 在 G 内具有一阶连续偏导数, 则曲线积分 $\int_L P\mathrm{d}x + Q\mathrm{d}y$ 在 G 内与路径无关(或沿 G 内任意闭曲线的曲线积分为零)的充分必要条件是等式

$$\frac{\partial P}{\partial y} = \frac{\partial Q}{\partial x}$$

在 G 内恒成立.

证 先证充分性:

若 $\dfrac{\partial P}{\partial y} = \dfrac{\partial Q}{\partial x}$, 则 $\dfrac{\partial Q}{\partial x} - \dfrac{\partial P}{\partial y} = 0$, 由格林公式, 对任意闭曲线 L, 有

$$\oint_L P\mathrm{d}x + Q\mathrm{d}y = \iint_D \left(\frac{\partial Q}{\partial x} - \frac{\partial P}{\partial y} \right) \mathrm{d}x\mathrm{d}y = 0$$

再证必要性:假设存在一点 $M_0 \in G$,使 $\frac{\partial Q}{\partial x} - \frac{\partial P}{\partial y} = \eta \neq 0$,不妨设 $\eta > 0$,则由

$\frac{\partial Q}{\partial x} - \frac{\partial P}{\partial y}$ 的连续性可知,存在 M_0 的一个 δ 邻域 $U(M_0, \delta)$,使在此邻域内有

$\frac{\partial Q}{\partial x} - \frac{\partial P}{\partial y} \geqslant \frac{\eta}{2}$. 于是,沿邻域 $U(M_0, \delta)$ 边界 l 的闭曲线积分

$$\oint_l P\mathrm{d}x + Q\mathrm{d}y = \iint_{U(M_0, \delta)} \left(\frac{\partial Q}{\partial x} - \frac{\partial P}{\partial y} \right) \mathrm{d}x\mathrm{d}y \geqslant \frac{\eta}{2} \cdot \pi \delta^2 > 0$$

这与闭曲线积分为零相矛盾,因此,在 G 内 $\frac{\partial Q}{\partial x} - \frac{\partial P}{\partial y} = 0$.

注意:

定理要求,区域 G 是单连通区域,且函数 $P(x,y)$ 及 $Q(x,y)$ 在 G 内具有一阶连续偏导数. 如果这两个条件之一不能满足,那么,定理的结论不能保证成立.

破坏函数 P, Q 及 $\frac{\partial P}{\partial y}, \frac{\partial Q}{\partial x}$ 连续性的点称为奇点.

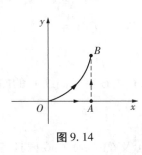

图 9.14

例 5 计算 $\int_L 2xy\mathrm{d}x + x^2\mathrm{d}y$,其中 L 为抛物线 $y = x^2$ 上从 $O(0,0)$ 到 $B(1,1)$ 的一段弧(见图 9.14).

解 因为 $\frac{\partial P}{\partial y} = \frac{\partial Q}{\partial x} = 2x$ 在整个 xOy 面内都成立,所以在整个 xOy 面内,积分 $\int_L 2xy\mathrm{d}x + x^2\mathrm{d}y$ 与路径无关,故可选取便于计算的折线 OAB 进行计算,这里 OA 的方程为 $y = 0(\mathrm{d}y = 0)$,AB 的方程为 $x = 1(\mathrm{d}x = 0)$,则

$$\int_L 2xy\mathrm{d}x + x^2\mathrm{d}y = \int_{OA} 2xy\mathrm{d}x + x^2\mathrm{d}y + \int_{AB} 2xy\mathrm{d}x + x^2\mathrm{d}y$$

$$= \int_0^1 1^2\mathrm{d}y = 1$$

9.3.3 二元函数的全微分求积

曲线积分在 G 内与路径无关,表明曲线积分的值只与起点从点 (x_0, y_0) 与终点 (x, y) 有关.

如果 $\int_L P\mathrm{d}x + Q\mathrm{d}y$ 与路径无关,则把它记为

$$\int_{(x_0,y_0)}^{(x,y)} P\mathrm{d}x + Q\mathrm{d}y$$

即

$$\int_L P\mathrm{d}x + Q\mathrm{d}y = \int_{(x_0,y_0)}^{(x,y)} P\mathrm{d}x + Q\mathrm{d}y$$

若起点 (x_0,y_0) 为 G 内的一定点,终点 (x,y) 为 G 内的动点,则

$$u(x,y) = \int_{(x_0,y_0)}^{(x,y)} P\mathrm{d}x + Q\mathrm{d}y$$

为 G 内的函数.

二元函数 $u(x,y)$ 的全微分为

$$\mathrm{d}u(x,y) = u_x(x,y)\mathrm{d}x + u_y(x,y)\mathrm{d}y$$

表达式 $P(x,y)\mathrm{d}x + Q(x,y)\mathrm{d}y$ 与函数的全微分有相同的结构,但它未必就是某个函数的全微分. 那么,在什么条件下表达式 $P(x,y)\mathrm{d}x + Q(x,y)\mathrm{d}y$ 是某个二元函数 $u(x,y)$ 的全微分呢? 当这样的二元函数存在时,怎样求出这个二元函数呢?

定理2 设开区域 G 是一个单连通域,函数 $P(x,y)$ 及 $Q(x,y)$ 在 G 内具有一阶连续偏导数,则 $P(x,y)\mathrm{d}x + Q(x,y)\mathrm{d}y$ 在 G 内为某一函数 $u(x,y)$ 的全微分的充分必要条件是等式

$$\frac{\partial P}{\partial y} = \frac{\partial Q}{\partial x}$$

在 G 内恒成立.

简要证明:

必要性:假设存在某一函数 $u(x,y)$,使得 $\mathrm{d}u = P(x,y)\mathrm{d}x + Q(x,y)\mathrm{d}y$,则有

$$\frac{\partial P}{\partial y} = \frac{\partial}{\partial y}\left(\frac{\partial u}{\partial x}\right) = \frac{\partial^2 u}{\partial x \partial y},\quad \frac{\partial Q}{\partial x} = \frac{\partial}{\partial x}\left(\frac{\partial u}{\partial y}\right) = \frac{\partial^2 u}{\partial y \partial x}$$

因为 $\dfrac{\partial^2 u}{\partial x \partial y} = \dfrac{\partial P}{\partial y}$,$\dfrac{\partial^2 u}{\partial y \partial x} = \dfrac{\partial Q}{\partial x}$ 连续,所以 $\dfrac{\partial^2 u}{\partial x \partial y} = \dfrac{\partial^2 u}{\partial y \partial x}$,即

$$\frac{\partial P}{\partial y} = \frac{\partial Q}{\partial x}$$

充分性:因为在 G 内 $\dfrac{\partial P}{\partial y} = \dfrac{\partial Q}{\partial x}$,所以积分 $\int_L P(x,y)\mathrm{d}x + Q(x,y)\mathrm{d}y$ 在 G 内与路径无关. 在 G 内从点 (x_0,y_0) 到点 (x,y) 的曲线积分可表示为

$$u(x,y) = \int_{(x_0,y_0)}^{(x,y)} P(x,y)\,\mathrm{d}x + Q(x,y)\,\mathrm{d}y$$

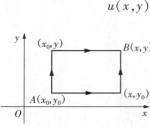

因为曲线积分 $\int_{\widehat{AB}} P\mathrm{d}x + \theta\mathrm{d}y = \int_{(x_0,y_0)}^{(x,y)} P\mathrm{d}x + \theta\mathrm{d}y$

与积分路径无关,用曲线积分求原函数 $u(x,y)$ 时,可选取平行于坐标轴的直线段作为积分路径 (见图 9.15),即

图 9.15

$$u(x,y) = \int_{(x_0,y_0)}^{(x,y)} P(x,y)\,\mathrm{d}x + Q(x,y)\,\mathrm{d}y$$
$$= \int_{y_0}^{y} Q(x_0,y)\,\mathrm{d}y + \int_{x_0}^{x} P(x,y)\,\mathrm{d}x$$

所以

$$\frac{\partial u}{\partial x} = \frac{\partial}{\partial x}\int_{y_0}^{y} Q(x_0,y)\,\mathrm{d}y + \frac{\partial}{\partial x}\int_{x_0}^{x} P(x,y)\,\mathrm{d}x = P(x,y)$$

类似的,有 $\dfrac{\partial u}{\partial y} = Q(x,y)$,从而 $\mathrm{d}u = P(x,y)\,\mathrm{d}x + Q(x,y)\,\mathrm{d}y$. 即 $P(x,y)\,\mathrm{d}x + Q(x,y)\,\mathrm{d}y$ 是某一函数的全微分.

求原函数的公式:

$$u(x,y) = \int_{(x_0,y_0)}^{(x,y)} P(x,y)\,\mathrm{d}x + Q(x,y)\,\mathrm{d}y \tag{9.7}$$

$$u(x,y) = \int_{x_0}^{x} P(x,y_0)\,\mathrm{d}x + \int_{y_0}^{y} Q(x,y)\,\mathrm{d}y \tag{9.8}$$

$$u(x,y) = \int_{y_0}^{y} Q(x_0,y)\,\mathrm{d}y + \int_{x_0}^{x} P(x,y)\,\mathrm{d}x \tag{9.9}$$

例6 验证:$\dfrac{x\mathrm{d}y - y\mathrm{d}x}{x^2 + y^2}$ 在右半平面 $(x > 0)$ 内是某个函数的全微分,并求出一个这样的函数.

解 这里

$$P = \frac{-y}{x^2 + y^2}, \qquad Q = \frac{x}{x^2 + y^2}$$

因为 P, Q 在右半平面内具有一阶连续偏导数,且有

$$\frac{\partial Q}{\partial x} = \frac{y^2 - x^2}{(x^2 + y^2)^2} = \frac{\partial P}{\partial y}$$

所以在右半平面内,$\dfrac{x\mathrm{d}y - y\mathrm{d}x}{x^2 + y^2}$ 是某个函数的全微分.

取积分路线为从 $A(1,0)$ 到 $B(x,0)$ 再到 $C(x,y)$ 的折线,取 $x_0 = 1$,$y_0 = 0$,利用式(9.8),则所求函数为

$$u(x,y) = \int_{(1,0)}^{(x,y)} \frac{x\mathrm{d}y - y\mathrm{d}x}{x^2 + y^2}$$

$$= \int_1^x P(x,0)\,\mathrm{d}x + \int_0^y Q(x,y)\,\mathrm{d}y$$

$$= 0 + \int_0^y \frac{x\mathrm{d}y}{x^2 + y^2}$$

$$= \arctan\frac{y}{x}.$$

问:为什么 (x_0,y_0) 不取 $(0,0)$?

例7 验证:在整个 xOy 面内,$xy^2\mathrm{d}x + x^2y\mathrm{d}y$ 是某个函数的全微分,并求出一个这样的函数.

解 这里

$$P = xy^2,\ Q = x^2y$$

因为 P,Q 在整个 xOy 面内具有一阶连续偏导数,且有

$$\frac{\partial Q}{\partial x} = 2xy = \frac{\partial P}{\partial y}$$

所以在整个 xOy 面内,$xy^2\mathrm{d}x + x^2y\mathrm{d}y$ 是某个函数的全微分.

取积分路线为从 $O(0,0)$ 到 $A(x,0)$ 再到 $B(x,y)$ 的折线,取 $x_0 = 0$,$y_0 = 0$,利用式(9.8),则所求函数为

$$u(x,y) = \int_{(0,0)}^{(x,y)} xy^2\mathrm{d}x + x^2y\mathrm{d}y = 0 + \int_0^y x^2y\mathrm{d}y = x^2\int_0^y y\mathrm{d}y = \frac{x^2y^2}{2}$$

 **习题 9-3**

基础题

一、选择题

1. 设 C 是圆周 $x^2 + y^2 = R^2$,方向为逆时针方向,则 $\oint_C -x^2y\mathrm{d}x + xy^2\mathrm{d}y$ 用格林公式计算可化为(　　).

A. $\int_0^{2\pi} \mathrm{d}\theta \int_0^R r^3 \mathrm{d}r$ B. $\int_0^{2\pi} \mathrm{d}\theta \int_0^R r^2 \mathrm{d}r$

C. $\int_0^{2\pi} \mathrm{d}\theta \int_0^R -4r^3 \sin\theta \cos\theta \mathrm{d}r$ D. $\int_0^{2\pi} \mathrm{d}\theta \int_0^R R^2 r \mathrm{d}r$

2. 设 L 是圆周 $x^2 + y^2 = a^2$,方向为负向,则 $\oint_L (x^3 - x^2 y)\mathrm{d}x + (xy^2 - y^3)\mathrm{d}y =$ ( ).

    A. $\dfrac{2\pi}{3} a^3$ B. $-\pi a^4$ C. $\dfrac{3}{4}\pi a^3$ D. $-\dfrac{\pi}{2} a^4$

3. 设 L 是从 $O(0,0)$ 沿折线 $y = 2 - |x - 2|$ 到 $A(4,0)$ 的折线段,则 $\int_C x\mathrm{d}y - y\mathrm{d}x = ($).

    A. 8   B. -8 C. -4 D. 4

4. 设 $P(x,y), Q(x,y)$ 在单连通区域 D 内具有一阶连续偏导数,则 $\int_L P\mathrm{d}x + Q\mathrm{d}y$ 在 D 内与路径无关的充分必要条件是在 D 内恒有(   ).

    A. $\dfrac{\partial Q}{\partial x} + \dfrac{\partial P}{\partial y} = 0$ B. $\dfrac{\partial Q}{\partial x} - \dfrac{\partial P}{\partial y} = 0$

    C. $\dfrac{\partial P}{\partial x} - \dfrac{\partial Q}{\partial y} = 0$ D. $\dfrac{\partial P}{\partial x} + \dfrac{\partial Q}{\partial y} = 0$

5. 设 L 为一条不过原点,不含原点在内的简单闭曲线,则 $\oint_L \dfrac{x\mathrm{d}y - y\mathrm{d}x}{x^2 + 4y^2} =$ ( ).

    A. 4π B. π C. 2π D. 0

6. 设 L 为一条包含原点在内的简单闭曲线,则 $I = \oint_L \dfrac{x\mathrm{d}y - y\mathrm{d}x}{x^2 + 4y^2} = ($).

    A. 因为 $\dfrac{\partial Q}{\partial x} = \dfrac{\partial P}{\partial y}$,所以 $I = 0$

    B. 因为 $\dfrac{\partial Q}{\partial x}, \dfrac{\partial P}{\partial y}$ 不连续,所以 L 不存在

    C. 2π

    D. 因为 $\dfrac{\partial Q}{\partial x} \neq \dfrac{\partial P}{\partial y}$,所以沿不同的 L,I 的值不同

7. 表达式 $P(x,y)\mathrm{d}x - Q(x,y)\mathrm{d}y$ 为某函数 $U(x,y)$ 的全微分的充分必要条件是(   ).

A. $\dfrac{\partial P}{\partial x} = \dfrac{\partial Q}{\partial y}$ B. $\dfrac{\partial P}{\partial y} = \dfrac{\partial Q}{\partial x}$

C. $\dfrac{\partial P}{\partial x} = -\dfrac{\partial Q}{\partial y}$ D. $\dfrac{\partial P}{\partial y} = -\dfrac{\partial Q}{\partial x}$

8. 已知 $\dfrac{(x + ay)\,\mathrm{d}x + y\mathrm{d}y}{(x + y)^2}$ 为某函数 $U(x,y)$ 的全微分,则 $a = ($ $)$.

A. 0   B. 2   C. -1 D. 1

9. 设 L 是从点 $A(1,1)$ 到点 $B(2,3)$ 的直线段,则 $\displaystyle\int_L (x + 3y)\,\mathrm{d}x + (y + 3x)\,\mathrm{d}y =$

$($ $)$.

A. $\displaystyle\int_1^2 (x + 3)\,\mathrm{d}x + \int_1^3 (y + 6)\,\mathrm{d}y$

B. $\displaystyle\int_1^2 \left[(x + 6x) + (2x + 3x) \right]\mathrm{d}x$

C. $\displaystyle\int_1^2 (3x + 1)\,\mathrm{d}x + \int_1^3 \left(y + 3 \cdot \dfrac{y + 1}{2} \right)\mathrm{d}y$

D. $\displaystyle\int_1^2 \left[(3x - 1) + (5x + 1) \right]\mathrm{d}x$

二、填空题

1. 设区域 D 的边界为 L,方向为正向,D 的面积为 σ. 则 $\displaystyle\oint_L x\mathrm{d}y - y\mathrm{d}x =$

_____.

2. 设 $f(x,y)$ 在 $D: \dfrac{x^2}{4} + y^2 \leqslant 1$ 上具有二阶连续偏导数,L 是 D 的边界正向,则

$\displaystyle\oint_L f_y(x,y)\,\mathrm{d}y - \left[3y - f_x(x,y) \right]\mathrm{d}x =$ _____.

3. 设 L 是圆周 $x^2 + y^2 = 9$,方向为逆时针,则 $\displaystyle\oint_L (2xy - y)\,\mathrm{d}x + (x^2 - 4x)\,\mathrm{d}y =$

_____.

4. 设 L 为圆周 $x^2 + y^2 = 1$ 上从 $A(1,0)$ 到 $B(0,1)$ 再到 $C(-1,0)$ 的曲线段,

则 $\displaystyle\int_L e^{y^2}\,\mathrm{d}y =$ _____.

5. $\displaystyle\int_{(0,0)}^{(2,2)} 2xy\mathrm{d}x + (x^2 - 3)\,\mathrm{d}y =$ _____.

6. 设 L 为直线 $y = x$ 从 $O(0,0)$ 到 $A(2,2)$ 的一段线段,则 $\displaystyle\int_L e^{y^2}\,\mathrm{d}x + 2xy e^{y^2}\,\mathrm{d}y =$

_____.

三、解答题

1. 计算 $\oint_L \dfrac{y\mathrm{d}x - x\mathrm{d}y}{2(x^2 + y^2)}$，其中 L 为圆周 $(x - 1)^2 + y^2 = 2$ 的正向.

2. 计算 $\oint_L (2x - y + 4)\mathrm{d}x + (5y + 3x - 6)\mathrm{d}y$，其中 L 是顶点分别为 $(0,0)$，$(3,0)$ 和 $(3,2)$ 的三角形正向边界.

3. 计算 $\displaystyle\int_L (2xy^3 - y^2\cos x)\mathrm{d}x + (1 - 2y\sin x + 3x^2 y^2)\mathrm{d}y$，其中 L 为抛物线 $2x = \pi y^2$ 上由点 $(0,0)$ 到 $\left(\dfrac{\pi}{2}, 1\right)$ 的一段弧.

4. 计算 $\displaystyle\int_L (x^2 - y)\mathrm{d}x - (x + \sin^2 y)\mathrm{d}y$，其中 L 是圆周 $y = \sqrt{2x - x^2}$ 上由 $(0,0)$ 到 $(1,1)$ 的一段弧.

5. 证明下列曲线积分与路径无关，并计算积分值：

（1）$\displaystyle\int_{(1,1)}^{(2,3)} (x + y)\mathrm{d}x + (x - y)\mathrm{d}y$；

（2）$\displaystyle\int_{(1,0)}^{(2,1)} (2xy - y^4 + 3)\mathrm{d}x + (x^2 - 4xy^3)\mathrm{d}y$.

6. 验证下列 $P(x,y)\mathrm{d}x + Q(x,y)\mathrm{d}y$ 在整个 xOy 平面内是某函数 $u(x,y)$ 的全微分，并求函数 $u(x,y)$.

（1）$(x + 2y)\mathrm{d}x + (2x + y)\mathrm{d}y$；

（2）$2xy\mathrm{d}x + x^2\mathrm{d}y$；

（3）$(2x\cos y + y^2\cos x)\mathrm{d}x + (2y\sin x - x^2\sin y)\mathrm{d}y$.

7. 用格林公式计算 $\displaystyle\int_L (x - x^2 y)\mathrm{d}x + (xy^2 - y^3 + 2)\mathrm{d}y$，其中 L 是圆周 $y = \sqrt{2x - x^2}$ 上由 $A(2,0)$ 到 $O(0,0)$ 的一段弧.

8. 用格林公式计算 $\displaystyle\int_L (2xy - y^4 + 3)\mathrm{d}x + (x^2 + x - 4xy^3)\mathrm{d}y$，其中 L 是圆周 $y = \sqrt{1 - x^2}$ 上由 $A(1,0)$ 到 $B(-1,0)$ 的一段弧.

提高题

1. 计算 $\displaystyle\int_L (\mathrm{e}^x\sin y - my)\mathrm{d}x + (\mathrm{e}^x\cos y - mx)\mathrm{d}y$，其中 L 为 $x = a(t - \sin t)$，$y = a(1 - \cos t)$，$0 \leqslant t \leqslant \pi$，且 t 从大的方向为积分路径的方向.

2. 确定 λ 的值,使曲线积分 $\int_{\alpha}^{\beta} (x^4 + 4xy^{\lambda}) \mathrm{d}x + (6x^{\lambda-1}y^2 - 5y^4) \mathrm{d}y$ 与积分路径无关,并求 $A(0,0)$,$B(1,2)$ 时的积分值.

3. 计算积分 $\oint_{L} (2xy - x^2) \mathrm{d}x + (x + y^2) \mathrm{d}y$,其中 L 是由抛物线 $y = x^2$ 和 $y^2 = x$ 所围成区域的正向边界曲线,并验证格林公式的正确性.

4. 利用曲线积分求星形线 $x = a\cos^3 t$,$y = a\sin^3 t$ 所围成的图形的面积.

5. 证明曲线积分 $\int_{(1,2)}^{(3,4)} (6xy^2 - y^3) \mathrm{d}x + (6x^2 y - 3xy^2) \mathrm{d}y$ 在整个 xOy 平面内与路径无关,并计算积分值.

§9.4　对面积的曲面积分

9.4.1　对面积的曲面积分的概念与性质

1) 物质曲面的质量问题

设 Σ 为面密度非均匀的物质曲面,其面密度为 $\rho(x,y,z)$,求其质量:把曲面分成 n 个小块:ΔS_1,ΔS_2,$\cdots$,ΔS_n(ΔS_i 也代表第 i 个曲面的面积);求质量的近似值:$\sum_{i=1}^{n} \rho(\xi_i,\eta_i,\zeta_i) \Delta S_i$(($\xi_i,\eta_i,\zeta_i$) 是 ΔS_i 上任意一点);取极限求精确值:$M = \lim_{\lambda \to 0} \sum_{i=1}^{n} \rho(\xi_i,\eta_i,\zeta_i) \Delta S_i$($\lambda$ 为各小块曲面直径的最大值).

定义　设曲面 Σ 是光滑的,函数 $f(x,y,z)$ 在 Σ 上有界. 把 Σ 任意分成 n 小块:ΔS_1,ΔS_2,$\cdots$,ΔS_n(ΔS_i 也代表第 i 个曲面的面积),在 ΔS_i 上任取一点(ξ_i,η_i,ζ_i),如果当各小块曲面的直径的最大值 $\lambda \to 0$ 时,极限 $\lim_{\lambda \to 0} \sum_{i=1}^{n} f(\xi_i,\eta_i,\zeta_i) \Delta S_i$ 总存在,则称此极限为函数 $f(x,y,z)$ 在曲面 Σ 上**对面积的曲面积分**或**第一类曲面积分**,记作 $\iint_{\Sigma} f(x,y,z) \mathrm{d}S$,即

$$\iint\limits_{\Sigma} f(x,y,z)\,\mathrm{d}S = \lim_{\lambda \to 0} \sum_{i=1}^{n} f(\xi_i, \eta_i, \zeta_i)\Delta S_i$$

其中, $f(x,y,z)$ 称为**被积函数**, Σ 称为**积分曲面**, $\mathrm{d}S$ 称为**面积元素**.

2) 对面积的曲面积分的存在性

我们指出,当 $f(x,y,z)$ 在光滑曲面 Σ 上连续时对面积的曲面积分是存在的. 今后总假定 $f(x,y,z)$ 在 Σ 上连续.

根据上述定义面密度为连续函数 $\rho(x,y,z)$ 的光滑曲面 Σ 的质量 M 可表示为 $\rho(x,y,z)$ 在 Σ 上对面积的曲面积分为

$$M = \iint\limits_{\Sigma} f(x,y,z)\,\mathrm{d}S$$

如果 Σ 是分片光滑的,我们规定函数在 Σ 上对面积的曲面积分等于函数在光滑的各片曲面上对面积的曲面积分之和. 例如,设 Σ 可分成两片光滑曲面 Σ_1 及 Σ_2 (记作 $\Sigma = \Sigma_1 + \Sigma_2$) ,就规定

$$\iint\limits_{\Sigma_1+\Sigma_2} f(x,y,z)\,\mathrm{d}S = \iint\limits_{\Sigma_1} f(x,y,z)\,\mathrm{d}S + \iint\limits_{\Sigma_2} f(x,y,z)\,\mathrm{d}S$$

3) 对面积的曲面积分的性质

(1) 设 c_1, c_2 为常数,则

$$\iint\limits_{\Sigma} [c_1 f(x,y,z) + c_2 g(x,y,z)]\,\mathrm{d}S = c_1 \iint\limits_{\Sigma} f(x,y,z)\,\mathrm{d}S + c_2 \iint\limits_{\Sigma} g(x,y,z)\,\mathrm{d}S$$

(2) 若曲面 Σ 可分成两片光滑曲面 Σ_1 及 Σ_2,则

$$\iint\limits_{\Sigma} f(x,y,z)\,\mathrm{d}S = \iint\limits_{\Sigma_1} f(x,y,z)\,\mathrm{d}S + \iint\limits_{\Sigma_2} f(x,y,z)\,\mathrm{d}S$$

(3) 设在曲面 Σ 上 $f(x,y,z) \leqslant g(x,y,z)$,则

$$\iint\limits_{\Sigma} f(x,y,z)\,\mathrm{d}S \leqslant \iint\limits_{\Sigma} g(x,y,z)\,\mathrm{d}S$$

(4) $\iint\limits_{\Sigma} \mathrm{d}S = A$,其中 A 为曲面 Σ 的面积.

9.4.2　对面积的曲面积分的计算

面密度为 $f(x,y,z)$ 的物质曲面的质量为

$$M = \lim_{\lambda \to 0} \sum_{i=1}^{n} f(\xi_i, \eta_i, \zeta_i)\Delta S_i = \iint\limits_{\Sigma} f(x,y,z)\,\mathrm{d}S$$

另一方面,如果 Σ 由方程 $z = z(x,y)$ 给出,Σ 在 xOy 面上的投影区域为 D(见图 9.16),那么,曲面的**面积元素为**

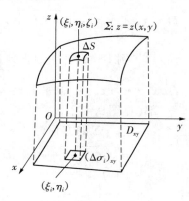

图 9.16

$$\mathrm{d}A = \sqrt{1 + z_x^2(x,y) + z_y^2(x,y)}\,\mathrm{d}x\mathrm{d}y$$

质量元素为

$$f[x,y,z(x,y)]\mathrm{d}A = f[x,y,z(x,y)]$$
$$\sqrt{1 + z_x^2(x,y) + z_y^2(x,y)}\,\mathrm{d}x\mathrm{d}y$$

根据元素法,曲面的质量为

$$M = \iint\limits_{D} f[x,y,z(x,y)]$$
$$\sqrt{1 + z_x^2(x,y) + z_y^2(x,y)}\,\mathrm{d}x\mathrm{d}y$$

因此

$$\iint\limits_{\Sigma} f(x,y,z)\,\mathrm{d}S = \iint\limits_{D} f[x,y,z(x,y)]\sqrt{1 + z_x^2(x,y) + z_y^2(x,y)}\,\mathrm{d}x\mathrm{d}y$$

化曲面积分为二重积分:设曲面 Σ 由方程 $z = z(x,y)$ 给出,Σ 在 xOy 面上的投影区域为 D_{xy},函数 $z = z(x,y)$ 在 D_{xy} 上具有连续偏导数,被积函数 $f(x,y,z)$ 在 Σ 上连续,则

$$\iint\limits_{\Sigma} f(x,y,z)\,\mathrm{d}S = \iint\limits_{D_{xy}} f[x,y,z(x,y)]\sqrt{1 + z_x^2(x,y) + z_y^2(x,y)}\,\mathrm{d}x\mathrm{d}y$$

如果积分曲面 Σ 的方程为 $y = y(z,x)$,D_{zx} 为 Σ 在 zOx 面上的投影区域,则函数 $f(x,y,z)$ 在 Σ 上对面积的曲面积分为

$$\iint\limits_{\Sigma} f(x,y,z)\,\mathrm{d}S = \iint\limits_{D_{zx}} f[x,y(z,x),z]\sqrt{1 + y_z^2(z,x) + y_x^2(z,x)}\,\mathrm{d}z\mathrm{d}x$$

如果积分曲面 Σ 的方程为 $x = x(y,z)$，D_{yz} 为 Σ 在 yOz 面上的投影区域，则函数 $f(x,y,z)$ 在 Σ 上对面积的曲面积分为

$$\iint_{\Sigma} f(x,y,z)\,\mathrm{d}S = \iint_{D_{yz}} f[x(y,z),y,z] \sqrt{1 + x_y^2(y,z) + x_z^2(y,z)}\,\mathrm{d}y\mathrm{d}z$$

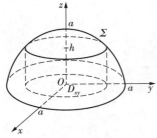

图 9.17

例 1 计算曲面积分 $\iint_{\Sigma} \dfrac{1}{z}\,\mathrm{d}S$，其中 Σ 是球面 $x^2 + y^2 + z^2 = a^2$ 被平面 $z = h(0 < h < a)$ 截出的顶部（见图 9.17）.

解 Σ 的方程为

$$z = \sqrt{a^2 - x^2 - y^2}, \quad D_{xy}:x^2 + y^2 \leqslant a^2 - h^2$$

因为

$$z_x = \frac{-x}{\sqrt{a^2 - x^2 - y^2}}, \quad z_y = \frac{-y}{\sqrt{a^2 - x^2 - y^2}}$$

$$\mathrm{d}S = \sqrt{1 + z_x^2 + z_y^2}\,\mathrm{d}x\mathrm{d}y = \frac{a}{\sqrt{a^2 - x^2 - y^2}}\,\mathrm{d}x\mathrm{d}y$$

所以

$$\iint_{\Sigma} \frac{1}{z}\,\mathrm{d}S = \iint_{D_{xy}} \frac{a}{a^2 - x^2 - y^2}\,\mathrm{d}x\mathrm{d}y$$

$$= a\int_0^{2\pi}\mathrm{d}\theta \int_0^{\sqrt{a^2 - h^2}} \frac{r\mathrm{d}r}{a^2 - r^2}$$

$$= 2\pi a\left[-\frac{1}{2}\ln(a^2 - r^2)\right]\,\Bigg|_0^{\sqrt{a^2 - h^2}}$$

$$= 2\pi a\,\ln\frac{a}{h}$$

提示：

$$\sqrt{1 + z_x^2 + z_y^2} = \sqrt{1 + \frac{x^2}{a^2 - x^2 - y^2} + \frac{y^2}{a^2 - x^2 - y^2}}$$

$$= \frac{a}{\sqrt{a^2 - x^2 - y^2}}$$

例 2 计算 $\oiint_{\Sigma} xyz\,\mathrm{d}S$，其中 Σ 是由平面 $x = 0$，$y = 0$，$z = 0$ 及 $x + y + z = 1$ 所围成的四面体的整个边界曲面（见图 9.18）.

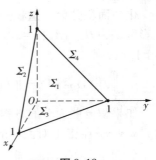

图 9.18

解 整个边界曲面 Σ 在平面 $x = 0, y = 0, z = 0$ 及 $x + y + z = 1$ 上的部分依次记为 $\Sigma_1, \Sigma_2, \Sigma_3$ 及 Σ_4, 即 $\Sigma = \Sigma_1 + \Sigma_2 + \Sigma_3 + \Sigma_4$. 由于在 $\Sigma_1, \Sigma_2, \Sigma_3$ 上, 被积函数 $f(x, y, z) = xyz$ 均为零, 且在 Σ_4 上, $z = 1 - x - y$, 于是

$$\oiint_{\Sigma} xyz \mathrm{d}S = \iint_{\Sigma_1} xyz \mathrm{d}S + \iint_{\Sigma_2} xyz \mathrm{d}S + \iint_{\Sigma_3} xyz \mathrm{d}S + \iint_{\Sigma_4} xyz \mathrm{d}S$$

$$= 0 + 0 + 0 + \iint_{\Sigma_4} xyz \mathrm{d}S = \iint_{D_{xy}} \sqrt{3} xy(1 - x - y) \mathrm{d}x\mathrm{d}y$$

$$= \sqrt{3} \int_0^1 x \mathrm{d}x \int_0^{1-x} y(1 - x - y) \mathrm{d}y = \sqrt{3} \int_0^1 x \cdot \frac{(1 - x)^3}{6} \mathrm{d}x = \frac{\sqrt{3}}{120}$$

提示:

$$\Sigma_4 : z = 1 - x - y$$

$$\mathrm{d}S = \sqrt{1 + z_x'^2 + z_y'^2} \mathrm{d}x\mathrm{d}y = \sqrt{3} \mathrm{d}x\mathrm{d}y$$

 习题 9-4

基础题

一、选择题

1. 设 Σ 是 xOy 平面上的一个有界闭区域 D_{xy}, 则曲面积分 $\displaystyle\iint_{\Sigma} f(x, y, z) \mathrm{d}S$ 与二重积分 $\displaystyle\iint_{D_{xy}} f(x, y, 0) \mathrm{d}x\mathrm{d}y$ 的关系是( ).

A. $\displaystyle\iint_{\Sigma} f(x, y, z) \mathrm{d}S = \iint_{D_{xy}} f(x, y, 0) \mathrm{d}x\mathrm{d}y$ B. $\displaystyle\iint_{\Sigma} f(x, y, z) \mathrm{d}S = -\iint_{D_{xy}} f(x, y, 0) \mathrm{d}x\mathrm{d}y$

C. $\displaystyle\iint_{\Sigma} f(x, y, z) \mathrm{d}S < \iint_{D_{xy}} f(x, y, 0) \mathrm{d}x\mathrm{d}y$ D. $\displaystyle\iint_{\Sigma} f(x, y, z) \mathrm{d}S > \iint_{D_{xy}} f(x, y, 0) \mathrm{d}x\mathrm{d}y$

2. 设 Σ 是抛物面 $z = x^2 + y^2 (0 \leqslant z \leqslant 4)$, 则下列各式正确的是( ).

A. $\displaystyle\iint_{\Sigma} f(x, y, z) \mathrm{d}S = \iint_{x^2+y^2 \leqslant 4} f(x, y, x^2 + y^2) \mathrm{d}x\mathrm{d}y$

B. $\displaystyle\iint_{\Sigma} f(x, y, z) \mathrm{d}S = \iint_{x^2+y^2 \leqslant 4} f(x, y, x^2 + y^2) \sqrt{1 + 4x^2} \mathrm{d}x\mathrm{d}y$

C. $\iint\limits_{\Sigma} f(x,y,z)\,\mathrm{d}S = \iint\limits_{x^2+y^2\leqslant4} f(x,y,x^2+y^2)\,\sqrt{1+4y^2}\,\mathrm{d}x\mathrm{d}y$

D. $\iint\limits_{\Sigma} f(x,y,z)\,\mathrm{d}S = \iint\limits_{x^2+y^2\leqslant4} f(x,y,x^2+y^2)\,\sqrt{1+4x^2+4y^2}\,\mathrm{d}x\mathrm{d}y$

3. 设 $\Sigma : x^2 + y^2 + z^2 = a^2 (z \geqslant 0)$,$\Sigma_1$ 是 Σ 在第一卦限中的部分, 则有 (   ).

A. $\iint\limits_{\Sigma} x\mathrm{d}S = 4\iint\limits_{\Sigma_1} x\mathrm{d}S$

B. $\iint\limits_{\Sigma} y\mathrm{d}S = 4\iint\limits_{\Sigma_1} x\mathrm{d}S$

C. $\iint\limits_{\Sigma} z\mathrm{d}S = 4\iint\limits_{\Sigma_1} z\mathrm{d}S$

D. $\iint\limits_{\Sigma} xyz\mathrm{d}S = 4\iint\limits_{\Sigma_1} xyz\mathrm{d}S$

4. 设 Σ 是锥面 $z = \sqrt{x^2 + y^2}\,(0 \leqslant z \leqslant 1)$,则 $\iint\limits_{\Sigma}(x^2 + y^2)\,\mathrm{d}S = ($ $)$.

A. $\iint\limits_{\Sigma}(x^2 + y^2)\,\mathrm{d}S = \int_0^{2\pi}\mathrm{d}\theta\int_0^1 r^2\cdot r\mathrm{d}r$ B. $\iint\limits_{\Sigma}(x^2 + y^2)\,\mathrm{d}S = \int_0^{\pi}\mathrm{d}\theta\int_0^1 r^2\cdot r\mathrm{d}r$

C. $\iint\limits_{\Sigma}(x^2 + y^2)\,\mathrm{d}S = \sqrt{2}\int_0^{2\pi}\mathrm{d}\theta\int_0^1 r^2\mathrm{d}r$ D. $\iint\limits_{\Sigma}(x^2 + y^2)\,\mathrm{d}S = \sqrt{2}\int_0^{2\pi}\mathrm{d}\theta\int_0^1 r^2\cdot r\mathrm{d}r$

5. 设 Σ 为平面 $\dfrac{x}{2} + \dfrac{y}{3} + \dfrac{z}{4} = 1$ 在第一卦限内的部分,则 $\iint\limits_{\Sigma}\left(z + 2x + \dfrac{4}{3}y\right)\mathrm{d}S =$ (   ).

A. $4\iint\limits_{D_{xy}}\mathrm{d}x\mathrm{d}y$

B. $4\cdot\dfrac{\sqrt{61}}{3}\iint\limits_{D_{xy}}\mathrm{d}x\mathrm{d}y$

C. $4\cdot\dfrac{\sqrt{61}}{3}\int_0^2\mathrm{d}x\int_0^3\mathrm{d}y$

D. $4\cdot\dfrac{\sqrt{61}}{3}\int_0^3\mathrm{d}x\int_0^2\mathrm{d}y$

6. 设 Σ 为曲面 $z = 2 - (x^2 + y^2)$ 在 xOy 平面上方的部分,则 $\iint\limits_{\Sigma} z\mathrm{d}S = ($ $)$.

A. $\int_0^{2\pi}\mathrm{d}\theta\int_0^{2-r^2}(2 - r^2)\cdot r\mathrm{d}r$ B. $\int_0^{2\pi}\mathrm{d}\theta\int_0^2(2 - r^2)\sqrt{1 + 4r^2}\cdot r\mathrm{d}r$

C. $\int_0^{2\pi}\mathrm{d}\theta\int_0^{\sqrt{2}}(2 - r^2)\cdot r\mathrm{d}r$ D. $\int_0^{2\pi}\mathrm{d}\theta\int_0^{\sqrt{2}}(2 - r^2)\sqrt{1 + 4r^2}\cdot r\mathrm{d}r$

7. 设 Σ 为球面 $x^2 + y^2 + z^2 = 2z$,则下列等式错误的是(   ).

A. $\oiint\limits_{\Sigma} x(y^2 + z^2)\,\mathrm{d}S = 0$

B. $\oiint\limits_{\Sigma} y(y^2 + z^2)\,\mathrm{d}S = 0$

C. $\oiint\limits_{\Sigma} z(x^2 + y^2)\,\mathrm{d}S = 0$

D. $\oiint\limits_{\Sigma}(x + y)z^2\,\mathrm{d}S = 0$

二、填空题

1. 设 $\Sigma : x^2 + y^2 + z^2 = a^2$，则 $\oiint\limits_{\Sigma} (x^2 + y^2 + z^2) \, \mathrm{d}S =$ _____.

2. 设 Σ 为球面 $x^2 + y^2 + z^2 = a^2$，则 $\oiint\limits_{\Sigma} x^2 y^2 z^2 \, \mathrm{d}S =$ _____.

3. 设 Σ 为上半球面 $z = \sqrt{a^2 - x^2 - y^2}$，则 $\iint\limits_{\Sigma} z \, \mathrm{d}S =$ _____.

4. 设 Σ 为下半球面 $z = -\sqrt{a^2 - x^2 - y^2}$，则 $\iint\limits_{\Sigma} z \, \mathrm{d}S =$ _____.

5. 设 Σ 为球面 $x^2 + y^2 + z^2 = a^2$，则 $\oiint\limits_{\Sigma} z \, \mathrm{d}S =$ _____.

6. 设 Σ 为上半球面 $z = \sqrt{a^2 - x^2 - y^2}$，则 $\iint\limits_{\Sigma} x \, \mathrm{d}S =$ _____.

7. 设 Σ 为平面 $\dfrac{x}{2} + \dfrac{y}{3} + \dfrac{z}{2} = 1$ 在第一卦限部分，则 $\iint\limits_{\Sigma} \left(z + \dfrac{2}{3} y + x \right) \mathrm{d}S =$

_____.

8. 设 Σ 为平面 $x + y + z = 1$ 在第一卦限部分，则 $\iint\limits_{\Sigma} z \, \mathrm{d}S =$ _____.

9. 设 Σ 为平面 $2x + 2y + z = 6$ 在第一卦限部分，则 $\iint\limits_{\Sigma} (5 - 2x - 2y - z) \, \mathrm{d}S =$

_____.

三、解答题

1. 计算曲面积分 $\iint\limits_{\Sigma} f(x,y,z) \, \mathrm{d}S$，其中 Σ 为抛物面 $z = 2 - (x^2 + y^2)$ 在 xOy 面上方部分，$f(x,y,z)$ 分别如下：

（1）$f(x,y,z) = 1$；

（2）$f(x,y,z) = x^2 + y^2$；

（3）$f(x,y,z) = 2z$.

2. 计算 $\oiint\limits_{\Sigma} (x^2 + y^2) \, \mathrm{d}S$，其中 Σ 是锥面 $z = \sqrt{x^2 + y^2}$ 及平面 $z = 1$ 所围成的区域的整个边界曲面.

3. 计算 $\iint\limits_{\Sigma} (x^2 + y^2) \, \mathrm{d}S$，其中 Σ 是锥面 $z^2 = x^2 + y^2$ 被平面 $z = 0$ 和 $z = 3$ 所截得的部分.

4. 计算 $\iint\limits_{\Sigma} \left(z + 2x + \dfrac{4}{3} y \right) \mathrm{d}S$，其中 Σ 为平面 $\dfrac{x}{2} + \dfrac{y}{3} + \dfrac{z}{4} = 1$ 在第一卦限中的

部分.

5. 计算 $\iint\limits_{\Sigma}(x+y+z)\mathrm{d}S$,其中 Σ 为球面 $x^2+y^2+z^2=a^2$ 上 $z\geqslant h(0<h<a)$ 的部分.

提高题

1. 计算曲面积分 $\iint\limits_{\Sigma}(x^2+y^2)\mathrm{d}x$,其中 Σ 为抛物面 $z=2-(x^2+y^2)$ 在 xOy 平面上方的部分.

2. 当 Σ 为 xOy 平面内的一个闭区域时,曲面积分 $\iint\limits_{\Sigma}R(x,y,z)\mathrm{d}x\mathrm{d}y$ 与二重积分有什么关系?

3. 计算 $\oiint\limits_{\Sigma}x^2\mathrm{d}y\mathrm{d}z+(z^2-2xy)\mathrm{d}z\mathrm{d}x+\dfrac{z}{2}\mathrm{d}x\mathrm{d}y$,其中 Σ 为曲面 $z=x^2+y^2$ 与平面 $z=1$ 所围成的立体的表面外侧.

§9.5　对坐标的曲面积分

9.5.1　对坐标的曲面积分的概念与性质

1) 有向曲面

通常,我们遇到的曲面都是双侧的. 先假定曲面是光滑的,把撑开的平面看成一张曲面,朝着太阳的那一面是上侧,而避开太阳的那一面便是下侧. 例如,由方程 $z=z(x,y)$ 表示的曲面分为上侧与下侧. 设 $n=(\cos\alpha,\cos\beta,\cos\gamma)$ 为曲面上的法向量,在曲面的上侧 $\cos\gamma>0$,在曲面的下侧 $\cos\gamma<0$. 闭曲面有内侧与外侧之分.

类似的,如果曲面的方程为 $y=y(z,x)$,则曲面分为左侧与右侧,在曲面的右侧 $\cos\beta>0$,在曲面的左侧 $\cos\beta<0$. 如果曲面的方程为 $x=x(y,z)$,则曲面分为前侧与后侧,在曲面的前侧 $\cos\alpha>0$,在曲面的后侧 $\cos\alpha<0$.

设 Σ(见图 9.19)是有向曲面. 在 Σ 上取一小块曲面 ΔS,把 ΔS 投影到 xOy 面

上得一投影区域,这投影区域的面积记为$(\Delta\sigma)_{xy}$. 假定 ΔS 上各点处的法向量与 z 轴的夹角 γ 的余弦 $\cos\gamma$ 有相同的符号(即 $\cos\gamma$ 都是正的或都是负的). 我们规定 ΔS 在 xOy 面上的投影 $(\Delta S)_{xy}$ 为

$$(\Delta S)_{xy} = \begin{cases} (\Delta\sigma)_{xy} & \cos\gamma > 0 \\ -(\Delta\sigma)_{xy} & \cos\gamma < 0 \\ 0 & \cos\gamma \equiv 0 \end{cases}$$

其中,$\cos\gamma \equiv 0$ 也就是$(\Delta\sigma)_{xy} = 0$ 的情形. 类似地可定义 ΔS 在 yOz 面及在 zOx 面上的投影$(\Delta S)_{yz}$ 及$(\Delta S)_{zx}$.

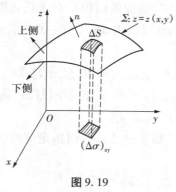

图 9.19

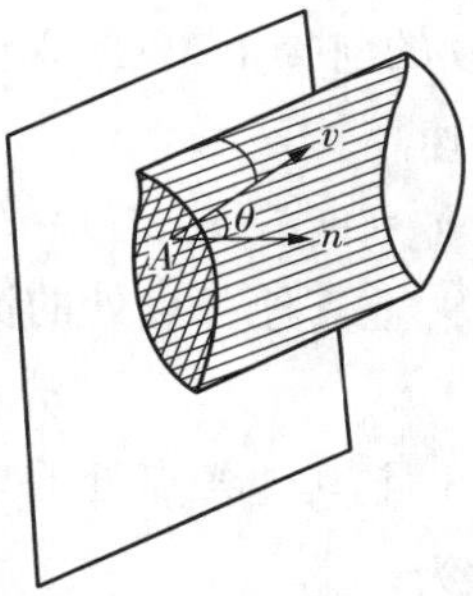

图 9.20

引例 流向曲面一侧的流量

设稳定流动的不可压缩流体的速度场由

$$v(x,y,z) = (P(x,y,z), Q(x,y,z), R(x,y,z))$$

给出,Σ 是速度场中的一片有向曲面,函数 $P(x,y,z), Q(x,y,z), R(x,y,z)$ 都在 Σ 上连续,求在单位时间内流向 Σ 指定侧的流体的质量,即流量 Φ.

如果流体流过平面上面积为 A 的一个闭区域,且流体在这闭区域上各点处的流速为(常向量)v(见图9.20),又设 n 为该平面的单位法向量,那么在单位时间内流过这闭区域的流体组成一个底面积为 A、斜高为 $|v|$ 的斜柱体.

当 $(\widehat{v,n}) = \theta < \dfrac{\pi}{2}$ 时,这斜柱体的体积为

$$A|v|\cos\theta = Av \cdot n$$

当 $(\widehat{v,n}) = \dfrac{\pi}{2}$ 时,显然流体通过闭区域 A 的流向 n 所指一侧的流量 Φ 为零,而 $Av \cdot n = 0$,故 $\Phi = Av \cdot n$;

当 $(\widehat{v,n}) > \dfrac{\pi}{2}$ 时，$Av \cdot n < 0$，这时我们仍把 $Av \cdot n$ 称为流体通过闭区域 A 流向 n 所指一侧的流量，它表示流体通过闭区域 A 实际上流向 $-n$ 所指一侧，且流向 $-n$ 所指一侧的流量为 $-Av \cdot n$. 因此，不论 $(\widehat{v,n})$ 为何值，流体通过闭区域 A 流向 n 所指一侧的流量均为 $Av \cdot n$.

现考虑一般情形，所给的是一片有界曲面，流速 V 为 $v(x,y,z) = (P(x,y,z),$ $Q(x,y,z), R(x,y,z))$. 因此，不能直接用上述方法计算流量. 回忆从前引入各类积分概念的方法，应用大化小、常代变、近似和、取极限的方法把曲面 Σ 分成 n 小块：$\Delta S_1, \Delta S_2, \cdots, \Delta S_n$（$\Delta S_i$ 同时也代表第 i 小块曲面的面积）. 在 Σ 是光滑的和 v 是连续的前提下，只要 ΔS_i 的直径很小，我们就可以用 ΔS_i 上任一点 (ξ_i, η_i, ζ_i) 处的流速

$$v_i = v(\xi_i, \eta_i, \zeta_i) = P(\xi_i, \eta_i, \zeta_i)\boldsymbol{i} + Q(\xi_i, \eta_i, \zeta_i)\boldsymbol{j} + R(\xi_i, \eta_i, \zeta_i)\boldsymbol{k}$$

代替 ΔS_i 上其他各点处的流速，以该点 (ξ_i, η_i, ζ_i) 处曲面 Σ 的单位法向量

$$n_i = \cos \alpha_i \boldsymbol{i} + \cos \beta_i \boldsymbol{j} + \cos \gamma_i \boldsymbol{k}$$

代替 ΔS_i 上其他各点处的单位法向量. 从而得到通过 ΔS_i 流向指定侧的流量的近似值为

$$v_i \cdot n_i \Delta S_i \quad (i = 1, 2, \cdots, n)$$

于是，通过 Σ 流向指定侧的流量

$$\Phi \approx \sum_{i=1}^{n} v_i \cdot n_i \Delta S_i$$

$$= \sum_{i=1}^{n} \left[P(\xi_i, \eta_i, \zeta_i)\cos \alpha_i + Q(\xi_i, \eta_i, \zeta_i)\cos \beta_i + R(\xi_i, \eta_i, \zeta_i)\cos \gamma_i \right] \Delta S_i$$

但

$$\cos \alpha_i \cdot \Delta S_i \approx (\Delta S_i)_{yz}, \cos \beta_i \cdot \Delta S_i \approx (\Delta S_i)_{zx}, \cos \gamma_i \cdot \Delta S_i \approx (\Delta S_i)_{xy}$$

因此，上式可写为

$$\Phi \approx \sum_{i=1}^{n} \left[P(\xi_i, \eta_i, \zeta_i)(\Delta S_i)_{yz} + Q(\xi_i, \eta_i, \zeta_i)(\Delta S_i)_{zx} + R(\xi_i, \eta_i, \zeta_i)(\Delta S_i)_{xy} \right]$$

令 $\lambda \to 0$ 取上述和的极限，就得到流量 Φ 的精确值. 这样的极限还会在其他问题中遇到. 抽去它们的具体意义，就得出下列对坐标的曲面积分的概念.

提示：

把 ΔS_i 看成一小块平面，其法线向量为 n_i，则通过 ΔS_i 流向指定侧的流量近

似地等于一个斜柱体的体积.

此斜柱体的斜高为 $|v_i|$,高为 $|v_i|\cos(\widehat{v_i,n_i}) = v_i \cdot n_i$,体积为 $v_i \cdot n_i \Delta S_i$. 因为

$$n_i = \cos \alpha_i \boldsymbol{i} + \cos \beta_i \boldsymbol{j} + \cos \gamma_i \boldsymbol{k}$$
$$v_i = v(\xi_i, \eta_i, \zeta_i) = P(\xi_i, \eta_i, \zeta_i)\boldsymbol{i} + Q(\xi_i, \eta_i, \zeta_i)\boldsymbol{j} + R(\xi_i, \eta_i, \zeta_i)\boldsymbol{k}$$
$$v_i \cdot n_i \Delta S_i = [P(\xi_i, \eta_i, \zeta_i)\cos \alpha_i + Q(\xi_i, \eta_i, \zeta_i)\cos \beta_i +$$
$$R(\xi_i, \eta_i, \zeta_i)\cos \gamma_i]\Delta S_i$$

而

$$\cos \alpha_i \cdot \Delta S_i \approx (\Delta S_i)_{yz}, \cos \beta_i \cdot \Delta S_i \approx (\Delta S_i)_{zx}, \cos \gamma_i \cdot \Delta S_i \approx (\Delta S_i)_{xy}$$

所以

$$v_i \cdot n_i \Delta S_i \approx P(\xi_i, \eta_i, \zeta_i)(\Delta S_i)_{yz} + Q(\xi_i, \eta_i, \zeta_i)(\Delta S_i)_{zx} +$$
$$R(\xi_i, \eta_i, \zeta_i)(\Delta S_i)_{xy}$$

对于 Σ 上的一个小块 σ,显然在 Δt 时间内流过 σ 的是一个弯曲的柱体. 它的体积近似于以 σ 为底,而高为

$$(|V|\Delta t)\cos(\widehat{V,n}) = V \cdot n\Delta t$$

的柱体的体积:$V \cdot n\Delta t\Delta S$,这里 $n = (\cos \alpha, \cos \beta, \cos \gamma)$ 是 σ 上的单位法向量,ΔS 表示 σ 的面积. 所以单位时间内流向 σ 指定侧的流体的质量近似于

$$V \cdot n\Delta S \approx (P(x,y,z)\cos \alpha + Q(x,y,z)\cos \beta + R(x,y,z)\cos \gamma)\Delta S$$

如果把曲面 Σ 分成 n 小块 $\sigma_i(i = 1,2,\cdots,n)$,单位时间内流向 Σ 指定侧的流体的质量近似于

$$\mu \approx \sum_{i=1}^{n} \{P(x_i,y_i,z_i)\cos \alpha_i + Q(x_i,y_i,z_i)\cos \beta_i + R(x_i,y_i,z_i)\cos \gamma_i\}\Delta S$$

按对面积的曲面积分的定义,即

$$\mu = \iint_{\Sigma} \{P(x,y,z)\cos \alpha + Q(x,y,z)\cos \beta + R(x,y,z)\cos \gamma\}\mathrm{d}S = \iint_{\Sigma} V \cdot n\mathrm{d}S$$

舍去流体这个具体的物理内容,则可抽象出以下对坐标的曲面积分的概念.

定义 1 设 Σ 为光滑的有向曲面,函数 $R(x,y,z)$ 在 Σ 上有界. 把 Σ 任意分成 n 块小曲面 ΔS_i(ΔS_i 同时也代表第 i 小块曲面的面积). 在 xOy 面上的投影为 $(\Delta S_i)_{xy}$,(ξ_i,η_i,ζ_i) 是 ΔS_i 上任意取定的一点. 如果当各小块曲面的直径的最大

值 $\lambda \to 0$ 时,则

$$\lim_{\lambda \to 0} \sum_{i=1}^{n} R(\xi_i, \eta_i, \zeta_i)(\Delta S_i)_{xy}$$

总存在,则称此极限为函数 $R(x,y,z)$ 在有向曲面 Σ 上对坐标 x,y 的曲面积分,记作

$$\iint\limits_{\Sigma} R(x,y,z)\mathrm{d}x\mathrm{d}y$$

即

$$\iint\limits_{\Sigma} R(x,y,z)\mathrm{d}x\mathrm{d}y = \lim_{\lambda \to 0} \sum_{i=1}^{n} R(\xi_i, \eta_i, \zeta_i)(\Delta S_i)_{xy}$$

类似地,有

$$\iint\limits_{\Sigma} P(x,y,z)\mathrm{d}y\mathrm{d}z = \lim_{\lambda \to 0} \sum_{i=1}^{n} P(\xi_i, \eta_i, \zeta_i)(\Delta S_i)_{yz}$$

$$\iint\limits_{\Sigma} Q(x,y,z)\mathrm{d}z\mathrm{d}x = \lim_{\lambda \to 0} \sum_{i=1}^{n} Q(\xi_i, \eta_i, \zeta_i)(\Delta S_i)_{zx}$$

其中,$R(x,y,z)$ 称为**被积函数**,Σ 称为**积分曲面**.

定义 2 设 Σ 是空间内一个光滑的曲面,$n = (\cos\alpha, \cos\beta, \cos\gamma)$ 是其上的单位法向量,$V(x,y,z) = (P(x,y,z), Q(x,y,z), R(x,y,z))$ 是确在 Σ 上的向量场. 如果下列各式右端的积分存在,则定义

$$\iint\limits_{\Sigma} P(x,y,z)\mathrm{d}y\mathrm{d}z = \iint\limits_{\Sigma} P(x,y,z)\cos\alpha\,\mathrm{d}S$$

$$\iint\limits_{\Sigma} Q(x,y,z)\mathrm{d}z\mathrm{d}x = \iint\limits_{\Sigma} Q(x,y,z)\cos\beta\,\mathrm{d}S$$

$$\iint\limits_{\Sigma} R(x,y,z)\mathrm{d}x\mathrm{d}y = \iint\limits_{\Sigma} R(x,y,z)\cos\gamma\,\mathrm{d}S$$

并称 $\iint\limits_{\Sigma} P(x,y,z)\mathrm{d}y\mathrm{d}z$ 为 P 在曲面 Σ 上对坐标 y,z 的曲面积分,$\iint\limits_{\Sigma} Q(x,y,z)\mathrm{d}z\mathrm{d}x$ 为 Q 在曲面 Σ 上对坐标 z,x 的曲面积分,$\iint\limits_{\Sigma} R(x,y,z)\mathrm{d}x\mathrm{d}y$ 为 R 在曲面 Σ 上对坐标 y,z 的曲面积分. 其中 P,Q,R 称为**被积函数**,Σ 称为**积分曲面**.

以上 3 个曲面积分也称**第二类曲面积分**.

2)对坐标的曲面积分的存在性

当 $P(x,y,z)$,$Q(x,y,z)$,$R(x,y,z)$ 在有向分片光滑曲面 Σ 上连续时,上述 3

个积分都存在. 今后无特别说明, 都假定 P, Q, R 在 Σ 上连续.

3) 对坐标的曲面积分的简记形式

在应用上出现较多的是

$$\iint_{\Sigma} P(x,y,z)\,\mathrm{d}y\mathrm{d}z + \iint_{\Sigma} Q(x,y,z)\,\mathrm{d}z\mathrm{d}x + \iint_{\Sigma} R(x,y,z)\,\mathrm{d}x\mathrm{d}y$$

$$= \iint_{\Sigma} P(x,y,z)\,\mathrm{d}y\mathrm{d}z + Q(x,y,z)\,\mathrm{d}z\mathrm{d}x + R(x,y,z)\,\mathrm{d}x\mathrm{d}y$$

流向 Σ 指定侧的流量 Φ 可表示为

$$\Phi = \iint_{\Sigma} P(x,y,z)\,\mathrm{d}y\mathrm{d}z + Q(x,y,z)\,\mathrm{d}z\mathrm{d}x + R(x,y,z)\,\mathrm{d}x\mathrm{d}y$$

一个规定: 如果 Σ 是分片光滑的有向曲面, 则规定函数在 Σ 上对坐标的曲面积分等于函数在各片光滑曲面上对坐标的曲面积分之和.

4) 对坐标的曲面积分的性质

对坐标的曲面积分具有与对坐标的曲线积分类似的一些性质.

(1) 如果把 Σ 分成 Σ_1 和 Σ_2, 则

$$\iint_{\Sigma} P\mathrm{d}y\mathrm{d}z + Q\mathrm{d}z\mathrm{d}x + R\mathrm{d}x\mathrm{d}y$$

$$= \iint_{\Sigma_1} P\mathrm{d}y\mathrm{d}z + Q\mathrm{d}z\mathrm{d}x + R\mathrm{d}x\mathrm{d}y + \iint_{\Sigma_2} P\mathrm{d}y\mathrm{d}z + Q\mathrm{d}z\mathrm{d}x + R\mathrm{d}x\mathrm{d}y$$

(2) 设 Σ 是有向曲面, $-\Sigma$ 表示与 Σ 取相反侧的有向曲面, 则

$$\iint_{-\Sigma} P\mathrm{d}y\mathrm{d}z + Q\mathrm{d}z\mathrm{d}x + R\mathrm{d}x\mathrm{d}y = -\iint_{\Sigma} P\mathrm{d}y\mathrm{d}z + Q\mathrm{d}z\mathrm{d}x + R\mathrm{d}x\mathrm{d}y$$

这是因为如果 $n = (\cos\alpha, \cos\beta, \cos\gamma)$ 是 Σ 的单位法向量, 则 $-\Sigma$ 上的单位法向量为

$$-n = (-\cos\alpha, -\cos\beta, -\cos\gamma)$$

$$\iint_{-\Sigma} P\mathrm{d}y\mathrm{d}z + Q\mathrm{d}z\mathrm{d}x + R\mathrm{d}x\mathrm{d}y$$

$$= -\iint_{\Sigma} \{P(x,y,z)\cos\alpha + Q(x,y,z)\cos\beta + R(x,y,z)\cos\gamma\}\,\mathrm{d}S$$

$$= -\iint_{\Sigma} P\mathrm{d}y\mathrm{d}z + Q\mathrm{d}z\mathrm{d}x + R\mathrm{d}x\mathrm{d}y$$

9.5.2 对坐标的曲面积分的计算法

将曲面积分化为二重积分:

设积分曲面 Σ 由方程 $z = z(x,y)$ 给出的, Σ 在 xOy 面上的投影区域为 D_{xy}, 函数 $z = z(x,y)$ 在 D_{xy} 上具有一阶连续偏导数, 被积函数 $R(x,y,z)$ 在 Σ 上连续, 则有

$$\iint\limits_{\Sigma} R(x,y,z)\,\mathrm{d}x\mathrm{d}y = \pm \iint\limits_{D_{xy}} R[x,y,z(x,y)]\,\mathrm{d}x\mathrm{d}y$$

其中, 当 Σ 取上侧时, 积分前取"$+$"; 当 Σ 取下侧时, 积分前取"$-$".

这是因为, 按对坐标的曲面积分的定义, 有

$$\iint\limits_{\Sigma} R(x,y,z)\,\mathrm{d}x\mathrm{d}y = \lim_{\lambda \to 0} \sum_{i=1}^{n} R(\xi_i,\eta_i,\zeta_i)(\Delta S_i)_{xy}$$

当 Σ 取上侧时, $\cos \gamma > 0$, 所以 $(\Delta S_i)_{xy} = (\Delta \sigma_i)_{xy}$

又因 (ξ_i,η_i,ζ_i) 是 Σ 上的一点, 故 $\zeta_i = z(\xi_i,\eta_i)$. 从而有

$$\sum_{i=1}^{n} R(\xi_i,\eta_i,\zeta_i)(\Delta S_i)_{xy} = \sum_{i=1}^{n} R[\xi_i,\eta_i,z(\xi_i,\eta_i)](\Delta \sigma_i)_{xy}$$

令 $\lambda \to 0$ 取上式两端的极限, 就得到

$$\iint\limits_{\Sigma} R(x,y,z)\,\mathrm{d}x\mathrm{d}y = \iint\limits_{D_{xy}} R[x,y,z(x,y)]\,\mathrm{d}x\mathrm{d}y$$

同理, 当 Σ 取下侧时, 有

$$\iint\limits_{\Sigma} R(x,y,z)\,\mathrm{d}x\mathrm{d}y = - \iint\limits_{D_{xy}} R[x,y,z(x,y)]\,\mathrm{d}x\mathrm{d}y$$

这是因为

$$n = (\cos \alpha, \cos \beta, \cos \gamma) = \pm \frac{1}{\sqrt{1 + z_x^2 + z_y^2}}\{-z_x, -z_y, 1\}$$

$$\cos \gamma = \pm \frac{1}{\sqrt{1 + z_x^2 + z_y^2}}$$

$$\mathrm{d}S = \sqrt{1 + z_x^2 + z_y^2}\,\mathrm{d}x\mathrm{d}y$$

$$\iint\limits_{\Sigma} R(x,y,z)\,\mathrm{d}x\mathrm{d}y = \iint\limits_{\Sigma} R(x,y,z)\cos \gamma\,\mathrm{d}S = \pm \iint\limits_{D_{xy}} R[x,y,z(x,y)]\,\mathrm{d}x\mathrm{d}y$$

上侧取正号, 下侧取负号.

类似地, 如果 Σ 由 $x = x(y,z)$ 给出, 它在 yOz 面投影区域为 D_{yz}, 则有

$$\iint\limits_{\Sigma} P(x,y,z)\,\mathrm{d}y\mathrm{d}z = \pm \iint\limits_{D_{yz}} P[x(y,z),y,z]\,\mathrm{d}y\mathrm{d}z$$

前侧取正号, 后侧取负号.

如果 Σ 由 $y = y(z,x)$ 给出,它在 zOx 面投影区域为 D_{zx},则有

$$\iint\limits_{\Sigma} Q(x,y,z)\mathrm{d}z\mathrm{d}x = \pm \iint\limits_{D_{zx}} Q[x,y(z,x),z]\mathrm{d}z\mathrm{d}x$$

右侧取正号,左侧取负号.

注意:

应注意符号的确定.

例1 计算曲面积分 $\iint\limits_{\Sigma} x^2\mathrm{d}y\mathrm{d}z + y^2\mathrm{d}z\mathrm{d}x + z^2\mathrm{d}x\mathrm{d}y$,其中 Σ 是长方体 Ω 的整个表面的外侧,$\Omega = ((x,y,z) \mid 0 \leqslant x \leqslant a,0 \leqslant y \leqslant b,0 \leqslant z \leqslant c)$.

解 把 Ω 的上下面分别记为 Σ_1 和 Σ_2;前后面分别记为 Σ_3 和 Σ_4;左右面分别记为 Σ_5 和 Σ_6.

$\Sigma_1 : z = c\ (0 \leqslant x \leqslant a,0 \leqslant y \leqslant b)$ 的上侧;

$\Sigma_2 : z = 0\ (0 \leqslant x \leqslant a,0 \leqslant y \leqslant b)$ 的下侧;

$\Sigma_3 : x = a\ (0 \leqslant y \leqslant b,0 \leqslant z \leqslant c)$ 的前侧;

$\Sigma_4 : x = 0\ (0 \leqslant y \leqslant b,0 \leqslant z \leqslant c)$ 的后侧;

$\Sigma_5 : y = 0\ (0 \leqslant x \leqslant a,0 \leqslant z \leqslant c)$ 的左侧;

$\Sigma_6 : y = b\ (0 \leqslant x \leqslant a,0 \leqslant z \leqslant c)$ 的右侧;

除 Σ_3,Σ_4 外,其余四片曲面在 yOz 面上的投影为零,因此

$$\iint\limits_{\Sigma} x^2\mathrm{d}y\mathrm{d}z = \iint\limits_{\Sigma_3} x^2\mathrm{d}y\mathrm{d}z + \iint\limits_{\Sigma_4} x^2\mathrm{d}y\mathrm{d}z = \iint\limits_{D_{yz}} a^2\mathrm{d}y\mathrm{d}z - \iint\limits_{D_{yz}} 0\mathrm{d}y\mathrm{d}z = a^2bc$$

类似的,可得

$$\iint\limits_{\Sigma} y^2\mathrm{d}z\mathrm{d}x = b^2ac,\ \iint\limits_{\Sigma} z^2\mathrm{d}x\mathrm{d}y = c^2ab$$

于是,所求曲面积分为 $(a + b + c)abc$.

例2 计算曲面积分 $\iint\limits_{\Sigma} xyz\mathrm{d}x\mathrm{d}y$,其中 Σ 是球面 $x^2 + y^2 + z^2 = 1$ 外侧在 $x \geqslant 0, y \geqslant 0$ 的部分.

解 把有向曲面 Σ 分成以下两部分(见图9.21):

$\Sigma_1 : z = \sqrt{1 - x^2 - y^2}\ (x \geqslant 0,y \geqslant 0)$ 的上侧,

$\Sigma_2 : z = -\sqrt{1 - x^2 - y^2}\ (x \geqslant 0,y \geqslant 0)$ 的下侧.

Σ_1 和 Σ_2 在 xOy 面上的投影区域都是 D_{xy}:
$x^2 + y^2 \leqslant 1(x \geqslant 0,y \geqslant 0)$.

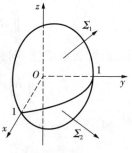

图 9.21

于是

$$\iint\limits_{\Sigma} xyz\mathrm{d}x\mathrm{d}y = \iint\limits_{\Sigma_1} xyz\mathrm{d}x\mathrm{d}y + \iint\limits_{\Sigma_2} xyz\mathrm{d}x\mathrm{d}y$$

$$= \iint\limits_{D_{xy}} xy\sqrt{1 - x^2 - y^2}\,\mathrm{d}x\mathrm{d}y - \iint\limits_{D_{xy}} xy\left(-\sqrt{1 - x^2 - y^2}\right)\mathrm{d}x\mathrm{d}y$$

$$= 2\iint\limits_{D_{xy}} xy\sqrt{1 - x^2 - y^2}\,\mathrm{d}x\mathrm{d}y$$

$$= 2\int_0^{\frac{\pi}{2}}\mathrm{d}\theta\int_0^1 r^2\sin\theta\cos\theta\sqrt{1 - r^2}\,r\mathrm{d}r = \frac{2}{15}$$

9.5.3　两类曲面积分之间的联系

设积分曲面 Σ 由方程 $z = z(x,y)$ 给出的，Σ 在 xOy 面上的投影区域为 D_{xy}，函数 $z = z(x,y)$ 在 D_{xy} 上具有一阶连续偏导数，被积函数 $R(x,y,z)$ 在 Σ 上连续.

如果 Σ 取上侧，则有

$$\iint\limits_{\Sigma} R(x,y,z)\mathrm{d}x\mathrm{d}y = \iint\limits_{D_{xy}} R[x,y,z(x,y)]\mathrm{d}x\mathrm{d}y$$

另一方面，因上述有向曲面 Σ 的法向量的方向余弦为

$$\cos\alpha = \frac{-z_x}{\sqrt{1 + z_x^2 + z_y^2}}, \quad \cos\beta = \frac{-z_y}{\sqrt{1 + z_x^2 + z_y^2}}, \quad \cos\gamma = \frac{1}{\sqrt{1 + z_x^2 + z_y^2}}$$

故由对面积的曲面积分计算公式有

$$\iint\limits_{\Sigma} R(x,y,z)\cos\gamma\mathrm{d}S = \iint\limits_{D_{xy}} R[x,y,z(x,y)]\mathrm{d}x\mathrm{d}y$$

由此可见，有

$$\iint\limits_{\Sigma} R(x,y,z)\mathrm{d}x\mathrm{d}y = \iint\limits_{\Sigma} R(x,y,z)\cos\gamma\mathrm{d}S$$

如果 Σ 取下侧，则有

$$\iint\limits_{\Sigma} R(x,y,z)\mathrm{d}x\mathrm{d}y = -\iint\limits_{D_{xy}} R[x,y,z(x,y)]\mathrm{d}x\mathrm{d}y$$

但这时 $\cos\gamma = \dfrac{-1}{\sqrt{1 + z_x^2 + z_y^2}}$，因此仍有

$$\iint\limits_{\Sigma} R(x,y,z)\mathrm{d}x\mathrm{d}y = \iint\limits_{\Sigma} R(x,y,z)\cos\gamma\mathrm{d}S$$

类似的,可推得

$$\iint\limits_{\Sigma} P(x,y,z)\mathrm{d}y\mathrm{d}z = \iint\limits_{\Sigma} P(x,y,z)\cos\alpha\mathrm{d}S$$

$$\iint\limits_{\Sigma} Q(x,y,z)\mathrm{d}z\mathrm{d}x = \iint\limits_{\Sigma} P(x,y,z)\cos\beta\mathrm{d}S$$

综合起来,则有

$$\iint\limits_{\Sigma} P\mathrm{d}y\mathrm{d}z + Q\mathrm{d}z\mathrm{d}x + R\mathrm{d}x\mathrm{d}y = \iint\limits_{\Sigma}(P\cos\alpha + Q\cos\beta + R\cos\gamma)\mathrm{d}S \quad (9.10)$$

其中,$\cos\alpha, \cos\beta, \cos\gamma$ 是有向曲面 Σ 上点 (x,y,z) 处的法向量的方向余弦.

两类曲面积分之间的联系也可写为以下向量的形式

$$\iint\limits_{\Sigma} \boldsymbol{A} \cdot \mathrm{d}\boldsymbol{S} = \iint\limits_{\Sigma} \boldsymbol{A} \cdot \boldsymbol{n}\mathrm{d}S, \quad 或 \iint\limits_{\Sigma} \boldsymbol{A} \cdot \mathrm{d}\boldsymbol{S} = \iint\limits_{\Sigma} \boldsymbol{A}_n\mathrm{d}S$$

其中,$\boldsymbol{A} = (P,Q,R)$,$\boldsymbol{n} = (\cos\alpha, \cos\beta, \cos\gamma)$ 是有向曲面 Σ 上点 (x,y,z) 处的单位法向量,$\mathrm{d}\boldsymbol{S} = \boldsymbol{n}\mathrm{d}S = (\mathrm{d}y\mathrm{d}z, \mathrm{d}z\mathrm{d}x, \mathrm{d}x\mathrm{d}y)$ 称为有向曲面元,$\boldsymbol{A}_n$ 为向量 $\boldsymbol{A}$ 在向量 $\boldsymbol{n}$ 上的投影.

例3 计算曲面积分 $\iint\limits_{\Sigma}(z^2 + x)\mathrm{d}y\mathrm{d}z - z\mathrm{d}x\mathrm{d}y$,其中 Σ 是曲面 $z = \dfrac{1}{2}(x^2 + y^2)$ 介于平面 $z = 0$ 及 $z = 2$ 之间的部分的下侧.

解 由两类曲面积分之间的关系(9.10),可得

$$\iint\limits_{\Sigma}(z^2 + x)\mathrm{d}y\mathrm{d}z = \iint\limits_{\Sigma}(z^2 + x)\cos\alpha\mathrm{d}S = \iint\limits_{\Sigma}(z^2 + x)\frac{\cos\alpha}{\cos\gamma}\mathrm{d}x\mathrm{d}y$$

在曲面 Σ 上,有

$$\cos\alpha = \frac{x}{\sqrt{1 + x^2 + y^2}}, \quad \cos\gamma = \frac{-1}{\sqrt{1 + x^2 + y^2}}$$

$$\mathrm{d}S = \sqrt{1 + x^2 + y^2}\,\mathrm{d}x\mathrm{d}y$$

故

$$\iint\limits_{\Sigma}(z^2 + x)\mathrm{d}y\mathrm{d}z - z\mathrm{d}x\mathrm{d}y = \iint\limits_{\Sigma}[(z^2 + x)(-x) - z]\mathrm{d}x\mathrm{d}y$$

$$= \iint\limits_{x^2+y^2\leqslant 4}\left\{\left[\frac{1}{4}(x^2 + y^2)^2 + x\right]\cdot(-x) - \frac{1}{2}(x^2 + y^2)\right\}\mathrm{d}x\mathrm{d}y$$

$$= \iint\limits_{x^2+y^2\leqslant 4} \left[x^2 + \frac{1}{2}(x^2 + y^2) \right] \mathrm{d}x\mathrm{d}y$$

$$= \int_0^{2\pi} \mathrm{d}\theta \int_0^2 \left(r^2 \cos^2\theta + \frac{1}{2}r^2 \right) r\mathrm{d}r = 8\pi$$

习题 9-5

基础题

一、选择题

1. 设 Σ 是球面 $x^2 + y^2 + z^2 = a^2$ 外侧，$D_{xy}: x^2 + y^2 \leqslant a^2$，则下列结论正确的是（   ）.

    A. $\oiint\limits_{\Sigma} z^2\mathrm{d}x\mathrm{d}y = \iint\limits_{D_{xy}} (a^2 - x^2 - y^2)\mathrm{d}x\mathrm{d}y$

    B. $\oiint\limits_{\Sigma} z^2\mathrm{d}x\mathrm{d}y = 2\iint\limits_{D_{xy}} (a^2 - x^2 - y^2)\mathrm{d}x\mathrm{d}y$

    C. $\oiint\limits_{\Sigma} z^2\mathrm{d}x\mathrm{d}y = 0$

    D. A，B，C 都不对

2. 设 Σ 为柱面 $x^2 + y^2 = 1$ 被平面 $z = 0$ 及 $z = 3$ 所截得的部分外侧，则 $\iint\limits_{\Sigma} z\mathrm{d}x\mathrm{d}y + x\mathrm{d}y\mathrm{d}z + y\mathrm{d}x\mathrm{d}z = ($ $)$.

    A. $3\iint\limits_{\Sigma} z\mathrm{d}x\mathrm{d}y$ B. $3\iint\limits_{\Sigma} x\mathrm{d}y\mathrm{d}z$

    C. $3\iint\limits_{\Sigma} y\mathrm{d}x\mathrm{d}z$ D. $\iint\limits_{\Sigma} x\mathrm{d}y\mathrm{d}z + y\mathrm{d}x\mathrm{d}z$

3. 设 Σ 为柱面 $x^2 + y^2 = a^2$ 被平面 $z = 0$ 及 $z = 3$ 所截得的部分外侧在第一卦限内的部分，则 $\iint\limits_{\Sigma} z\mathrm{d}x\mathrm{d}y + x\mathrm{d}y\mathrm{d}z + y\mathrm{d}x\mathrm{d}z = ($ $)$.

    A. $3\int_0^3 \mathrm{d}y \int_0^1 \sqrt{1 - x^2}\,\mathrm{d}x$ B. $2\int_0^3 \mathrm{d}z \int_0^1 \sqrt{1 - y^2}\,\mathrm{d}y$

C. $\int_0^3 dz \int_0^1 \sqrt{1-x^2}\, dx$ D. $\int_0^3 dz \int_0^1 \sqrt{1-y^2}\, dy$

4. 设 $\Sigma : x^2 + y^2 + z^2 = a^2$，$\Sigma_1 : z = \sqrt{a^2 - x^2 - y^2}$，$\Sigma$ 取外侧，Σ_1 取上侧. 下列结论正确的是( ).

    A. $\oiint\limits_{\Sigma} (x^2 + y^2 + z^2)\, dx dy = a^2 \iint\limits_{\Sigma_1} dx dy$

    B. $\oiint\limits_{\Sigma} (x^2 + y^2 + z^2)\, dx dy = 2a^2 \iint\limits_{\Sigma_1} dx dy$

    C. $\oiint\limits_{\Sigma} (x^2 + y^2 + z^2)\, dx dy = 2a^2 \iint\limits_{x^2+y^2 \leqslant a^2} dx dy$

    D. 0

5. 已知 Σ 为平面 $x + y + z = 1$ 在第一卦限内的下侧，则 $\iint\limits_{\Sigma} z dx dy = ($).

    A. $-\int_0^1 dx \int_0^{1-x} (1 - x - y)\, dy$ B. $\int_0^1 dx \int_0^{1-x} (1 - x - y)\, dy$

    C. $\int_0^1 dy \int_0^{1-x} (1 - x - y)\, dx$ D. $-\int_0^1 dy \int_0^{1-x} (1 - x - y)\, dx$

二、填空题

1. 设 Σ 是 xOy 平面上的闭区域 $\begin{cases} 0 \leqslant x \leqslant 1 \\ 0 \leqslant y \leqslant 1 \end{cases}$ 的上侧，则 $\iint\limits_{\Sigma} (x + y + z)\, dy dz = $

_____.

2. 设 Σ 为球面 $x^2 + y^2 + z^2 = a^2$ 取外侧，则 $\oiint\limits_{\Sigma} (x^2 + y^2 + z^2)\, dx dy = $

_____.

3. 设 Σ 为球面 $x^2 + y^2 + z^2 = a^2$ 取外侧，则 $\oiint\limits_{\Sigma} z dx dy = $ _____.

4. 设 Σ 为球面 $(x - a)^2 + (y - b)^2 + (z - c)^2 = R^2$ 取外侧，则曲面积分 $\oiint\limits_{\Sigma} z dx dy = $ _____.

三、解答题

1. 计算 $\iint\limits_{\Sigma} x^2 y^2 z dx dy$，其中 Σ 是球面 $x^2 + y^2 + z^2 = R^2$ 的下半部分的下侧.

2. 计算 $\iint\limits_{\Sigma} z\mathrm{d}x\mathrm{d}y + x\mathrm{d}y\mathrm{d}z + y\mathrm{d}z\mathrm{d}x$，其中 Σ 是柱面 $x^2 + y^2 = 1$ 被平面 $z = 0$ 及 $z = 3$ 所截得的在第一卦限内的部分的前侧.

3. 计算 $\oiint\limits_{\Sigma} xz\mathrm{d}x\mathrm{d}y + xy\mathrm{d}y\mathrm{d}z + yz\mathrm{d}z\mathrm{d}x$，其中 Σ 是平面 $x = 0, y = 0, z = 0$ 及 $x + y + z = 1$ 所围成的空间区域的整个边界曲面的外侧.

4. 把对坐标的曲面积分

$\iint\limits_{\Sigma} P(x,y,z)\mathrm{d}y\mathrm{d}z + Q(x,y,z)\mathrm{d}z\mathrm{d}x + R(x,y,z)\mathrm{d}x\mathrm{d}y$ 化成对面积的曲面积分，

其中：

（1）Σ 是平面 $3x + 2y + 2\sqrt{3}z = 6$ 在第一卦限部分的上侧；

（2）Σ 是抛物面 $z = 8 - (x^2 + y^2)$ 在 xOy 面上方部分的上侧.

提高题

1. 计算 $\oiint\limits_{\Sigma} \dfrac{\mathrm{e}^z}{\sqrt{x^2 + y^2}}\mathrm{d}x\mathrm{d}y$，其中 Σ 是锥面 $z = \sqrt{x^2 + y^2}$ 及平面 $z = 1, z = 2$ 所围成的立体表面的外侧.

2. 计算 $\iint\limits_{\Sigma}(x + y)\mathrm{d}y\mathrm{d}z + (y + z)\mathrm{d}z\mathrm{d}x + (z + x)\mathrm{d}x\mathrm{d}y$，其中 Σ 为曲面 $z = x^2 + y^2(0 \leqslant z \leqslant 1)$ 的下侧.

§9.6　高斯公式　通量与散度

9.6.1　高斯公式

定理　设空间闭区域 Ω 是由分片光滑的闭曲面 Σ 所围成,函数 $P(x,y,z)$,$Q(x,y,z)$,$R(x,y,z)$ 在 Ω 上具有一阶连续偏导数,则有

$$\iiint\limits_{\Omega}\left(\frac{\partial P}{\partial x}+\frac{\partial Q}{\partial y}+\frac{\partial R}{\partial z}\right)\mathrm{d}v = \oiint\limits_{\Sigma} P\mathrm{d}y\mathrm{d}z + Q\mathrm{d}z\mathrm{d}x + R\mathrm{d}x\mathrm{d}y$$

或

$$\iiint\limits_{\Omega}\left(\frac{\partial P}{\partial x}+\frac{\partial Q}{\partial y}+\frac{\partial R}{\partial z}\right)\mathrm{d}v = \oiint\limits_{\Sigma}(P\cos\alpha + Q\cos\beta + R\cos\gamma)\mathrm{d}S$$

简要证明

设 Ω 是一柱体(见图 9.22),上边界曲面为 $\Sigma_1:z=z_2(x,y)$,下边界曲面为 $\Sigma_2:z=z_1(x,y)$,侧面为柱面 Σ_3,Σ_1 取下侧,Σ_2 取上侧;Σ_3 取外侧.

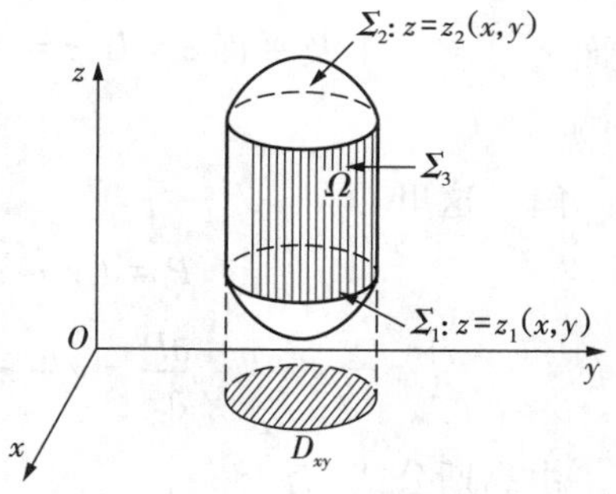

根据三重积分的计算法,有

$$\iiint\limits_{\Omega}\frac{\partial R}{\partial z}\mathrm{d}v = \iint\limits_{D_{xy}}\mathrm{d}x\mathrm{d}y\int_{z_1(x,y)}^{z_2(x,y)}\frac{\partial R}{\partial z}\mathrm{d}z$$

图 9.22

$$= \iint\limits_{D_{xy}}\{R[x,y,z_2(x,y)] - R[x,y,z_1(x,y)]\}\mathrm{d}x\mathrm{d}y$$

另一方面,有

$$\iint\limits_{\Sigma_1} R(x,y,z)\mathrm{d}x\mathrm{d}y = -\iint\limits_{D_{xy}} R[x,y,z_1(x,y)]\mathrm{d}x\mathrm{d}y$$

$$\iint\limits_{\Sigma_2} R(x,y,z)\mathrm{d}x\mathrm{d}y = \iint\limits_{D_{xy}} R[x,y,z_2(x,y)]\mathrm{d}x\mathrm{d}y$$

$$\iint\limits_{\Sigma_3} R(x,y,z)\mathrm{d}x\mathrm{d}y = 0$$

以上 3 式相加,得

$$\oiint\limits_{\Sigma} R(x,y,z)\,\mathrm{d}x\mathrm{d}y = \iint\limits_{D_{xy}} \{R[x,y,z_2(x,y)] - R[x,y,z_1(x,y)]\}\,\mathrm{d}x\mathrm{d}y$$

所以

$$\iiint\limits_{\Omega} \frac{\partial R}{\partial z}\,\mathrm{d}v = \oiint\limits_{\Sigma} R(x,y,z)\,\mathrm{d}x\mathrm{d}y$$

类似的,有

$$\iiint\limits_{\Omega} \frac{\partial P}{\partial x}\,\mathrm{d}v = \oiint\limits_{\Sigma} P(x,y,z)\,\mathrm{d}y\mathrm{d}z$$

$$\iiint\limits_{\Omega} \frac{\partial Q}{\partial y}\,\mathrm{d}v = \oiint\limits_{\Sigma} Q(x,y,z)\,\mathrm{d}z\mathrm{d}x$$

把以上 3 式两端分别相加,即得**高斯公式**.

例 1　利用高斯公式计算曲面积分 $\oiint\limits_{\Sigma}(x-y)\,\mathrm{d}x\mathrm{d}y + (y-z)x\mathrm{d}y\mathrm{d}z$,其中 Σ 为

柱面 $x^2 + y^2 = 1$ 及平面 $z = 0, z = 3$ 所围成的空间闭区域 Ω 的整个边界曲面的外侧.

解　这里

$$P = (y-z)x, Q = 0, R = x-y$$

$$\frac{\partial P}{\partial x} = y-z, \quad \frac{\partial Q}{\partial y} = 0, \quad \frac{\partial R}{\partial z} = 0$$

由高斯公式,有

$$\oiint\limits_{\Sigma}(x-y)\,\mathrm{d}x\mathrm{d}y + (y-z)\,\mathrm{d}y\mathrm{d}z$$

$$= \iiint\limits_{\Omega}(y-z)\,\mathrm{d}x\mathrm{d}y\mathrm{d}z = \iiint\limits_{\Omega}(\rho\sin\theta - z)\rho\,\mathrm{d}\rho\mathrm{d}\theta\mathrm{d}z$$

$$= \int_0^{2\pi}\mathrm{d}\theta\int_0^1\rho\,\mathrm{d}\rho\int_0^3(\rho\sin\theta - z)\,\mathrm{d}z = -\frac{9\pi}{2}$$

例 2　计算曲面积分 $\iint\limits_{\Sigma}(x^2\cos\alpha + y^2\cos\beta + z^2\cos\gamma)\,\mathrm{d}S$,其中 Σ 为锥面

$x^2 + y^2 = z^2$ 介于平面 $z = 0$ 及 $z = h\ (h > 0)$ 之间的部分的下侧,$\cos\alpha, \cos\beta,$

$\cos\gamma$ 是 Σ 上点 (x,y,z) 处的法向量的方向余弦.

解　设 Σ_1 为 $z = h(x^2 + y^2 \leqslant h^2)$ 的上侧,则 Σ 与 Σ_1 一起构成一个闭曲面,记它们围成的空间闭区域为 Ω,由高斯公式得

$$\iint\limits_{\Sigma} (x^2 \cos \alpha + y^2 \cos \beta + z^2 \cos \gamma) \, \mathrm{d}S$$

$$= 2 \iint\limits_{x^2 + y^2 \leqslant h^2} \mathrm{d}x\mathrm{d}y \int_{\sqrt{x^2+y^2}}^{h} (x + y + z) \, \mathrm{d}z = 2 \iint\limits_{x^2 + y^2 \leqslant h^2} \mathrm{d}x\mathrm{d}y \int_{\sqrt{x^2+y^2}}^{h} z \, \mathrm{d}z$$

$$= \iint\limits_{x^2 + y^2 \leqslant h^2} (h^2 - x^2 - y^2) \, \mathrm{d}x\mathrm{d}y = \frac{1}{2} \pi h^4$$

提示:

$$\iint\limits_{x^2 + y^2 \leqslant h^2} \mathrm{d}x\mathrm{d}y \int_{\sqrt{x^2+y^2}}^{h} (x + y) \, \mathrm{d}z = 0$$

而

$$\iint\limits_{\Sigma_1} (x^2 \cos \alpha + y^2 \cos \beta + z^2 \cos \gamma) \, \mathrm{d}S = \iint\limits_{\Sigma_1} z^2 \, \mathrm{d}S = \iint\limits_{x^2 + y^2 \leqslant h^2} h^2 \mathrm{d}x\mathrm{d}y = \pi h^4$$

因此

$$\iint\limits_{\Sigma} (x^2 \cos \alpha + y^2 \cos \beta + z^2 \cos \gamma) \, \mathrm{d}S = \frac{1}{2} \pi h^4 - \pi h^4 = -\frac{1}{2} \pi h^4$$

提示:

根据被积函数的奇偶性和积分区域的对称性.

9.6.2　通量与散度

1) 高斯公式的物理意义

将高斯公式

$$\iiint\limits_{\Omega} \left(\frac{\partial P}{\partial x} + \frac{\partial Q}{\partial y} + \frac{\partial R}{\partial z} \right) \mathrm{d}v = \oiint\limits_{\Sigma} (P \cos \alpha + Q \cos \beta + R \cos \gamma) \mathrm{d}S$$

改写为

$$\iiint\limits_{\Omega} \left(\frac{\partial P}{\partial x} + \frac{\partial Q}{\partial y} + \frac{\partial R}{\partial z} \right) \mathrm{d}v = \oiint\limits_{\Sigma} v_n \mathrm{d}S$$

其中, $v_n = v \cdot n = P \cos \alpha + Q \cos \beta + R \cos \gamma$, $n = \{\cos \alpha, \cos \beta, \cos \gamma\}$ 是 Σ 在点 (x, y, z) 处的单位法向量.

公式的右端可解释为单位时间内离开闭区域 Ω 的流体的总质量(**或通量**),左端可解释为分布在 Ω 内的源头在单位时间内所产生的流体的总质量.

2)散度

设 Ω 的体积为 V,由高斯公式得

$$\frac{1}{V}\iiint\limits_{\Omega}\left(\frac{\partial P}{\partial x} + \frac{\partial Q}{\partial y} + \frac{\partial R}{\partial z}\right)\mathrm{d}v = \frac{1}{V}\oiint\limits_{\Sigma} v_n \mathrm{d}S$$

其左端表示 Ω 内源头在单位时间单位体积内所产生的流体质量的平均值.

由积分中值定理,得

$$\left(\frac{\partial P}{\partial x} + \frac{\partial Q}{\partial y} + \frac{\partial R}{\partial z}\right)\Big|_{(\xi,\eta,\zeta)} = \frac{1}{V}\oiint\limits_{\Sigma} v_n \mathrm{d}S$$

令 Ω 缩向一点 $M(x,y,z)$,得

$$\frac{\partial P}{\partial x} + \frac{\partial Q}{\partial y} + \frac{\partial R}{\partial z} = \lim_{\Omega \to M} \frac{1}{V}\oiint\limits_{\Sigma} v_n \mathrm{d}S$$

上式左端称为 v 在点 M 的散度,记为 $\mathrm{div}\, v$,即

$$\mathrm{div}\, v = \frac{\partial P}{\partial x} + \frac{\partial Q}{\partial y} + \frac{\partial R}{\partial z}$$

其左端表示单位时间单位体积分内所产生的流体质量.

一般,设某向量场由

$$A(x,y,z) = P(x,y,z)i + Q(x,y,z)j + R(x,y,z)k$$

给出,其中 P,Q,R 具有一阶连续偏导数,Σ 是场内的一片有向曲面,n 是 Σ 上点 (x,y,z) 处的单位法向量,则 $\iint\limits_{\Sigma} A \cdot n\mathrm{d}S$ 称为向量场 A 通过曲面 Σ 向着指定侧的通量(或流量),而 $\dfrac{\partial P}{\partial x} + \dfrac{\partial Q}{\partial y} + \dfrac{\partial R}{\partial z}$ 称为向量场 A 的散度,记作 $\mathrm{div}\, A$,即

$$\mathrm{div}\, A = \frac{\partial P}{\partial x} + \frac{\partial Q}{\partial y} + \frac{\partial R}{\partial z}$$

高斯公式的另一形式

$$\iiint\limits_{\Omega} \mathrm{div}\, A\mathrm{d}v = \oiint\limits_{\Sigma} A \cdot n\mathrm{d}S, \quad 或 \iiint\limits_{\Omega} \mathrm{div}\, A\mathrm{d}v = \oiint\limits_{\Sigma} A_n \mathrm{d}S$$

其中,Σ 是空间闭区域 Ω 的边界曲面,而

$$A_n = \boldsymbol{A} \cdot \boldsymbol{n} = P \cos \alpha + Q \cos \beta + R \cos \gamma$$

是向量 $\boldsymbol{A}$ 在曲面 Σ 的外侧法向量上的投影.

习题 9-6

基础题

一、选择题

1. 设空间闭区域 Ω 的边界是分片光滑的闭曲面 Σ 围成, Σ 取外侧, 则 Ω 的体积 $V = ($ 　　　 $)$.

A. $\dfrac{1}{3} \oiint_{\Sigma} y \mathrm{d}y \mathrm{d}z + z \mathrm{d}z \mathrm{d}x + x \mathrm{d}x \mathrm{d}y$ 　　　 B. $\dfrac{1}{3} \oiint_{\Sigma} x \mathrm{d}y \mathrm{d}z + y \mathrm{d}z \mathrm{d}x + z \mathrm{d}x \mathrm{d}y$

C. $\dfrac{1}{3} \oiint_{\Sigma} z \mathrm{d}y \mathrm{d}z + z \mathrm{d}z \mathrm{d}x + y \mathrm{d}x \mathrm{d}y$ 　　　 D. $\dfrac{1}{3} \oiint_{\Sigma} x \mathrm{d}y \mathrm{d}z + z \mathrm{d}z \mathrm{d}x + y \mathrm{d}x \mathrm{d}y$

2. 设 Σ 是长方体 $\Omega: \{(x,y,z) \mid 0 \leqslant x \leqslant a, 0 \leqslant y \leqslant b, 0 \leqslant z \leqslant c,\}$ 的整个表面的外侧, 则 $\oiint_{\Sigma} x^2 \mathrm{d}y \mathrm{d}z + y^2 \mathrm{d}z \mathrm{d}x + z^2 \mathrm{d}x \mathrm{d}y = ($ 　　　 $)$.

A. $a^2 bc$ 　　　　　 B. $ab^2 c$ 　　　　　 C. abc^2 　　　　　 D. $(a+b+c) abc$

3. 在高斯定理的条件下, 下列等式不成立的是(　　).

A. $\iiint_{\Omega} \left(\dfrac{\partial P}{\partial x} + \dfrac{\partial Q}{\partial y} + \dfrac{\partial R}{\partial z} \right) \mathrm{d}x \mathrm{d}y \mathrm{d}z = \oiint_{\Sigma} (P \cos \alpha + Q \cos \beta + R \cos \gamma) \mathrm{d}S$

B. $\oiint_{\Sigma} P \mathrm{d}y \mathrm{d}z + Q \mathrm{d}z \mathrm{d}x + R \mathrm{d}x \mathrm{d}y = \iiint_{\Omega} \left(\dfrac{\partial P}{\partial x} + \dfrac{\partial Q}{\partial y} + \dfrac{\partial R}{\partial z} \right) \mathrm{d}x \mathrm{d}y \mathrm{d}z$

C. $\oiint_{\Sigma} P \mathrm{d}y \mathrm{d}z + Q \mathrm{d}z \mathrm{d}x + R \mathrm{d}x \mathrm{d}y = \iiint_{\Omega} \left(\dfrac{\partial R}{\partial x} + \dfrac{\partial Q}{\partial y} + \dfrac{\partial P}{\partial z} \right) \mathrm{d}x \mathrm{d}y \mathrm{d}z$

D. $\oiint_{\Sigma} P \mathrm{d}y \mathrm{d}z + Q \mathrm{d}z \mathrm{d}x + R \mathrm{d}x \mathrm{d}y = \oiint_{\Sigma} (P \cos \alpha + Q \cos \beta + R \cos \gamma) \mathrm{d}S$

4. 若 Σ 是空间区域 Ω 的外表面, 下述计算用高斯公式正确的是(　　).

A. $\oiint_{\Sigma} x^2 \mathrm{d}y \mathrm{d}z + (z + 2y) \mathrm{d}x \mathrm{d}y = \iiint_{\Omega} (2x + 2) \mathrm{d}x \mathrm{d}y \mathrm{d}z$

B. $\oiint\limits_{\Sigma}(x^3 - yz)\mathrm{d}y\mathrm{d}z - 2xy\mathrm{d}z\mathrm{d}x + z\mathrm{d}x\mathrm{d}y = \iiint\limits_{\Omega}(3x^2 - 2x + 1)\mathrm{d}x\mathrm{d}y\mathrm{d}z$

C. $\oiint\limits_{\Sigma}x^2\mathrm{d}y\mathrm{d}z + (z + 2y)\mathrm{d}z\mathrm{d}x = \iiint\limits_{\Omega}(2x + 1)\mathrm{d}x\mathrm{d}y\mathrm{d}z$

D. $\oiint\limits_{\Sigma}x^2\mathrm{d}x\mathrm{d}y + (z + 2y)\mathrm{d}y\mathrm{d}z = \iiint\limits_{\Omega}(2x + 2)\mathrm{d}x\mathrm{d}y\mathrm{d}z$

二、填空题

1. 设 Σ 是球面 $x^2 + y^2 + z^2 = a^2$ 外侧,则 $\oiint\limits_{\Sigma}z\mathrm{d}x\mathrm{d}y = $ _____.

2. 设 Σ 是球面 $x^2 + y^2 + z^2 = a^2$ 外侧,则 $\oiint\limits_{\Sigma}x^3\mathrm{d}y\mathrm{d}z + y^3\mathrm{d}z\mathrm{d}x + z^3\mathrm{d}x\mathrm{d}y = $

_____.

3. 设 Σ 是长方体 $\Omega:\{(x,y,z)\,|\,0 \leqslant x \leqslant a, 0 \leqslant y \leqslant b, 0 \leqslant z \leqslant c\}$ 的整个表面的外侧,则 $\oiint\limits_{\Sigma}x\mathrm{d}y\mathrm{d}z + y\mathrm{d}z\mathrm{d}x + z\mathrm{d}x\mathrm{d}y = $ _____.

4. 设 Σ 是长方体 $\Omega:\{(x,y,z)\,|\,0 \leqslant x \leqslant a, 0 \leqslant y \leqslant b, 0 \leqslant z \leqslant c\}$ 的整个表面的外侧,则 $\oiint\limits_{\Sigma}x^2\mathrm{d}y\mathrm{d}z + y^2\mathrm{d}z\mathrm{d}x + z^2\mathrm{d}x\mathrm{d}y = $ _____.

三、解答题

1. 计算 $\oiint\limits_{\Sigma}x^2\mathrm{d}y\mathrm{d}z + y^2\mathrm{d}z\mathrm{d}x + z^2\mathrm{d}x\mathrm{d}y$,其中 Σ 为平面 $x = 0, y = 0, z = 0$ 及 $x = a$, $y = a, z = a$ 所围成的立体的表面外侧.

2. 计算 $\oiint\limits_{\Sigma}x^3\mathrm{d}y\mathrm{d}z + y^3\mathrm{d}z\mathrm{d}x + z^3\mathrm{d}x\mathrm{d}y$,其中 Σ 为球面 $x^2 + y^2 + z^2 = a^2$ 外侧.

3. 计算 $\oiint\limits_{\Sigma}xz^2\mathrm{d}y\mathrm{d}z + (x^2y - z^3)\mathrm{d}z\mathrm{d}x + (2xy + y^2z)\mathrm{d}x\mathrm{d}y$,其中 Σ 为上半球体 $0 \leqslant z \leqslant \sqrt{a^2 - x^2 - y^2}$ 的表面外侧.

4. 计算 $\oiint\limits_{\Sigma}x\mathrm{d}y\mathrm{d}z + y\mathrm{d}z\mathrm{d}x + z\mathrm{d}x\mathrm{d}y$,其中 Σ 是介于 $z = 0$ 和 $z = 3$ 之间的圆柱体 $x^2 + y^2 \leqslant 9$ 的整个表面外侧.

5. 计算 $\oiint\limits_{\Sigma}4xz\mathrm{d}y\mathrm{d}z - y^2\mathrm{d}z\mathrm{d}x + yz\mathrm{d}x\mathrm{d}y$,其中 Σ 是平面 $x = 0, y = 0, z = 0$ 与平面

$x = 1, y = 1, z = 1$ 所围成的立方体的全表面外侧.

提高题

1. 利用高斯公式计算曲面积 $\iint\limits_{\Sigma} (x - y)\mathrm{d}x\mathrm{d}y + (y - z)x\mathrm{d}y\mathrm{d}z$, 其中 Σ 为柱面 $x^2 + y^2 = 1$ 与平面 $z = 0, z = 3$ 所围立体的外表面.

2. 计算 $\oiint\limits_{\Sigma} x^2\mathrm{d}y\mathrm{d}z + (z^2 - 2xy)\mathrm{d}z\mathrm{d}x + \frac{z}{2}\mathrm{d}x\mathrm{d}y$, 其中 Σ 为曲面 $z = x^2 + y^2$ 与平面 $z = 1$ 所围成的立体的表面外侧.

3. 计算曲面积分 $\oiint\limits_{\Sigma} x^3\mathrm{d}y\mathrm{d}z + (y^3 + 2)\mathrm{d}z\mathrm{d}x + (z^3 - x^3)\mathrm{d}x\mathrm{d}y$, 其中 Σ 为曲面 $z = \sqrt{x^2 + y^2}$ 与球面 $z = \sqrt{4 - x^2 - y^2}$ 所围成的立体的表面外侧.

4. 计算曲面积分 $\oiint\limits_{\Sigma} xy^2\mathrm{d}y\mathrm{d}z + z^2\mathrm{d}z\mathrm{d}x + z(x^2 - 1)\mathrm{d}x\mathrm{d}y$, 其中 Σ 为由曲面 $z = \sqrt{4 - x^2 - y^2}$ 与平面 $z = 0$ 所围成的空间区域的整个边界表面外侧.

§9.7　斯托克斯公式　环流量与旋度

9.7.1　斯托克斯公式

定理　设 Γ 为分段光滑的空间有向闭曲线, Σ 是以 Γ 为边界的分片光滑的有向曲面, Γ 的正向与 Σ 的侧符合右手规则, 函数 $P(x,y,z)$, $Q(x,y,z)$, $R(x,y,z)$ 在曲面 Σ (连同边界) 上具有一阶连续偏导数, 则有

$$\iint\limits_{\Sigma} \left(\frac{\partial R}{\partial y} - \frac{\partial Q}{\partial z} \right) \mathrm{d}y\mathrm{d}z + \left(\frac{\partial P}{\partial z} - \frac{\partial R}{\partial x} \right) \mathrm{d}z\mathrm{d}x + \left(\frac{\partial Q}{\partial x} - \frac{\partial P}{\partial y} \right) \mathrm{d}x\mathrm{d}y = \oint\limits_{\Gamma} P\mathrm{d}x + Q\mathrm{d}y + R\mathrm{d}z$$

其记忆方式为

$$\iint\limits_{\Sigma} \begin{vmatrix} \mathrm{d}y\mathrm{d}z & \mathrm{d}z\mathrm{d}x & \mathrm{d}x\mathrm{d}y \\ \dfrac{\partial}{\partial x} & \dfrac{\partial}{\partial y} & \dfrac{\partial}{\partial z} \\ P & Q & R \end{vmatrix} \mathrm{d}S = \oint\limits_{\Gamma} P\mathrm{d}x + Q\mathrm{d}y + R\mathrm{d}z$$

或

$$\iint_{\Sigma} \begin{vmatrix} \cos\alpha & \cos\beta & \cos\gamma \\ \dfrac{\partial}{\partial x} & \dfrac{\partial}{\partial y} & \dfrac{\partial}{\partial z} \\ P & Q & R \end{vmatrix} dS = \oint_{\Gamma} P dx + Q dy + R dz$$

其中,$n = (\cos\alpha, \cos\beta, \cos\gamma)$ 为有向曲面 Σ 的单位法向量.

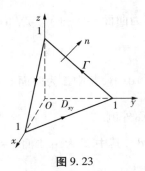

图 9.23

例 1 利用斯托克斯公式计算曲线积分 $\oint_{\Gamma} z dx + x dy + y dz$,其中 Γ 为平面 $x + y + z = 1$ 被 3 个坐标面所截成的三角形的整个边界,它的正向与这个三角形上侧的法向量之间符合右手规则(见图 9.23).

解 解法 1:按斯托克斯公式,有

$$\oint_{\Gamma} z dx + x dy + y dz = \iint_{\Sigma} dy dz + dz dx + dx dy$$

由于 Σ 的法向量的 3 个方向余弦都为正,又由于对称性,上式右端等于 $3\iint\limits_{D_{xy}} d\sigma$,其中,$D_{xy}$ 为 xOy 面上由直线 $x + y = 1$ 及两条坐标轴围成的三角形闭区域,因此

$$\oint_{\Gamma} z dx + x dy + y dz = \frac{3}{2}$$

解法 2:设 Σ 为闭曲线 Γ 所围成的三角形平面,Σ 在 yOz 面,zOx 面和 xOy 面上的投影区域分别为 D_{yz},D_{zx} 和 D_{xy},按斯托克斯公式,有

$$\oint_{\Gamma} z dx + x dy + y dz = \iint_{\Sigma} \begin{vmatrix} dy dz & dz dx & dx dy \\ \dfrac{\partial}{\partial x} & \dfrac{\partial}{\partial y} & \dfrac{\partial}{\partial z} \\ z & x & y \end{vmatrix}$$

$$= \iint_{\Sigma} dy dz + dz dx + dx dy$$

$$= \iint_{D_{yz}} dy dz + \iint_{D_{zx}} dz dx + \iint_{D_{xy}} dx dy$$

$$= 3\iint_{D_{xy}} dx dy = \frac{3}{2}$$

例 2　利用斯托克斯公式计算曲线积分

$$I = \oint_{\Gamma} x^2 yz \, \mathrm{d}x + (x^2 + y^2) \, \mathrm{d}y + (x + y + 1) \, \mathrm{d}z$$

其中, Γ 为曲线 $x^2 + y^2 + z^2 = 5$ 和 $z = x^2 + y^2 + 1$ 的交线, Γ 的方向从 z 轴正向看去为顺时针.

解　由斯托克斯公式, 有

$$I = \iint_{\Sigma} \begin{vmatrix} \mathrm{d}y\mathrm{d}z & \mathrm{d}z\mathrm{d}x & \mathrm{d}x\mathrm{d}y \\ \dfrac{\partial}{\partial x} & \dfrac{\partial}{\partial y} & \dfrac{\partial}{\partial z} \\ x^2 yz & x^2 + y^2 & x + y + 1 \end{vmatrix}$$

$$= \iint_{\Sigma} \mathrm{d}y\mathrm{d}z + (x^2 \cdot y - 1) \, \mathrm{d}z\mathrm{d}x + (2x - x^2 z) \, \mathrm{d}x\mathrm{d}y$$

取 Γ 所围平面块为 $\Sigma : z = 2$ (取下侧), Σ 在 xOy 面上投影区域 $D_{xy} : x^2 + y^2 \leqslant 1$, 故

$$I = \iint_{\Sigma} (2x - x^2 z) \, \mathrm{d}x\mathrm{d}y = -\iint_{D_{xy}} (2x - 2x^2) \, \mathrm{d}x\mathrm{d}y = 2\iint_{D_{xy}} x^2 \mathrm{d}x\mathrm{d}y - 2\iint_{D_{xy}} x \mathrm{d}x\mathrm{d}y$$

$$= 2\int_0^{2\pi} \mathrm{d}\theta \int_0^1 \rho^2 \cos\theta \rho \mathrm{d}\rho - 0 = \frac{\pi}{2}$$

注: 以 I 为边界曲线的任何曲面 Σ 均可作为斯托克斯中的曲面积分的曲面, 显然, 本例中所取的 Σ 最方便计算.

9.7.2　环流量与旋度

旋度: 向量场 $\boldsymbol{A} = (P(x,y,z), Q(x,y,z), R(x,y,z))$ 所确定的向量场

$$\left(\frac{\partial R}{\partial y} - \frac{\partial Q}{\partial z} \right) \boldsymbol{i} + \left(\frac{\partial P}{\partial z} - \frac{\partial R}{\partial x} \right) \boldsymbol{j} + \left(\frac{\partial Q}{\partial x} - \frac{\partial P}{\partial y} \right) \boldsymbol{k}$$

称为向量场 $\boldsymbol{A}$ 的旋度, 记为 $\mathbf{rot}\,\boldsymbol{A}$, 即

$$\mathbf{rot}\,\boldsymbol{A} = \left(\frac{\partial R}{\partial y} - \frac{\partial Q}{\partial z} \right) \boldsymbol{i} + \left(\frac{\partial P}{\partial z} - \frac{\partial R}{\partial x} \right) \boldsymbol{j} + \left(\frac{\partial Q}{\partial x} - \frac{\partial P}{\partial y} \right) \boldsymbol{k}$$

旋度的记忆法为

$$\mathbf{rot}\,\boldsymbol{A} = \begin{vmatrix} \boldsymbol{i} & \boldsymbol{j} & \boldsymbol{k} \\ \dfrac{\partial}{\partial x} & \dfrac{\partial}{\partial y} & \dfrac{\partial}{\partial z} \\ P & Q & R \end{vmatrix}$$

斯托克斯公式的另一形式为

$$\iint\limits_{\Sigma} \mathbf{rot}\, \mathbf{A} \cdot n \mathrm{d}S = \oint\limits_{\Gamma} \mathbf{A} \cdot \tau \mathrm{d}S, \quad 或 \iint\limits_{\Sigma} (\mathbf{rot}\, \mathbf{A})_n \mathrm{d}S = \oint\limits_{\Gamma} A_\tau \mathrm{d}S$$

其中, n 是曲面 Σ 上点 (x,y,z) 处的单位法向量, τ 是 Σ 的正向边界曲线 Γ 上点 (x,y,z) 处的单位切向量.

沿有向闭曲线 Γ 的曲线积分

$$\oint\limits_{\Gamma} P\mathrm{d}x + Q\mathrm{d}y + R\mathrm{d}z = \oint\limits_{\Gamma} A_\tau \mathrm{d}S$$

称为向量场 $\mathbf{A}$ 沿有向闭曲线 Γ 的环流量.

上述斯托克斯公式可叙述为:向量场 $\mathbf{A}$ 沿有向闭曲线 Γ 的环流量等于向量场 $\mathbf{A}$ 的旋度场通过 Γ 所张的曲面 Σ 的通量.

习题 9-7

基础题

一、选择题

1. 在斯托克斯定理的条件下,下列等式不成立的是(　　　).

A. $\oint\limits_{\Gamma} P\mathrm{d}x + Q\mathrm{d}y + R\mathrm{d}z = \iint\limits_{\Sigma} \begin{vmatrix} \mathrm{d}y\mathrm{d}z & \mathrm{d}z\mathrm{d}x & \mathrm{d}x\mathrm{d}y \\ \dfrac{\partial}{\partial x} & \dfrac{\partial}{\partial y} & \dfrac{\partial}{\partial z} \\ P & Q & R \end{vmatrix}$

B. $\oint\limits_{\Gamma} P\mathrm{d}x + Q\mathrm{d}y + R\mathrm{d}z = \iint\limits_{\Sigma} \begin{vmatrix} \cos\alpha & \cos\beta & \cos\gamma \\ \dfrac{\partial}{\partial x} & \dfrac{\partial}{\partial y} & \dfrac{\partial}{\partial z} \\ P & Q & R \end{vmatrix} \mathrm{d}S$

C. $\oint\limits_{\Gamma} P\mathrm{d}x + Q\mathrm{d}y + R\mathrm{d}z = \iint\limits_{\Sigma} \begin{vmatrix} \mathbf{i} & \mathbf{j} & \mathbf{k} \\ \dfrac{\partial}{\partial x} & \dfrac{\partial}{\partial y} & \dfrac{\partial}{\partial z} \\ P & Q & R \end{vmatrix} \cdot \{\cos\alpha, \cos\beta, \cos\gamma\} \mathrm{d}S$

D. $\oint_{\Gamma} P\mathrm{d}x + Q\mathrm{d}y + R\mathrm{d}z = \iint_{\Sigma} \begin{vmatrix} \boldsymbol{i} & \boldsymbol{j} & \boldsymbol{k} \\ \dfrac{\partial}{\partial x} & \dfrac{\partial}{\partial y} & \dfrac{\partial}{\partial z} \\ P & Q & R \end{vmatrix} \cdot \{\mathrm{d}x, \mathrm{d}y, \mathrm{d}z\}$

2. 设 Γ 是从点 $(a,0,0)$ 到点 $(0,a,0)$ 再到 $(0,0,a)$ 最后回到 $(a,0,0)$ 的三角形边界 $(a > 0)$,则 $\oint_{\Gamma} (z-y)\mathrm{d}x + (x-z)\mathrm{d}y + (y-x)\mathrm{d}z = ($).

A. $3a^2$ B. $6a^2$ C. $2a^2$ D. a^2

3. 设 Γ 为圆周 $x^2 + y^2 + z^2 = 9, z = 0$,若从 z 轴正向看去,Γ 为逆时针方向. 则 $\oint_{\Gamma} 2y\mathrm{d}x + 3x\mathrm{d}y - z^2\mathrm{d}z = ($).

A. π B. 6π C. 9π D. 0

二、填空题

1. 设 Γ 为圆周 $x^2 + y^2 + z^2 = a^2, z = 0$,若从 z 轴正向看去,Γ 为逆时针方向. $\oint_{\Gamma} 2y\mathrm{d}x + 2x\mathrm{d}y - z^2\mathrm{d}z = $ _____.

2. 设 $u = xy + yz + zx + xyz$,则:

(1) $\mathbf{grad}\, u = $ _____;

(2) $\mathrm{div}(\mathbf{grad}\, u) = $ _____;

(3) $\mathrm{rot}(\mathbf{grad}\, u) = $ _____.

3. 设向量场 $\boldsymbol{A} = (2z - 3y)\boldsymbol{i} + (3x - z)\boldsymbol{j} + (y - 2x)\boldsymbol{k}$,则 $\mathbf{rot}\,\boldsymbol{A} = $ _____.

4. 设向量场 $\boldsymbol{A} = x^2 \sin y\boldsymbol{i} + y^2 \sin(xz)\boldsymbol{j} + xy\sin(\cos z)\boldsymbol{k}$,则 $\mathbf{rot}\,\boldsymbol{A} = $ _____.

三、解答题

1. 计算 $\oint_{\Gamma} y\mathrm{d}x + z\mathrm{d}y + x\mathrm{d}z$,其中 Γ 为圆周 $x^2 + y^2 + z^2 = a^2, x + y + z = 0$,若从 z 轴正向看去,Γ 为逆时针方向.

*2. 计算 $\oint_{\Gamma} (yz)\mathrm{d}x + (z-x)\mathrm{d}y + (x-y)\mathrm{d}z$,其中 Γ 为椭圆 $x^2 + y^2 = a^2, \dfrac{x}{a} + \dfrac{y}{b} = 1 (a > 0, b > 0)$,若从 x 轴正向看去,Γ 为逆时针方向.

3. 计算 $\oint_{\Gamma} 3y\mathrm{d}x - xz\mathrm{d}y + yz^2\mathrm{d}z$，其中 Γ 为圆周 $x^2 + y^2 = 2z, z = 2$，若从 z 轴正向看去，Γ 为逆时针方向.

4. 计算 $\oint_{\Gamma} 2y\mathrm{d}x + 3x\mathrm{d}y - z^2\mathrm{d}z$，其中 Γ 为圆周 $x^2 + y^2 + z^2 = 9, z = 0$，若从 z 轴正向看去，Γ 为逆时针方向.

*5. 利用斯托克斯公式把曲面积分 $\iint_{\Sigma} \mathrm{rot}\, \boldsymbol{A} \cdot \boldsymbol{n} \, \mathrm{d}S$ 化为曲线积分，并计算积分值，其中 $\boldsymbol{A}$，Σ 及 $\boldsymbol{n}$ 分别如下：

（1）$\boldsymbol{A} = y^2\boldsymbol{i} + xy\boldsymbol{j} + xz\boldsymbol{k}$，$\Sigma$ 为上半球面 $z = \sqrt{1 - x^2 - y^2}$ 的上侧，$\boldsymbol{n}$ 是 Σ 的单位法向量；

（2）$\boldsymbol{A} = (y - z)\boldsymbol{i} + yz\boldsymbol{j} - xz\boldsymbol{k}$，$\Sigma$ 为 $\{(x, y, z) \mid 0 \leqslant x \leqslant 2, 0 \leqslant y \leqslant 2, 0 \leqslant z \leqslant 2\}$ 的表面外侧去掉 xOy 平面上的那个底面，$\boldsymbol{n}$ 是 Σ 的单位法向量.

提高题

1. 利用斯托克斯公式计算曲经积分 $\oint_{\Gamma} y\mathrm{d}x + z\mathrm{d}y + x\mathrm{d}z$，其中 Γ 为圆周，$x^2 + y^2 + z^2 = a^2, x + y + z = 0$，若从 x 轴正向看去，这圆周取逆时针方向.

2. 证明 $\oint_{\Gamma} y^2\mathrm{d}x + xy\mathrm{d}y + xz\mathrm{d}z = 0$，其中 Γ 为圆柱面 $x^2 + y^2 = 2y$ 与 $y = z$ 的交线.

3. 求向量场 $\boldsymbol{a} = (x - y)\boldsymbol{i} + (x^3 + yz)\boldsymbol{j} - (3xy^2)\boldsymbol{k}$，其中 Γ 为圆周 $z = 2 - \sqrt{x^2 + y^2}, z = 0$.

4. 求向量场 $\boldsymbol{\alpha} = (z + \sin y)\boldsymbol{i} - (z - x\cos y)\boldsymbol{j}$ 的旋度.

5. 计算 $\oint_{\Gamma} (y^2 - z^2)\mathrm{d}x + (z^2 - x^2)\mathrm{d}y + (x^2 - y^2)\mathrm{d}z$，其中 Γ 为用平面 $x + y + z = \dfrac{3}{2}$ 切立方体 $0 \leqslant x \leqslant a, 0 \leqslant y \leqslant a, 0 \leqslant x \leqslant a$ 的表面所得切痕，若从 Ox 轴的下向看去与逆时针方向.

第 10 章　无穷级数

§10.1　常数项级数

10.1.1　常数项级数的概念

在中学我们学习了已知一个数列 $\{x_n\}$，如何计算其前 n 项和

$$S_n = x_1 + x_2 + \cdots + x_n$$

如等比数列的前 n 项和为

$$S_n = \frac{x_1(1 - q^n)}{1 - q} \qquad (q \text{ 为公比})$$

但在许多实际问题中，我们经常会涉及求数列的全体和，即 $x_1 + x_2 + \cdots + x_n + \cdots$.

例如，已知

$$\frac{1}{3} = 0 \cdot 333\,3\cdots = 0.3 + 0.03 + 0.003 + \cdots$$

即

$$\frac{1}{3} = \frac{3}{10} + \frac{3}{10^2} + \frac{3}{10^3} + \cdots + \frac{3}{10^n} + \cdots$$

由此可知，$\frac{1}{3}$ 实际上可看成等比数列 $\left\{\frac{3}{10^n}\right\}$ 的全体项之和. 对这样的无穷多项之和，我们给出以下定义：

定义 1　设有一数列 $u_1, u_2, u_3, \cdots, u_n, \cdots$，则称表达式 $u_1 + u_2 + u_3 + \cdots +$

$u_n + \cdots$ 为无穷级数,简称级数,记为 $\sum\limits_{n=1}^{\infty} u_n$. 即

$$\sum_{n=1}^{\infty} u_n = u_1 + u_2 + u_3 + \cdots + u_n + \cdots$$

其中, u_n 称为级数的第 n 项, 也称一般项或通项; 如果 u_n 是常数, 则称级数 $\sum\limits_{n=1}^{\infty} u_n$ 为常数项级数, 简称数项级数; 如果 u_n 是函数, 则称级数 $\sum\limits_{n=1}^{\infty} u_n$ 为函数项级数.

如

$$1 + \frac{1}{2} + \frac{1}{4} + \cdots + \frac{1}{2^n} + \cdots$$

$$1 - 2 + 3 - 4 + \cdots + (-1)^{n-1} n + \cdots$$

都是数项级数. 而级数

$$1 + x + x^2 + x^3 + \cdots + x^{n-1} + \cdots$$

$$\cos x - \cos 2x + \cos 3x - \cdots + (-1)^{n-1} \cos nx + \cdots$$

都是函数项级数. 本节只讨论数项级数.

10.1.2　收敛级数的基本概念

已知有限个数相加,其和是一个定数. 而级数是无穷多个数的累加,其结果又如何呢? 显然这就不能像通常有限个数那样直接把它们逐项相加,但可用数列和极限的有关知识,求出其前 n 项和

$$S_n = u_1 + u_2 + u_3 + \cdots + u_n$$

由前 n 项和可知, 当 n 越大, 则 S_n 中所含的项就越多, 当 $n \to \infty$ 时, 显然 S_n 就包含了全体项之和. 即先求出 S_n, 再求 S_n 在 $n \to \infty$ 时的极限. 于是, 有以下定义:

定义 2　无穷级数 $\sum\limits_{n=1}^{\infty} u_n$ 的前 n 项和

$$S_n = u_1 + u_2 + u_3 + \cdots + u_n$$

称为该级数的**部分和**. 如果 $\lim\limits_{n\to\infty} S_n = S$, 则称级数 $\sum\limits_{n=1}^{\infty} u_n$ **收敛**, 并称 S 为该级数的和, 即

$$S = u_1 + u_2 + u_3 + \cdots + u_n + \cdots$$

或

$$u_1 + u_2 + \cdots + u_n + \cdots = \lim_{n \to \infty} (u_1 + u_2 + \cdots + u_n)$$

若 $\lim_{n \to \infty} S_n$ 不存在,则称级数 $\sum_{n=1}^{\infty} u_n$ **发散**,发散的级数没有和.

例 1 判断级数

$$\frac{1}{1 \times 2} + \frac{1}{2 \times 3} + \cdots + \frac{1}{n \times (n+1)} + \cdots$$

是否收敛? 若收敛,求出它的和.

解 由于此级数的通项为

$$u_n = \frac{1}{n(n+1)} = \frac{1}{n} - \frac{1}{n+1}$$

于是,有

$$S_n = \frac{1}{1 \times 2} + \frac{1}{2 \times 3} + \cdots + \frac{1}{n \times (n+1)}$$

$$= \left(\frac{1}{1} - \frac{1}{2} \right) + \left(\frac{1}{2} - \frac{1}{3} \right) + \cdots + \left(\frac{1}{n} - \frac{1}{n+1} \right) = 1 - \frac{1}{n+1}$$

从而,有

$$\lim_{n \to \infty} S_n = \lim_{n \to \infty} \left(1 - \frac{1}{n+1} \right) = 1$$

因此,该级数是收敛的,且其和为 1,即

$$\frac{1}{1 \times 2} + \frac{1}{2 \times 3} + \cdots + \frac{1}{n \times (n+1)} + \cdots = 1$$

例 2 判断级数

$$\frac{3}{2} + \left(\frac{3}{2} \right)^2 + \left(\frac{3}{2} \right)^3 + \cdots + \left(\frac{3}{2} \right)^n + \cdots$$

的敛散性.

解 因为

$$S_n = \frac{3}{2} + \left(\frac{3}{2} \right)^2 + \left(\frac{3}{2} \right)^3 + \cdots + \left(\frac{3}{2} \right)^n$$

$$= \frac{\frac{3}{2} \left[1 - \left(\frac{3}{2} \right)^n \right]}{1 - \frac{3}{2}} = -3 \left[1 - \left(\frac{3}{2} \right)^n \right]$$

所以

$$\lim_{x \to \infty} S_n = \lim_{n \to \infty} \left\{ -3 \left[1 - \left(\frac{3}{2} \right)^n \right] \right\} = \infty$$

因此,该级数是发散的.

本例是一个等比级数,而这一类的级数的敛散性是很重要的.

例3 判断等比级数 $a + aq + aq^2 + \cdots + aq^{n-1} + \cdots$ 的敛散性.

解 当 $q \neq 1$ 时,部分和 $s_n = \dfrac{a(1 - q^n)}{1 - q}$

由数列极限的性质可知,当 $|q| < 1$ 时,部分和数列 $\{s_n\}$ 收敛于 $\dfrac{a}{1 - q}$;

当 $|q| > 1$ 时,$\{s_n\}$ 没有极限;

当 $q = 1$ 时,$s_n = na$,显然 $\{s_n\}$ 没有极限;

当 $q = -1$ 时,$s_{2k} = 0$,$s_{2k+1} = a$,故 $\{s_n\}$ 也没有极限.

综上所述,当 $|q| < 1$ 时,等比级数收敛;当 $|q| \geqslant 1$ 时,等比级数发散.

例4 判断级数

$$-\frac{2}{3} + \left(\frac{2}{3} \right)^2 - \left(\frac{2}{3} \right)^3 + \cdots + (-1)^n \left(\frac{2}{3} \right)^n + \cdots$$

的敛散性.

解 此级数是首项 $a = -\dfrac{2}{3}$,公比 $q = -\dfrac{2}{3}$ 的等比级数,由于

$$|q| = \left| -\frac{2}{3} \right| = \frac{2}{3} < 1$$

因此,由例3可知,此级数是收敛的,且其和为

$$S = \frac{a}{1 - q} = \frac{-\dfrac{2}{3}}{1 - \left(-\dfrac{2}{3} \right)} = -\frac{2}{5}$$

即

$$-\frac{2}{3} + \left(\frac{2}{3} \right)^2 - \left(\frac{2}{3} \right)^3 + \cdots + (-1)^n \left(\frac{2}{3} \right)^n + \cdots = -\frac{2}{5}$$

10.1.3　收敛级数的基本性质

由级数的定义和极限的知识不难证明,级数具有以下 4 个性质:

性质1(级数收敛的必要条件)　若级数 $\displaystyle\sum_{n=1}^{\infty} u_n$ 收敛,则有 $\displaystyle\lim_{n \to \infty} u_n = 0$.

证 因级数 $\sum\limits_{n=1}^{\infty} u_n$ 收敛,所以

$$\lim_{n \to \infty} S_n = \lim_{n \to \infty} S_{n-1} = S$$

而

$$u_n = S_n - S_{n-1}.$$

从而

$$\lim_{n \to \infty} u_n = \lim_{n \to \infty} (S_n - S_{n-1}) = S - S = 0$$

注意:此性质说明,收敛级数的必要条件是通项趋于零. 因此,若 $\lim\limits_{n \to \infty} u_n = 0$ 不成立,则级数 $\sum\limits_{n=1}^{\infty} u_n$ 一定发散. 在实际中,常用此性质判断一个级数是否发散. 但反过来,若 $\lim\limits_{n \to \infty} u_n = 0$,并不能说明级数 $\sum\limits_{n=1}^{\infty} u_n$ 收敛. 例如,调和级数

$$\sum_{n=1}^{\infty} \frac{1}{n} = 1 + \frac{1}{2} + \frac{1}{3} + \cdots + \frac{1}{n} + \cdots$$

是发散的(提示:可用反证法证明).

例5 判断下列级数的敛散性.

(1) $\dfrac{1}{1} + \dfrac{2}{3} + \dfrac{3}{5} + \cdots + \dfrac{n}{2n-1} + \cdots$

(2) $\ln \dfrac{2}{1} + \ln \dfrac{3}{2} + \cdots + \ln \dfrac{n+1}{n} + \cdots$

解 (1)因为

$$\lim_{n \to \infty} u_n = \lim_{n \to \infty} \frac{n}{2n-1} = \frac{1}{2} \neq 0$$

所以由性质1可知,级数 $\sum\limits_{n=1}^{\infty} \dfrac{n}{2n-1}$ 发散.

(2)虽然此时有

$$\lim_{n \to \infty} u_n = \lim_{n \to \infty} \ln \frac{n+1}{n} = \ln 1 = 0$$

但由于

$$S_n = \ln \frac{2}{1} + \ln \frac{3}{2} + \cdots + \ln \frac{n+1}{n}$$

$$= \ln \left(\frac{2}{1} \cdot \frac{3}{2} \cdot \frac{4}{3} \cdot \cdots \cdot \frac{n+1}{n} \right) = \ln(n+1)$$

因此

$$\lim_{n \to \infty} S_n = \lim_{n \to \infty} \ln(n + 1) = \infty$$

故由级数的定义可知，$\sum_{n=1}^{\infty} \ln\left(\dfrac{n+1}{n}\right)$ 是发散的.

性质2 若级数 $\sum_{n=1}^{\infty} u_n$ 收敛，则级数 $\sum_{n=1}^{\infty} c \cdot u_n$（$c$ 为任意常数）也收敛，且

$$\sum_{n=1}^{\infty} c \cdot u_n = c \cdot \sum_{n=1}^{\infty} u_n.$$

性质3 若级数 $\sum_{n=1}^{\infty} u_n$ 和 $\sum_{n=1}^{\infty} v_n$ 都收敛，则级数 $\sum_{n=1}^{\infty} (u_n \pm v_n)$ 也收敛，且有

$$\sum_{n=1}^{\infty} (u_n \pm v_n) = \sum_{n=1}^{\infty} u_n \pm \sum_{n=1}^{\infty} v_n.$$

例6 判断级数 $\sum_{n=1}^{\infty} \dfrac{2 + (-1)^n}{e^n}$ 是否收敛？若收敛，求其和.

解 因为 $\sum_{n=1}^{\infty} \dfrac{2}{e^n}$ 是首项 $a = \dfrac{2}{e}$，公比 $q = \dfrac{1}{e}$ 的等比级数，且

$$q = \frac{1}{e} < 1$$

所以由例3可知，$\sum_{n=1}^{\infty} \dfrac{2}{e^n}$ 收敛，且其和为

$$S_1 = \sum_{n=1}^{\infty} \frac{2}{e^n} = \frac{\dfrac{2}{e}}{1 - \dfrac{1}{e}} = \frac{2}{e-1}$$

同理可知，级数 $\sum_{n=1}^{\infty} \dfrac{(-1)^n}{e^n}$ 也收敛，且其和为

$$S_2 = \sum_{n=1}^{\infty} \frac{(-1)^n}{e^n} = \frac{-\dfrac{1}{e}}{1 - \left(-\dfrac{1}{e}\right)} = -\frac{1}{e+1}$$

于是，由性质3可知，$\sum_{n=1}^{\infty} \dfrac{2 + (-1)^n}{e^n} = \sum_{n=1}^{\infty} \left[\dfrac{2}{e^n} + \dfrac{(-1)^n}{e^n}\right]$ 也收敛，且其和为

$$S = S_1 + S_2 = \frac{2}{e-1} + \left(-\frac{1}{e+1}\right) = \frac{e+3}{e^2-1}$$

即

$$\sum_{n=1}^{\infty} \frac{2 + (-1)^n}{e^n} = \frac{e+3}{e^2-1}.$$

推论　若级数 $\sum_{n=1}^{\infty} u_n$ 收敛,而 $\sum_{n=1}^{\infty} v_n$ 发散,则级数 $\sum_{n=1}^{\infty} (u_n \pm v_n)$ 一定发散.

性质4　一个级数增加或减少有限项,不改变级数的敛散性. 但在收敛的情况下,它的和会改变.

例如,等比级数 $1 + \frac{1}{2} + \frac{1}{4} + \frac{1}{8} + \cdots$ 是收敛的,其和为 $S_1 = \dfrac{1}{1 - \dfrac{1}{2}} = 2$,去

掉前两项后,得到级数: $\frac{1}{4} + \frac{1}{8} + \frac{1}{16} + \cdots$ 仍是收敛的,其和为 $S_2 = \dfrac{\dfrac{1}{4}}{1 - \dfrac{1}{2}} = \frac{1}{2}$,

但显然 $S_1 \neq S_2$.

习题 10-1

基础题

1. 写出下列级数的通项:

(1) $-\frac{3}{1} + \frac{4}{4} - \frac{5}{9} + \frac{6}{16} - \frac{7}{25} + \cdots$

(2) $\frac{1}{\ln 2} + \frac{1}{2\ln 3} + \frac{1}{3\ln 4} + \cdots$

2. 填空,将下列级数写成"$\sum$"的形式:

(1) $\frac{1}{2} - \frac{1}{4} + \frac{1}{8} - \frac{1}{16} + \cdots =$ _____.

(2) $\frac{1}{2} + \frac{3}{4} + \frac{5}{6} + \frac{7}{8} + \cdots =$ _____.

3. 写出下列级数的前 3 项.

(1) $\sum_{n=1}^{\infty} (-1)^{n-1} \cos \frac{\pi}{8}$

$(2) \displaystyle\sum_{n=2}^{\infty} \dfrac{n-3}{n}$

4. 用级数的定义或等比级数的敛散性判断下列级数的敛散性：

$(1) \displaystyle\sum_{n=1}^{\infty} (\sqrt{n+1} - \sqrt{n})$

$(2) \dfrac{1}{1 \times 3} + \dfrac{1}{3 \times 5} + \dfrac{1}{5 \times 7} + \cdots$

提高题

1. 写出下列级数的通项：

$(1) -\dfrac{1}{2} + \dfrac{3}{4} - \dfrac{5}{8} + \dfrac{7}{16} + \cdots$

$(2) \dfrac{\sqrt{x}}{2} + \dfrac{x}{2 \times 4} + \dfrac{x\sqrt{x}}{2 \times 4 \times 6} + \dfrac{x^2}{2 \times 4 \times 6 \times 8} + \cdots$

2. 用级数的定义或等比级数的敛散性判断下列级数的敛散性：

$(1) \dfrac{2}{3} - \left(\dfrac{2}{3}\right)^2 + \left(\dfrac{2}{3}\right)^3 - \left(\dfrac{2}{3}\right)^4 + \cdots$

$(2) \ln^2 3 + \ln^3 3 + \ln^4 3 + \ln^5 3 + \cdots$

§10.2　常数项级数的审敛法

10.2.1　正项级数及其审敛法

判断级数的敛散性,可根据级数定义和级数的性质,但对于较为复杂的级数,这样做有时比较困难,因此,需要建立判别级数敛散性的审敛法.

1) 正项级数收敛的充要条件

定义1　在数项级数 $\displaystyle\sum_{n=1}^{\infty} u_n$ 中,若 $u_n \geqslant 0 (n=1,2,3,\cdots)$,则称级数 $\displaystyle\sum_{n=1}^{\infty} u_n$ 为正项级数. 它是数项级数中比较简单,但又是很重要的一种级数.

易知,正项级数的部分和 S_n 是一个单调递增的数列. 我们知道,单调有界数列必有极限. 根据这一准则,我们可得到正项级数收敛性的一个判定准则:**正项级数收敛的充要条件是它的部分和有界.**

例 1 判定正项级数 $\displaystyle\sum_{n=1}^{\infty} \dfrac{\sin \dfrac{\pi}{2^n}}{3^n}$ 的敛散性.

解 由于此级数是正项级数,且其部分和为

$$0 < S_n = \frac{1}{3} + \frac{\sin \dfrac{\pi}{4}}{9} + \frac{\sin \dfrac{\pi}{8}}{27} + \cdots + \frac{\sin \dfrac{\pi}{2^n}}{3^n} <$$

$$\frac{1}{3} + \frac{1}{9} + \frac{1}{27} + \cdots + \frac{1}{3^n} = \frac{\dfrac{1}{3}\left(1 - \dfrac{1}{3^n}\right)}{1 - \dfrac{1}{3}} < \frac{1}{2}$$

即其部分和有界.

因此,由定理可知,正项级数 $\displaystyle\sum_{n=1}^{\infty} \dfrac{\sin \dfrac{\pi}{2^n}}{3^n}$ 收敛.

值得注意的是,用定理来判断级数的敛散性,往往不太方便,但由此可得到判断正项级数敛散性的一个重要方法 —— 比较审敛法.

2) 正项级数的比较审敛法

设有两个正项级数 $\displaystyle\sum_{n=1}^{\infty} u_n$, $\displaystyle\sum_{n=1}^{\infty} v_n$,且满足 $u_n \leqslant v_n (n = 1,2,3,\cdots)$.

(1) 如果 $\displaystyle\sum_{n=1}^{\infty} v_n$ 收敛,则 $\displaystyle\sum_{n=1}^{\infty} u_n$ 也收敛;

(2) 如果 $\displaystyle\sum_{n=1}^{\infty} u_n$ 发散,则 $\displaystyle\sum_{n=1}^{\infty} v_n$ 也发散.

例 2 判断级数 $1 + \dfrac{1}{2^2} + \dfrac{1}{3^2} + \cdots + \dfrac{1}{n^2} + \cdots$.

解 因为

$$\frac{1}{n^2} < \frac{1}{n(n-1)} (n = 2,3,4,\cdots)$$

由 10.1 节例 1 的方法可知,级数 $\displaystyle\sum_{n=2}^{\infty} \dfrac{1}{n(n-1)}$ 是收敛的,从而由比较审敛法可知

$$\sum_{n=2}^{\infty} \frac{1}{n^2} = \frac{1}{2^2} + \frac{1}{3^2} + \cdots + \frac{1}{n^2} + \cdots$$

也收敛.

由本例可知,在使用比较审敛法时,需要熟悉一些已知敛散性的级数作为比较的标准,而等比级数就常用来作为比较标准的级数之一.下面再介绍另一种常用的级数.

例 3　判定 p- 级数

$$\sum_{n=1}^{\infty} \frac{1}{n^P} = 1 + \frac{1}{2^P} + \frac{1}{3^P} + \cdots + \frac{1}{n^P} + \cdots \qquad (p > 0)$$

的敛散性.

解　(1) 当 $p \leqslant 1$ 时,$\frac{1}{n^p} \geqslant \frac{1}{n}$,调和级数发散,由比较审敛法可知,级数 $\sum_{n=1}^{\infty} \frac{1}{n^p}$ 发散.

(2) 当 $p > 1$ 时,当 $n \leqslant x \leqslant n + 1$ 时,有 $\frac{1}{(n+1)^p} \leqslant \frac{1}{x^p}$,故

$$\int_n^{n+1} \frac{1}{x^p} \mathrm{d}x > \int_n^{n+1} \frac{1}{(n+1)^p} \mathrm{d}x = \frac{1}{(n+1)^p}$$

因此

$$\int_1^{\infty} \frac{1}{x^p} \mathrm{d}x \geqslant \sum_{n=2}^{\infty} \frac{1}{n^p}$$

由 $\int_1^{\infty} \frac{1}{x^p} \mathrm{d}x$ 收敛(参见第 5 章单元选修例 3),得 $\sum_{n=2}^{\infty} \frac{1}{n^p}$ 收敛,故 $1 + \sum_{n=2}^{\infty} \frac{1}{n^p}$ 收敛,因此 p- 级数收敛;

例如,例 2 中的级数 $\sum_{n=1}^{\infty} \frac{1}{n^2}$ 就是 $p = 2$ 时的 p- 级数,因此是收敛的.

说明:在使用比较审敛法时,应事先估计所要判断的级数的敛散性.如估计是收敛的,则应找一个对应项均比它大的收敛级数与之比较;若估计是发散的,则应找一个对应项均比它小的发散级数与之比较.

例 4　判断下列级数的敛散性:

$(1) \sum_{n=1}^{\infty} \frac{n+1}{n^2(n+2)}$　　　　$(2) \sum_{n=3}^{\infty} \frac{7^n}{2^n - 4}$

（3）$\displaystyle\sum_{n=1}^{\infty}\dfrac{\tan\left(\dfrac{\pi}{4}+\dfrac{\pi}{n+4}\right)}{n}$

解　（1）因为

$$\frac{n+1}{n^2(n+2)} < \frac{n+2}{n^2(n+2)} = \frac{1}{n^2} \qquad (n=1,2,3,\cdots)$$

而 $\displaystyle\sum_{n=1}^{\infty}\dfrac{1}{n^2}$ 是 $p=2$ 时的 p-级数，因此，它是收敛的.

从而，由比较审敛法可知，级数 $\displaystyle\sum_{n=1}^{\infty}\dfrac{n+1}{n^2(n+2)}$ 也收敛.

（2）因为

$$\frac{7^n}{2^n-4} > \frac{7^n}{2^n} = \left(\frac{7}{2}\right)^n \qquad (n=3,4,5,\cdots)$$

而 $\displaystyle\sum_{n=1}^{\infty}\left(\dfrac{7}{2}\right)^n$ 是公比 $q=\dfrac{7}{2}>1$ 的等比级数. 因此，它是发散的.

从而，由比较审敛法可知，级数 $\displaystyle\sum_{n=1}^{\infty}\dfrac{7}{2^n+4}$ 也发散.

（3）因为

$$\frac{\pi}{4} < \frac{\pi}{4}+\frac{\pi}{n+4} < \frac{\pi}{2}$$

所以

$$\tan\left(\frac{\pi}{4}+\frac{\pi}{n+4}\right) > \tan\frac{\pi}{4} = 1$$

从而

$$\frac{\tan\left(\dfrac{\pi}{4}+\dfrac{\pi}{n+4}\right)}{n} > \frac{1}{n} \qquad (n=1,2,3,\cdots)$$

而 $\displaystyle\sum_{n=1}^{\infty}\dfrac{1}{n}$ 是调和级数，它是发散的.

因此，由比较审敛法可知，级数 $\displaystyle\sum_{n=1}^{\infty}\dfrac{\tan\left(\dfrac{\pi}{4}+\dfrac{\pi}{n+4}\right)}{n}$ 也发散.

应用比较审验法时，需要寻求一个已知敛散性的级数作为比较对象，但有时比较对象难找.

下面介绍比较审敛法的极限形式.

设 $\sum\limits_{n=1}^{\infty} u_n$ 与 $\sum\limits_{n=1}^{\infty} v_n$ 都是正项级数,如果 $\lim\limits_{n\to\infty} \dfrac{u_n}{v_n} = l$,则:

(1) 当 $0 < l < +\infty$ 时,二级数有相同的敛散性;

(2) 当 $l = 0$ 时,若 $\sum\limits_{n=1}^{\infty} v_n$ 收敛,则 $\sum\limits_{n=1}^{\infty} u_n$ 收敛;

(3) 当 $l = +\infty$ 时,若 $\sum\limits_{n=1}^{\infty} v_n$ 发散,则 $\sum\limits_{n=1}^{\infty} u_n$ 发散.

利用比较审敛法极限形式可省去放大与缩小不等式的麻烦.

例 5 判断级数 $\sum\limits_{n=1}^{\infty} \sin\dfrac{1}{n}$ 的收敛性.

解 因为

$$\lim_{n\to\infty} \frac{\sin\dfrac{1}{n}}{\dfrac{1}{n}} = 1 > 0$$

而调和级数 $\sum\limits_{n=1}^{\infty} \dfrac{1}{n}$ 发散. 由上面极限形式可知,级数 $\sum\limits_{n=1}^{\infty} \sin\dfrac{1}{n}$ 发散.

3) 正项级数的比值审敛法

对于正项级数 $\sum\limits_{n=1}^{\infty} a_n$ 而言,如果 $\lim\limits_{n\to\infty} \dfrac{a_{n+1}}{a_n} = \rho$,则:

(1) 当 $\rho < 1$ 时,级数 $\sum\limits_{n=1}^{\infty} a_n$ 收敛;

(2) 当 $\rho > 1$ 时,级数 $\sum\limits_{n=1}^{\infty} a_n$ 发散.

例 6 判断下列级数的敛散性:

(1) $\sum\limits_{n=1}^{\infty} \dfrac{n}{2^n}$ 　　　　　　　　　(2) $\sum\limits_{n=1}^{\infty} \dfrac{5^n}{n^5}$

解 (1) 由于

$$\lim_{n\to\infty} \frac{a_{n+1}}{a_n} = \lim_{n\to\infty} \frac{\dfrac{n+1}{2^{n+1}}}{\dfrac{n}{2^n}} = \lim_{n\to\infty} \frac{n+1}{2n} = \frac{1}{2} < 1$$

因此,由比值审敛法可知,级数 $\sum\limits_{n=1}^{\infty} \dfrac{n}{2^n}$ 收敛.

(2)由于

$$\lim_{n \to \infty} \frac{a_{n+1}}{a_n} = \lim_{n \to \infty} \frac{\dfrac{5^{n+1}}{(n+1)^5}}{\dfrac{5^n}{n^5}} = \lim_{n \to \infty} 5\left(\frac{n}{n+1}\right)^5 = 5 > 1$$

因此,由比值审敛法可知,级数 $\sum\limits_{n=1}^{\infty} \dfrac{5^n}{n^5}$ 发散.

例 7 判定级数 $\sum\limits_{n=1}^{\infty} \dfrac{n^n}{n!}$ 的敛散性.

解 由于

$$\lim_{n \to \infty} \frac{a_{n+1}}{a_n} = \lim_{n \to \infty} \frac{\dfrac{(n+1)^{n+1}}{(n+1)!}}{\dfrac{n^n}{n!}} = \lim_{n \to \infty} \frac{(n+1)^n}{n!} \cdot \frac{n!}{n^n}$$

$$= \lim_{n \to \infty} \left(1 + \frac{1}{n}\right)^n = e > 1$$

因此,由比值审敛法可知,级数 $\sum\limits_{n=1}^{\infty} \dfrac{n^n}{n!}$ 发散.

由例6、例7可知,如果正项级数的通项中含有 n 次方或阶乘时,常用比值审验法判断级数的敛散性.

注:当 $\rho = 1$ 时,级数可能收敛,也可能发散,不能用此法判定级数的敛散性.

10.2.2 交错级数及其审敛法

任意项级数是较为复杂的一种数项级数,它是指在级数 $\sum\limits_{n=1}^{\infty} u_n$ 中,u_n 为任意实数(即可正可负).

例如,$\sum\limits_{n=1}^{\infty} (-1)^{\frac{n(n+1)}{2}} \dfrac{n^3}{3n}$ 就是任意项级数在任意项级数中比较重要的一种是交错级数.

定义 2 设 $u_n > 0 (n = 1, 2, 3, \cdots)$,形如

$$u_1 - u_2 + u_3 - u_4 + \cdots + (-1)^{n-1} u_n + \cdots$$

的级数,称为交错级数.

关于交错级数有以下的判别法 —— **莱布尼兹审敛法:**

如果交错级数 $\sum_{n=1}^{\infty} (-1)^{n-1} u_n$ 满足:

(1) $u_n \geqslant u_{n+1} (n = 1, 2, 3, \cdots)$.

(2) $\lim\limits_{n \to \infty} u_n = 0$.

则数 $\sum_{n=1}^{\infty} (-1)^{n-1} u_n$ 收敛,且其和 $S \leqslant u_1$.

例8 判断 $\sum_{n=1}^{\infty} (-1)^{n-1} \dfrac{1}{n}$ 的敛散性.

解 因为 $u_n = \dfrac{1}{n}$,且

$$u_{n+1} = \frac{1}{n+1} < \frac{1}{n} = u_n$$

由于 $\lim\limits_{n \to \infty} \dfrac{1}{n} = 0$. 因此,由上面的结论可知,级数 $\sum_{n=1}^{\infty} (-1)^{n-1} \dfrac{1}{n}$ 收敛.

例9 判断 $\sum_{n=1}^{\infty} (-1)^{n-1} \dfrac{n}{2^n}$ 的敛散性.

解 因

$$u_n - u_{n+1} = \frac{n}{2^n} - \frac{n+1}{2^{n+1}} = \frac{n-1}{2^{n+1}} \geqslant 0$$

又因

$$\lim_{n \to \infty} u_n = \lim_{n \to \infty} \frac{n}{2^n} = 0$$

故级数 $\sum_{n=1}^{\infty} (-1)^{n-1} \dfrac{n}{2^n}$ 收敛.

10.2.3 绝对收敛与条件收敛

为了判定任意项级数的敛散性,通常先考察通项取绝对值组成的正项级数 $\sum_{n=1}^{\infty} |u_n|$ 的敛散性.

定义3 如果级数 $\sum_{n=1}^{\infty} |u_n|$ 收敛,则称级数 $\sum_{n=1}^{\infty} u_n$ 绝对收敛;如果级数

$\sum\limits_{n=1}^{\infty}|u_n|$ 发散,而 $\sum\limits_{n=1}^{\infty}u_n$ 收敛,则称级数 $\sum\limits_{n=1}^{\infty}u_n$ 条件收敛.

关于任意项级数有以下定理:

定理　如果级数 $\sum\limits_{n=1}^{\infty}|u_n|$ 收敛,则级数 $\sum\limits_{n=1}^{\infty}u_n$ 也收敛.

注:该定理的逆定理不一定成立. 例如,由例 1 可知,级数 $\sum\limits_{n=1}^{\infty}(-1)^{n-1}\dfrac{1}{n}$ 收敛,但 $\sum\limits_{n=1}^{\infty}|u_n|=\sum\limits_{n=1}^{\infty}\dfrac{1}{n}$ 是调和级数,是发散的.

例 10　判断级数 $\sum\limits_{n=1}^{\infty}\dfrac{\cos 3^n}{2^n}$ 的敛散性. 如果收敛,指出是绝对收敛还是条件收敛.

解　因 $\left|\dfrac{\cos 3^n}{2^n}\right|\leqslant\dfrac{1}{2^n}$,级数 $\sum\limits_{n=1}^{\infty}\dfrac{1}{2^n}$ 是收敛的等比数列,故由正项级数的比较判别法可知,级数 $\sum\limits_{n=1}^{\infty}\left|\dfrac{\cos 3^n}{2^n}\right|$ 收敛. 于是,由定理可知,级数 $\sum\limits_{n=1}^{\infty}\dfrac{\cos 3^n}{2^n}$ 也收敛,且为绝对收敛.

例 11　证明级数 $\sum\limits_{n=1}^{\infty}(-1)^{n-1}\dfrac{2n-1}{2^{n-1}}$ 是绝对收敛的.

解　因为

$$\sum_{n=1}^{\infty}|u_n|=\sum_{n=1}^{\infty}\dfrac{2n-1}{2^{n-1}}$$

所以

$$\lim_{n\to\infty}\dfrac{|u_{n+1}|}{|u_n|}=\lim_{n\to\infty}\dfrac{\dfrac{2n+1}{2^n}}{\dfrac{2n-1}{2^{n-1}}}=\dfrac{1}{2}<1$$

由正项级数的比值审验法可知,级数 $\sum\limits_{n=1}^{\infty}|u_n|=\sum\limits_{n=1}^{\infty}\dfrac{2n-1}{2^{n-1}}$ 收敛,因此,级数 $\sum\limits_{n=1}^{\infty}(-1)^{n-1}\dfrac{2n-1}{2^{n-1}}$ 是绝对收敛的.

例 12　判断级数 $\sum\limits_{n=1}^{\infty}(-1)^n\dfrac{\ln n}{n}$ 的收敛性. 如果收敛,指出是绝对收敛还是

条件收敛.

解 因为 $|u_n| = \dfrac{\ln n}{n}$，令 $v_n = \dfrac{1}{n}$，则

$$\lim_{n \to \infty} \frac{|u_n|}{v_n} = \lim_{n \to \infty} \ln n = \infty$$

且 $\displaystyle\sum_{n=1}^{\infty} v_n$ 发散，所以 $\displaystyle\sum_{n=1}^{\infty} |u_n|$ 发散.

又令

$$y = \frac{\ln x}{x} (x \geq 1)$$

则 $y' = \dfrac{1 - \ln x}{x^2} \geq 0$. 当 $x > e$ 时，$y' < 0$，即在 $[e, +\infty)$ 上 $y = \dfrac{\ln x}{x}(x \geq 1)$ 单调

递减.

即 $n \geq 3$ 时，级数满足

$$u_n \geq u_{n+1}(n = 1, 2, \cdots), \lim_{n \to \infty} u_n = 0$$

故原级数条件收敛.

习题 10-2

基础题

用级数的性质判断下列级数的敛散性：

(1) $1 + \dfrac{1}{3} + \dfrac{1}{5} + \dfrac{1}{7} + \cdots$

(2) $\left(\dfrac{1}{2} + \dfrac{4}{3} \right) + \left(\dfrac{1}{2^2} + \dfrac{4}{3^2} \right) + \left(\dfrac{1}{2^3} + \dfrac{4}{3^3} \right) + \cdots$

(3) $\displaystyle\sum_{n=1}^{\infty} \dfrac{3}{5^n}$

(4) $\displaystyle\sum_{n=1}^{\infty} \left(\dfrac{5}{2^n} - 3^n \right)$

(5) $\displaystyle\sum_{n=1}^{\infty} \dfrac{n+1}{3n}$

(6) $\displaystyle\sum_{n=1}^{\infty} \frac{1}{n+4}$

(7) $\displaystyle\sum_{n=1}^{\infty} \sin \frac{\pi}{3^n}$

(8) $\displaystyle\sum_{n=1}^{\infty} \frac{2^n}{n^n}$

(9) $\displaystyle\sum_{n=1}^{\infty} \frac{n+1}{n(n+2)}$

(10) $\displaystyle\sum_{n=1}^{\infty} \sqrt{\frac{n+1}{n}}$

提高题

1. 用级数的性质,判断下列级数的敛散性:

(1) $\dfrac{7}{2\cdot 2}+\dfrac{7^2}{2\cdot 2^2}+\dfrac{7^3}{2\cdot 2^3}+\dfrac{7^4}{2\cdot 2^4}+\cdots$

(2) $\displaystyle\sum_{n=1}^{\infty} \frac{5^n}{n^n}$

(3) $\displaystyle\sum_{n=2}^{\infty} n\tan\frac{\pi}{2^n}$

2. 判断下列级数是否收敛. 如果收敛,是绝对收敛还是条件收敛?

(1) $\displaystyle\sum_{n=1}^{\infty} (-1)^n \frac{1}{\sqrt{n}}$

(2) $\displaystyle\sum_{n=1}^{\infty} (-1)^n \frac{n}{5^n}$

(3) $\displaystyle\sum_{n=1}^{\infty} (-1)^n \ln n$

§ 10.3 幂级数

10.3.1 幂级数及其敛散性

由 10.1 节可知,通项为函数的级数,称为函数项级数. 而幂级数是比较简单的一类函数项级数,在近似计算和微分方程等中有着广泛的应用.

定义 1 形如

$$\sum_{n=0}^{\infty} a_n(x-x_0)^n = a_0 + a_1(x-x_0) + a_2(x-x_0)^2 + \cdots + a_n(x-x_0)^n + \cdots$$

的级数称为幂级数. 其中,$a_0, a_1, \cdots, a_n \cdots$ 为常数,称为幂级数的系数.

当 $x_0 = 0$ 时,前面的幂级数变为

$$\sum_{n=0}^{\infty} a_n x^n = a_0 + a_1 x + a_2 x^2 + \cdots + a_n x^n + \cdots$$

若令 $x - x_0 = t$,则幂级数 $\sum\limits_{n=0}^{\infty} a_n(x-x_0)^n$ 就变成 $\sum\limits_{n=0}^{\infty} a_n t^n$. 因此,幂级数 $\sum\limits_{n=0}^{\infty} a_n x^n$ 是我们着重讨论的对象.

定义 2 对每一个实数 $x = x_0$,如果数项级数 $\sum\limits_{n=0}^{\infty} a_n x_0^n$ 收敛,则称 x_0 是级数 $\sum\limits_{n=0}^{\infty} a_n x^n$ 的收敛点,由全体收敛点组成的集合称为级数 $\sum\limits_{n=0}^{\infty} a_n x^n$ 的收敛域;如果数项级数 $\sum\limits_{n=0}^{\infty} a_n x_0^n$ 发散,则称 x_0 是级数 $\sum\limits_{n=0}^{\infty} a_n x^n$ 的发散点.

对幂级数在收敛域上的每一个 x,级数 $\sum\limits_{n=0}^{\infty} a_n x^n$ 都有一个确定的和,故幂级数的和是 x 的函数,用 $S(x)$ 表示,即

$$\sum_{n=0}^{\infty} a_n x^n = S(x)$$

10.3.2 幂级数收敛半径与收敛区间

关于幂级数,首先要解决的问题是 x 在什么范围内幂级数收敛? 由 10.1 节可知:$\sum\limits_{n=1}^{\infty} a x^{n-1}$ 是公比为 x 的等比级数,且当 $|x| < 1$ 时,等比级数 $\sum\limits_{n=1}^{\infty} a x^{n-1}$ 收敛;当 $|x| \geq 1$ 时,等比级数 $\sum\limits_{n=1}^{\infty} a x^{n-1}$ 发散. 因此,级数 $\sum\limits_{n=1}^{\infty} a x^{n-1}$ 的收敛域为开区间 $(-1,1)$,且其和函数

$$S(x) = a + ax + ax^2 + \cdots + ax^{n-1} + \cdots = \frac{a}{1-x}$$

一般,幂级数的收敛性有以下 3 种情况:

（1）仅在 $x = 0$ 处收敛；

（2）在 $(-\infty, +\infty)$ 内收敛；

（3）存在一个正数 R，当 $|x| < R$ 时，幂级数 $\sum\limits_{n=0}^{\infty} a_n x^n$ 收敛，而当 $|x| > R$ 时，幂级数 $\sum\limits_{n=0}^{\infty} a_n x^n$ 发散.

上述正数 R 称为幂级数 $\sum\limits_{n=0}^{\infty} a_n x^n$ 的收敛半径. 如果幂级数 $\sum\limits_{n=0}^{\infty} a_n x^n$ 仅在 $x = 0$ 处收敛，我们规定 $R = 0$；如果在 $(-\infty, +\infty)$ 内收敛，规定 $R = +\infty$.

注：当 $x = \pm R$ 时，幂级数 $\sum\limits_{n=0}^{\infty} a_n x^n$ 可能收敛，也可能发散，此时需将 $x = \pm R$ 代入幂级数 $\sum\limits_{n=0}^{\infty} a_n x^n$，按数项级数的审验法判断其敛散性.

下面给出求幂级数收敛半径的方法.

定理 对于幂级数 $\sum\limits_{n=0}^{\infty} a_n x^n$，设收敛半径为 R，如果 $\lim\limits_{n \to \infty} \left| \dfrac{a_{n+1}}{a_n} \right| = r$，则有：

（1）当 $0 < r < +\infty$ 时，$R = \dfrac{1}{r}$；

（2）当 $r = 0$ 时，$R = +\infty$；

（3）当 $r = +\infty$ 时，$R = 0$.

例1 求幂级数 $\sum\limits_{n=1}^{\infty} \dfrac{(-1)^{n-1}}{n} x^n$ 的收敛半径.

解 收敛半径

$$R = \lim_{n \to \infty} \frac{|a_n|}{|a_{n+1}|} = \lim_{n \to \infty} \frac{\dfrac{1}{n}}{\dfrac{1}{n+1}} = \lim_{n \to \infty} \frac{n+1}{n} = 1$$

例2 求幂级数 $\sum\limits_{n=1}^{\infty} \dfrac{2^n}{n} x^n$ 的收敛域.

解 先求收敛半径

$$R = \lim_{n \to \infty} \frac{|a_n|}{|a_{n+1}|} = \lim_{n \to \infty} \frac{\dfrac{2^n}{n}}{\dfrac{2^{n+1}}{n+1}} = \frac{1}{2}$$

当 $x = \dfrac{1}{2}$ 时，此幂级数为正项级数 $\displaystyle\sum_{n=1}^{\infty} \dfrac{1}{n}$，它是一个发散的调和级数；当

$x = -\dfrac{1}{2}$ 时，此幂级数为交错级数 $\displaystyle\sum_{n=1}^{\infty} (-1)^n \dfrac{1}{n}$，由 10.2 节中莱布尼兹判别法可

知，它是一个收敛的交错级数. 因此，幂级数 $\displaystyle\sum_{n=1}^{\infty} \dfrac{2^n}{n} x^n$ 的收敛域为 $\left[-\dfrac{1}{2}, \dfrac{1}{2} \right)$.

例3　求幂级数 $\displaystyle\sum_{n=1}^{\infty} \dfrac{1}{n \cdot 2^n} (x-1)^n$ 的收敛域.

解　令 $x - 1 = t$，则原级数化为 t 的幂级数：$\displaystyle\sum_{n=1}^{\infty} \dfrac{1}{n \cdot 2^n} t^n$，其收敛半径

$$R = \lim_{n \to \infty} \frac{|a_n|}{|a_{n+1}|} = \lim_{n \to \infty} \frac{\dfrac{1}{n \cdot 2^n}}{\dfrac{1}{(n+1) \cdot 2^{n+1}}} = \lim_{n \to \infty} \frac{(n+1) \cdot 2^{n+1}}{n \cdot 2^n} = 2$$

当 $t = -2$ 时，级数为 $\displaystyle\sum_{n=1}^{\infty} (-1)^n \dfrac{1}{n}$，是一个收敛的交错级数；当 $t = 2$ 时，级数

为 $\displaystyle\sum_{n=1}^{\infty} \dfrac{1}{n}$，是一个发散的调和级数. 因此，级数 $\displaystyle\sum_{n=1}^{\infty} \dfrac{1}{n \cdot 2^n} t^n$ 的收敛域为

$[-2, 2)$. 将 $t = x - 1$ 代回，得原级数的收敛域为 $[-1, 3)$.

例4　求幂级数 $\displaystyle\sum_{n=0}^{\infty} (-1)^n \dfrac{1}{2n+1} x^{2n}$ 的收敛域.

解　首先考虑级数

$$\sum_{n=0}^{\infty} \left| (-1)^n \dfrac{1}{2n+1} x^{2n} \right| = \sum_{n=1}^{\infty} \dfrac{x^{2n}}{2n+1}$$

然后对此正项级数利用比值审敛法

$$\rho = \lim_{n \to \infty} \frac{\dfrac{x^{2(n+1)}}{2(n+1)+1}}{\dfrac{x^{2n}}{2n+1}} = x^2$$

因此，当 $\rho < 1$，即 $-1 < x < 1$ 时，所求级数绝对收敛. 当 $x = \pm 1$ 时，代入原

级数，得 $\displaystyle\sum_{n=0}^{\infty} (-1)^n \dfrac{1}{2n+1}$，它是一个收敛的交错级数. 故所求级数的收敛域为

$[-1, 1]$.

10.3.3 幂级数的运算

设幂级数 $\sum\limits_{n=0}^{\infty} a_n x^n$ 与 $\sum\limits_{n=0}^{\infty} b_n x^n$ 的收敛半径分别为 R_1 与 R_2(R_1 与 R_2 均不为零),它们的和函数分别为 $S_1(x)$ 与 $S_2(x)$,则幂级数在收敛区间内有以下性质:

性质1(加法运算) 设 $R = \min\{R_1, R_2\}$,则在 $(-R, R)$ 内有

$$\sum_{n=0}^{\infty} a_n x^n \pm \sum_{x=0}^{\infty} b_n x^x = \sum_{n=0}^{\infty} (a_n \pm b_n) x^n = S_1(x) \pm S_2(x)$$

性质2(微分运算) 设 $\sum\limits_{n=0}^{\infty} a_n x^n = S(x)$ 的收敛半径为 R,则在 $(-R, R)$ 内和函数 $S(x)$ 可导,且有

$$S'(x) = \left(\sum_{n=0}^{\infty} a_n x^n \right)' = \sum_{n=0}^{\infty} (a_n x^n)' = \sum_{n=1}^{\infty} n a_n x^{n-1}$$

所得幂级数的收敛半径仍为 R,但在 $\pm R$ 处的收敛性可能发生改变.

此性质说明了幂级数在收敛区间内可逐项求导.

例5 求幂级数 $\sum\limits_{n=1}^{\infty} \dfrac{(-1)^n}{2n} x^{2n}$ 的和函数,并求 $\sum\limits_{n=1}^{\infty} \dfrac{(-1)^n}{2n}$.

解 易知,幂级数 $\sum\limits_{n=1}^{\infty} \dfrac{(-1)^n}{2n} x^{2n}$ 的收敛半径为 $R = 1$,设所求幂级数的和函数为 $S(x)$,即

$$S(x) = \sum_{n=1}^{\infty} \frac{(-1)^n}{2n} x^{2n}$$

则有

$$S'(x) = \sum_{n=1}^{\infty} \left[\frac{(-1)^n}{2n} x^{2n} \right]' = \sum_{n=1}^{\infty} (-1)^n x^{2n-1}$$

$$= -x + x^3 - x^5 + \cdots + (-1)^n x^{2n-1} + \cdots = \frac{-x}{1+x^2} \qquad x \in (-1, 1)$$

两边积分,得

$$\int_0^x S'(x) \, \mathrm{d}x = \int_0^x \frac{-x}{1+x^2} \, \mathrm{d}x$$

即

$$S(x) - S(0) = -\frac{1}{2} \ln(1 + x^2)$$

由于

$$S(0) = \sum_{n=1}^{\infty} \frac{(-1)^n}{2n} 0^{2n} = 0$$

故

$$S(x) = -\frac{1}{2}\ln(1 + x^2) + S(0) = -\frac{1}{2}\ln(1 + x^2)$$

当 $x = \pm 1$ 时,级数 $\sum_{n=1}^{\infty} \frac{(-1)^n}{2n} x^{2n}$ 为 $\sum_{n=1}^{\infty} \frac{(-1)^n}{2n}$ 是收敛的交错级数. 所以有

$$-\frac{1}{2}\ln(1 + x^2) = \sum_{n=1}^{\infty} \frac{(-1)^n}{2n} x^{2n} \qquad x \in [-1,1]$$

将 $x = 1$ 代入上式,于是得到

$$-\frac{1}{2}\ln 2 = \sum_{n=1}^{\infty} \frac{(-1)^n}{2n}$$

本例说明,利用幂级数的性质,可求出许多不易用数项级数知识求出数项级数的和. 其方法是:首先观察此数项级数是哪个幂级数在 $x = ?$ 时的特殊情况,然后求出幂级数的和函数,再代 x 的值即可.

性质3(积分运算)　设 $\sum_{n=0}^{\infty} a_n x^n = S(x)$ 的收敛半径为 R,则在 $(-R,R)$ 内和函数 $S(x)$ 可积,且有

$$\int_0^x S(x)\,\mathrm{d}x = \int_0^x \sum_{n=0}^{\infty} a_n x^n \mathrm{d}x = \sum_{n=0}^{\infty} \int_0^x a_n x^n \mathrm{d}x = \sum_{n=0}^{\infty} \frac{a_n}{n+1} x^{n+1}$$

所得幂级数的收敛半径仍为 R,但在 $\pm R$ 处的收敛性可能发生改变.

此性质说明幂级数在收敛区间内可以逐项积分.

例6　求数项级数 $\sum_{n=0}^{\infty} \frac{n+1}{2^n}$ 的和.

解　此数项级数可看成幂级数 $\sum_{n=0}^{\infty} (n+1)x^n$ 在 $x = \frac{1}{2}$ 时的特殊情况. 易知,幂级数 $\sum_{n=0}^{\infty} (n+1)x^n$ 的收敛半径 $R = 1$,设所求幂级数的和函数为 $S(x)$,即

$$S(x) = \sum_{n=1}^{\infty} (n+1)x^n$$

则有

$$\int_0^x S(x)\,\mathrm{d}x = \sum_{n=0}^{\infty} \int_0^x (n+1)x^n \mathrm{d}x = \sum_{n=0}^{\infty} x^{n+1}$$

$$= x + x^2 + x^3 + \cdots + x^{n+1} + \cdots = \frac{x}{1-x}$$

当 $x = -1$ 时,级数 $\sum_{n=0}^{\infty} (n+1)x^n$ 为 $\sum_{n=0}^{\infty} (-1)^n (n+1)$ 是发散的交错级数;

当 $x = 1$ 时,级数 $\sum_{n=0}^{\infty} (n+1)x^n$ 为 $\sum_{n=0}^{\infty} (n+1)$ 是发散的级数.

因此,其收敛区间为 $x \in (-1,1)$,于是,对上式两边求导,有

$$S(x) = \left(\frac{x}{1-x} \right)' = \frac{1}{(1-x)^2} \qquad x \in (-1,1)$$

即

$$\sum_{n=0}^{\infty} (n+1)x^n = \frac{1}{(1-x)^2} \qquad x \in (-1,1)$$

代 $x = \frac{1}{2}$,得

$$\sum_{n=0}^{\infty} \frac{n+1}{2^n} = 4$$

习题 10-3

基础题

1. 求下列级数的收敛半径及收敛区间:

(1) $\sum_{n=1}^{\infty} nx^n$

(2) $\sum_{n=0}^{\infty} \frac{1}{n!} x^n$

(3) $\sum_{n=1}^{\infty} \frac{1}{n \cdot 3^n} x^n$

(4) $\sum_{n=1}^{\infty} \frac{(-1)^n}{n} x^n$

(5) $\sum_{n=1}^{\infty} \frac{(-1)^n}{2 \cdot 4 \cdots 2n} x^n$

(6) $\sum_{n=1}^{\infty} \frac{2^n}{n^2 + 1} x^n$

2. 用幂级数性质求下列级数的和函数:

(1) $\sum_{n=1}^{\infty} nx^{n-1}$

(2) $\sum_{n=1}^{\infty} \frac{1}{2n-1} x^{2n-1}$

提高题

1. 求下列级数的收敛半径及收敛区间：

$(1) \sum_{n=1}^{\infty} \frac{n}{3^n} x^n$

$(2) \sum_{n=1}^{\infty} \frac{(-1)^{n-1}}{\sqrt{n}} x^n$

$(3) \sum_{n=1}^{\infty} \frac{n!}{n^n} x^n$

$(4) \sum_{n=1}^{\infty} \frac{2^n}{n}(x-1)^n$

2. 用幂级数求下列数项级数的和：

$(1) \sum_{n=1}^{\infty} \frac{1}{4n+1} x^{4n+1}$

$(2) \sum_{n=1}^{\infty} (n+2) x^{n+3}$

§10.4   函数展开成幂级数

10.4.1   泰勒公式

由 10.3 节可知,幂级数在收敛区间内确定了一个和函数;反之,给了一个函数,能否将其展开成一个幂级数,展开后的幂级数是否以该函数为和函数.下面就来解决这个问题.

在微分学中,已知

$$\Delta y = f(x) - f(x_0) = f'(x_0)(x - x_0) + o(x - x_0)$$

即

$$f(x) = f(x_0) + f'(x_0)(x - x_0) + o(x - x_0)$$

上式表明,在 x_0 附近, $f(x)$ 可用 $x - x_0$ 的一次多项式近似表示,但这种表示的误差较大,仅是比 $x - x_0$ 更高阶的无穷小,并且也没指出估计误差的公式.因此,遇到对精确度要求更高的情况,用此显然就不行,这就需要用关于 $x - x_0$ 的高次多项式来表达函数.下面给出泰勒公式.

泰勒公式：

如果函数 $f(x)$ 在 x_0 的附近有直到 $n+1$ 阶的导数,则在 x_0 的附近有

$$f(x) = f(x_0) + f'(x_0)(x - x_0) + \frac{f''(x_0)}{2!}(x - x_0)^2 + \cdots +$$

$$\frac{f^{(n)}(x_0)}{n!}(x-x_0)^n + r_n(x)$$

其中

$$r_n(x) = \frac{f^{(n+1)}(\xi)}{(n+1)!}(x-x_0)^{n+1} (x_0 < \xi < x)$$

称为拉格朗日型余项.

令 $x_0 = 0$,则泰勒公式变成麦克劳林公式

$$f(x) = f(0) + f'(0)x + \frac{f''(0)}{2!}x^2 + \cdots + \frac{f^{(n)}(0)}{n!}x^n + r_n(x)$$

其中

$$r_n(x) = \frac{f^{(n+1)}(\xi)}{(n+1)!}x^{n+1} (0 < \xi < x)$$

在麦克劳林公式中,如果 $\lim\limits_{n\to\infty} r_n(x) = 0$,则

$$f(x) = f(0) + f'(0)x + \frac{f''(0)}{2!}x^2 + \cdots + \frac{f^{(n)}(0)}{n!}x^n + \cdots$$

称为函数 $f(x)$ 的麦克劳林级数展开式.

下面介绍如何将函数 $f(x)$ 展开成麦克劳林级数(即幂级数).

10.4.2 直接展开法

利用麦克劳林公式将函数 $f(x)$ 展开成幂级数的方法,称为直接展开法. 其方法如下:

(1)求出 $f(x)$ 的各阶导数在 $x = 0$ 处的值以及 $f(0)$;

(2)写出 $f(x)$ 的麦克劳林公式;

(3)考察 $f(x)$ 的麦克劳林公式的余项 $r_n(x)$ 的极限是否为零;

(4)如果 $f(x)$ 的麦克劳林公式的余项 $r_n(x)$ 的极限为零,则写出麦克劳林级数,并求出收敛区间.

例 1 将 $f(x) = e^x$ 展开成 x 的幂级数.

解 因

$$f^{(n)}(x) = e^x \qquad (n = 1,2,3,\cdots)$$

于是

$$f^{(n)}(0) = e^0 = 1, f(0) = 1$$

所以

$$e^x = 1 + x + \frac{1}{2!}x^2 + \cdots + \frac{1}{n!}x^n + \frac{e^\xi}{(n+1)!}x^{n+1} \qquad (0 < \xi < x)$$

由于对任意 x 和 $\xi(0 < \xi < x)$，有

$$|r_n(x)| = \left| \frac{e^\xi x^{n+1}}{(n+1)!} \right| \leqslant e^{|x|} \frac{|x|^{n+1}}{(n+1)!}$$

对于 n 来说，$e^{|x|}$ 是一个常量，而正项级数 $\sum\limits_{n=0}^{\infty} \frac{|x|^{n+1}}{(n+1)!}$，由比值审敛法知是收敛的. 因此，由级数的性质 1 可知，$\lim\limits_{n\to\infty} \frac{|x|^{n+1}}{(n+1)!} = 0$，从而有 $\lim\limits_{n\to\infty} r_n(x) = 0$. 因此，$f(x) = e^x$ 的幂级数展开式为

$$e^x = 1 + x + \frac{1}{2!}x^2 + \cdots + \frac{1}{n!}x^n + \cdots \tag{10.1}$$

其收敛区间为 $(-\infty, +\infty)$.

利用直接展开法还可推出以下函数的幂级数展开式：

$$\sin x = x - \frac{x^3}{3!} + \frac{x^5}{5!} - \cdots + (-1)^{n-1}\frac{x^{2n-1}}{(2n-1)!} + \cdots \qquad (-\infty < x < +\infty) \tag{10.2}$$

$$(1+x)^m = 1 + mx + \frac{m(m-1)}{2!}x^2 + \cdots + \frac{m(m-1)\cdots(m-n+1)}{n!}x^n + \cdots \qquad (-1 < x < 1) \tag{10.3}$$

其中，m 为任意实数.

式(10.3)称为二项展开式. 当 m 为自然数时，即为以前学过的二项式定理. 公式右端的级数在区间端点 $x = \pm 1$ 处是否收敛与 m 的具体值有关.

当 $m = -1, m = \frac{1}{2}, m = -\frac{1}{2}$ 时，有以下 3 个常用的二项展开式：

$$\frac{1}{1+x} = 1 - x + x^2 - x^3 + \cdots + (-1)^n x^n + \cdots \qquad (-1 < x < 1) \tag{10.4}$$

$$\sqrt{1+x} = 1 + \frac{1}{2}x - \frac{1}{2\times4}x^2 + \frac{1\times3}{2\times4\times6}x^3 - \frac{1\times3\times5}{2\times4\times6\times8}x^4 + \cdots \qquad (-1 \leqslant x < 1) \tag{10.5}$$

$$\frac{1}{\sqrt{1+x}} = 1 - \frac{1}{2}x + \frac{1\times3}{2\times4}x^2 - \frac{1\times3\times5}{2\times4\times6}x^3 + \cdots \qquad (-1 < x \leqslant 1) \tag{10.6}$$

10.4.3 间接展开法

由例1可知,用直接展开法将函数展开成 x 的幂级数比较麻烦,特别地还要考察余项的极限是否为零,这往往比较难.下面介绍利用已知函数的展开式和幂级数的性质.将所给函数展开成 x 的幂级数,这种方法称为间接展开法.

例2 将函数 $f(x) = \cos x$ 展开成 x 的幂级数.

解 由式(10.2)可知

$$\sin x = x - \frac{x^3}{3!} + \frac{x^5}{5!} - \cdots + (-1)^{n-1}\frac{x^{2n-1}}{(2n-1)!} + \cdots \quad (-\infty < x < +\infty)$$

两边逐项求导,得

$$\cos x = (\sin x)' = 1 - \frac{x^2}{2!} + \frac{x^4}{4!} + \cdots +$$

$$(-1)^n\frac{x^{2n}}{(2n)!} + \cdots \quad (-\infty < x < +\infty) \quad (10.7)$$

例3 将函数 $f(x) = \ln(1 + x)$ 展开成 x 的幂级数.

解 因为

$$\ln(1 + x) = \int_0^x \frac{1}{1 + x}\mathrm{d}x$$

由式(10.4)可知

$$\frac{1}{1 + x} = 1 - x + x^2 - x^3 + \cdots + (-1)^n x^n + \cdots \quad (-1 < x < 1)$$

两边积分,得

$$\ln(1 + x) = x - \frac{1}{2}x^2 + \frac{1}{3}x^3 - \cdots + (-1)^n\frac{1}{n+1}x^{n+1} + \cdots \quad (10.8)$$

易知,当 $x = -1$ 时,该级数发散;当 $x = 1$ 时,该级数收敛.因此,式(10.8)的收敛域为 $(-1 < x \leqslant 1)$.

例4 将函数 $f(x) = \arctan x$ 展开成 x 的幂级数.

解 因为

$$\arctan x = \int_0^x \frac{1}{1 + x^2}\mathrm{d}x$$

而 $\dfrac{1}{1 + x^2}$ 的展开式可看成将式(10.4)中的 x 换成 x^2 而得,故

$$\frac{1}{1 + x^2} = 1 - x^2 + x^4 - \cdots + (-1)^n x^{2n} + \cdots \quad (-1 < x < 1)$$

两边积分,得

$$\arctan x = x - \frac{1}{3}x^3 + \frac{1}{5}x^5 - \cdots \qquad (-1 \leqslant x \leqslant 1) \qquad (10.9)$$

所得级数在端点 $x = \pm 1$ 的收敛性判断从略.

例5 将函数 $f(x) = 3^x$ 展开成 x 的幂级数.

解 因为 $3^x = e^{x \ln 3}$,而 $e^{x \ln 3}$ 可看成将式(1)中的 x 换成 $x \ln 3$ 而得. 所以

$$3^x = e^{x \ln 3} = 1 + \ln 3 \cdot x + \frac{\ln^2 3}{2!}x^2 + \cdots + \frac{\ln^n 3}{n!}x^n + \cdots \qquad (-\infty < x < +\infty)$$

例6 将函数 $f(x) = \ln(4 + 2x)$ 展开成 x 的幂级数.

解 因为

$$\ln(4 + 2x) = \ln 4\left(1 + \frac{x}{2}\right) = \ln 4 + \ln\left(1 + \frac{x}{2}\right)$$

而 $\ln\left(1 + \dfrac{x}{2}\right)$ 可看成将式(10.8)中的 x 换成 $\dfrac{x}{2}$ 而得,所以

$$\ln(4 + 2x) = \ln 4 + \ln\left(1 + \frac{x}{2}\right)$$

$$= \ln 4 + \frac{x}{2} - \frac{1}{2}\left(\frac{x}{2}\right)^2 + \frac{1}{3}\left(\frac{x}{2}\right)^3 - \cdots +$$

$$(-1)^n \frac{1}{n+1}\left(\frac{x}{2}\right)^{n+1} + \cdots$$

$$= \ln 4 + \frac{1}{2}x - \frac{1}{2 \times 2^2}x^2 + \frac{1}{3 \times 2^3}x^3 + \cdots +$$

$$(-1)^n \frac{1}{(n+1) \times 2^{n+1}}x^{n+1} + \cdots$$

其中, $-1 < \dfrac{x}{2} \leqslant 1$,即 $-2 < x \leqslant 2$.

例7 将函数 $f(x) = x \sin^2 x$ 展开成 x 的幂级数.

解 因为

$$x \sin^2 x = x \cdot \frac{1 - \cos 2x}{2} = \frac{x}{2} - \frac{x}{2}\cos 2x$$

由式(10.7)可知

$$\cos 2x = 1 - \frac{(2x)^2}{2!} + \frac{(2x)^4}{4!} + \cdots + (-1)^n \frac{(2x)^{2n}}{(2n)!} + \cdots \qquad (-\infty < x < +\infty)$$

所以

$$x\sin^2 x = \frac{x}{2} - \frac{x}{2}\left[1 - \frac{(2x)^2}{2!} + \frac{(2x)^4}{4!} + \cdots + (-1)^n\frac{(2x)^{2n}}{(2n)!} + \cdots\right]$$

$$= \frac{2x^3}{2!} - \frac{2^3x^5}{4!} + \frac{2^5x^7}{6!} - \cdots + (-1)^{n+1}\frac{2^{2n-1}x^{2n+1}}{(2n)!} + \cdots \quad (-\infty < x < +\infty)$$

例8 将函数 $f(x) = \dfrac{1}{3-x}$ 展开成 $x-1$ 的幂级数.

解 因为

$$\frac{1}{3-x} = \frac{1}{2-(x-1)} = \frac{1}{2} \cdot \frac{1}{1 - \dfrac{x-1}{2}}$$

而由式(10.8)可知,$\dfrac{1}{1-\dfrac{x-1}{2}}$ 可看成将 $\dfrac{1}{1+x}$ 中的 x 换成 $-\dfrac{x-1}{2}$ 而得,

所以

$$\frac{1}{3-x} = \frac{1}{2} \cdot \frac{1}{1 - \dfrac{x-1}{2}}$$

$$= \frac{1}{2}\left[1 + \frac{1}{2}(x-1) + \frac{1}{2^2}(x-1)^2 + \cdots + \frac{1}{2^n}(x-1)^n + \cdots\right]$$

$$= \frac{1}{2} + \frac{1}{2^2}(x-1) + \frac{1}{2^3}(x-1)^2 + \cdots + \frac{1}{2^{n+1}}(x-1)^n + \cdots$$

其中,收敛区间为 $-1 < -\dfrac{x-1}{2} < 1$,即 $-1 < x < 3$.

习题 10-4

基础题

1. 利用间接展开法,将下列函数展开成 x 的幂级数:

(1) a^x 　　　　　　　　　　　(2) $\ln(3+x)$

(3) $\sin^2 x$ 　　　　　　　　　　(4) $\dfrac{e^x - e^{-x}}{2}$

2. 将函数 $f(x) = \dfrac{1}{x}$ 展开成 $x - 3$ 的幂级数.

提高题

1. 将下列函数展开成 x 的幂级数:

(1) $\dfrac{x}{\sqrt{1 + x^2}}$ $\qquad\qquad\qquad$ (2) $(1 + x)\ln(1 + x)$

2. 将函数 $f(x) = \cos x$ 在点 $x_0 = -\dfrac{\pi}{3}$ 处展开成幂级数.

§ 10.5   傅里叶级数

10.5.1   三角级数

上节已介绍了一类重要的函数项级数 —— 幂级数,本节将讨论在物理学及电工学等中经常会用到的另一类重要的函数项级数 —— 傅里叶级数.

1) 三角级数

在物理学及其他学科中,经常会遇到周期运动的现象,如弹簧的振动、交流电的电流与电压以及电信号等在周期函数中正弦型函数 $y = A\sin(\omega x + \phi)$ 是较为简单的一种. 它的周期为 $T = \dfrac{2\pi}{\omega}$,A 为振幅,ϕ 为初相,ω 为角频率.

这里希望将一个周期为 $T = \dfrac{2\pi}{\omega}$ 的函数 $f(x)$ 展开成由三角函数组成的函数项级数

$$f(x) = A_0 + \sum_{n=1}^{\infty} A_n\sin(n\omega x + \phi_n) \qquad\qquad (10.10)$$

其中,$A_0, A_n, \phi_n (n = 1, 2, 3, \cdots)$ 均为常数.

为方便起见,这里只讨论 $\omega = 1$ 的情况. 此时

$$A_n\sin(nx + \phi_n) = A_n\sin\phi_n\cos nx + A_n\cos\phi_n\sin nx$$

令 $a_n = A_n\sin\phi_n, b_n = A_n\cos\phi_n, A_0 = \dfrac{a_0}{2}$,于是式(10.10)右端可写为

$$\frac{a_0}{2} + \sum_{n=1}^{\infty} (a_n \cos nx + b_n \sin nx) \tag{10.11}$$

式(10.11)称为三角级数.

这里有3个问题需要解决:

(1)函数 $f(x)$ 满足什么条件时,才能展开成式(10.11)?

(2)若 $f(x)$ 能展开成式(10.11),如何求其系数 a_0, a_n, b_n?

(3)展开后的级数在哪点收敛于 $f(x)$? 下面来解决这些问题.

2)三角函数系的正交性

在式(10.11)中出现的函数

$$1, \cos x, \sin x, \cos 2x, \sin 2x, \cdots, \cos nx, \sin nx, \cdots$$

构成了一个三角函数系,由积分知识不难得到三角函数系具有以下特性:

在这些函数中,任两个不同的函数的乘积在 $[-\pi, \pi]$ 上的积分为零,即

$$\int_{-\pi}^{\pi} 1 \cdot \cos nx \, \mathrm{d}x = 0 \qquad (n = 1, 2, 3, \cdots)$$

$$\int_{-\pi}^{\pi} 1 \cdot \sin nx \, \mathrm{d}x = 0 \qquad (n = 1, 2, 3, \cdots)$$

$$\int_{-\pi}^{\pi} \sin kx \cdot \cos nx \, \mathrm{d}x = 0 \qquad (k, n = 1, 2, 3, \cdots)$$

$$\int_{-\pi}^{\pi} \sin kx \cdot \sin nx \, \mathrm{d}x = 0 \qquad (k, n = 1, 2, 3, \cdots, k \neq n)$$

$$\int_{-\pi}^{\pi} \cos kx \cdot \cos nx \, \mathrm{d}x = 0 \qquad (k, n = 1, 2, 3, \cdots, k \neq n)$$

上述特性称为三角函数系的正交性.

在求系数 a_0, a_n, b_n 还需用到下面两个积分

$$\int_{-\pi}^{\pi} \sin^2 nx \, \mathrm{d}x = \pi \qquad (n = 1, 2, 3, \cdots)$$

$$\int_{-\pi}^{\pi} \cos^2 nx \, \mathrm{d}x = \pi \qquad (n = 1, 2, 3, \cdots) \tag{10.12}$$

这两个积分可直接通过积分来验证.

下面来求系数 a_0, a_n, b_n:

设 $f(x)$ 是一个以 2π 为周期的函数,并能展开成三角级数,即

$$f(x) = \frac{a_0}{2} + \sum_{n=1}^{\infty} (a_n \cos nx + b_n \sin nx) \tag{10.13}$$

且可逐项积分.

先求 a_0. 将式（10.13）两端在 $[-\pi,\pi]$ 上积分

$$\int_{-\pi}^{\pi} f(x)\mathrm{d}x = \int_{-\pi}^{\pi}\frac{a_0}{2}\mathrm{d}x + \sum_{n=1}^{\infty}\left(a_n\int_{-\pi}^{\pi}\cos nx\mathrm{d}x + b_n\int_{-\pi}^{\pi}\sin nx\mathrm{d}x\right)$$

并注意到三角函数的正交性,得

$$\int_{-\pi}^{\pi} f(x)\mathrm{d}x = \pi a_0$$

即

$$a_0 = \frac{1}{\pi}\int_{-\pi}^{\pi} f(x)\mathrm{d}x$$

现求 a_n. 为此,将式（10.13）两端同时乘以 $\cos kx$,并积分,得

$$\int_{-\pi}^{\pi} f(x)\cos kx\mathrm{d}x = \frac{a_0}{2}\int_{-\pi}^{\pi}\cos kx\mathrm{d}x + \sum_{n=1}^{\infty}\left(a_n\int_{-\pi}^{\pi}\cos kx\cos nx\mathrm{d}x + \right.$$

$$\left. b_n\int_{-\pi}^{\pi}\cos kx\sin nx\mathrm{d}x\right)$$

由三角函数的正交性可知,上式右端除 $\int_{-\pi}^{\pi}\cos nx\cos nx\mathrm{d}x$ 这一项外,其余各项均为零. 故有

$$\int_{-\pi}^{\pi} f(x)\cos nx\mathrm{d}x = a_n\int_{-\pi}^{\pi}\cos nx\cos nx\mathrm{d}x$$

由式（10.12）和式（10.13）,得

$$a_n = \frac{1}{\pi}\int_{-\pi}^{\pi} f(x)\cos nx\mathrm{d}x \qquad (n = 1,2,3,\cdots)$$

同理,用 $\sin kx$ 乘以式（10.13）两端再积分,可得

$$b_n = \frac{1}{\pi}\int_{-\pi}^{\pi} f(x)\sin nx\mathrm{d}x \qquad (n = 1,2,3,\cdots)$$

由于 a_0 的表达式是 a_n 的表达式 $n = 0$ 时的情况,因此,将上述结论归纳如下:

设 $f(x) = \dfrac{a_0}{2} + \sum\limits_{n=1}^{\infty}(a_n\cos nx + b_n\sin nx)$,则有

$$a_n = \frac{1}{\pi}\int_{-\pi}^{\pi} f(x)\cos nx\mathrm{d}x \qquad (n = 0,1,2,\cdots)$$

$$b_n = \frac{1}{\pi}\int_{-\pi}^{\pi} f(x)\sin nx\mathrm{d}x \qquad (n = 1,2,3,\cdots) \qquad (10.14)$$

由式（10.14）确定的系数 a_0,a_n,b_n 称为函数 $f(x)$ 的傅里叶系数,由傅里叶

系数确定的三角级数称为函数 $f(x)$ 的傅里叶级数.

10.5.2 函数展开成傅里叶级数

关于函数展开成傅里叶级数的条件和收敛性问题,可不加证明地给出以下定理:

收敛定理:

设 $f(x)$ 是以 2π 为周期的函数,如果它在一个周期内满足:

（1）连续或最多有有限个第一类间断点;

（2）最多只有有限个极值点.

则 $f(x)$ 的傅里叶级数收敛,且:

（1）当 x 是 $f(x)$ 的连续点时,级数收敛于 $f(x)$;

（2）当 x 是 $f(x)$ 的间断点时,级数收敛于 $\dfrac{f(x-0)+f(x+0)}{2}$.

其中, $f(x-0)$ 表示 $f(x)$ 在 x 处的左极限; $f(x+0)$ 表示 $f(x)$ 在 x 处的右极限.

定理中所要求的条件,一般的初等函数与分段函数都能满足,即都能展开成傅里叶级数.

例1 设 $f(x)$ 是以 2π 为周期的函数,其在一个周期内的表达式为

$$f(x) = \begin{cases} -2 & -\pi \leqslant x < 0 \\ 2 & 0 \leqslant x < \pi \end{cases}$$

试将 $f(x)$ 展开成傅里叶级数.

解 此函数的图形如图 10.1 所示,它是一个矩形波,显然满足收敛定理的条件.

首先计算傅里叶系数,由式（10.14）得

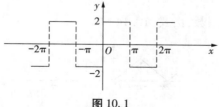

图 10.1

$$a_n = \frac{1}{\pi} \int_{-\pi}^{\pi} f(x) \cos nx \mathrm{d}x = \frac{1}{\pi} \int_{-\pi}^{0} (-2) \cos nx \mathrm{d}x + \frac{1}{\pi} \int_{0}^{\pi} 2 \cdot \cos nx \mathrm{d}x$$

$$= -\frac{2}{\pi}\left[\frac{1}{n}\sin nx\right]_{-\pi}^{0} + \frac{2}{\pi}\left[\frac{1}{n}\sin nx\right]_{\pi}^{0} = 0 \qquad (n = 1,2,3,\cdots)$$

因为在计算 a_n 时，$n \neq 0$，所以 a_0 需另外计算：

$$a_0 = \frac{1}{\pi}\int_{-\pi}^{\pi} f(x)\mathrm{d}x = \frac{1}{\pi}\left[\int_{-\pi}^{0}(-2)\mathrm{d}x + \int_{0}^{\pi} 2\mathrm{d}x\right] = 0$$

$$b_n = \frac{1}{\pi}\int_{-\pi}^{\pi} f(x)\sin nx\mathrm{d}x = \frac{1}{\pi}\left[\int_{-\pi}^{0}(-2)\sin nx\mathrm{d}x + \int_{0}^{\pi} 2\sin nx\mathrm{d}x\right]$$

$$= \frac{2}{\pi}\left[\left(\frac{1}{n}\cos nx\right)_{-\pi}^{0} - \left(\frac{1}{n}\cos nx\right)_{0}^{\pi}\right] = \frac{4}{n\pi}[1 - (-1)^n]$$

$$= \begin{cases} \dfrac{8}{n\pi} & n = 1,3,5,\cdots \\[2mm] 0 & n = 2,4,6,\cdots \end{cases}$$

根据收敛定理可知，在 $f(x)$ 的连续点 $x \neq k\pi$ 时（$k = 0, \pm 1, \pm 2, \cdots$），有

$$f(x) = \frac{8}{\pi}\left[\sin x + \frac{1}{3}\sin 3x + \cdots + \frac{1}{2n-1}\sin(2n-1)x + \cdots\right]$$

在 $f(x)$ 的间断点 $x = k\pi$ 时（$k = 0, \pm 1, \pm 2, \cdots$），有

$$\frac{8}{\pi}\left[\sin x + \frac{1}{3}\sin 3x + \cdots + \frac{1}{2n-1}\sin(2n-1)x + \cdots\right]$$

$$= \frac{f(x-0) + f(x+0)}{2} = \frac{2 + (-2)}{2} = 0$$

例 2　设 $f(x)$ 是以 2π 为周期的函数，其在一个周期内的表达式为

$$f(x) = \begin{cases} -x & -\pi \leqslant x < 0 \\ x & 0 \leqslant x < \pi \end{cases}$$

试将 $f(x)$ 展开成傅里叶级数.

解　此函数的图形如图 10.2 所示，它是一个三角形波，显然满足收敛定理的条件.

首先计算傅里叶系数，由式（10.14）得

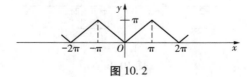

图 10.2

$$a_n = \frac{1}{\pi}\int_{-\pi}^{\pi} f(x)\cos nx\mathrm{d}x = \frac{1}{\pi}\int_{-\pi}^{0}(-x)\cos nx\mathrm{d}x + \frac{1}{\pi}\int_{0}^{\pi} x \cdot \cos nx\mathrm{d}x$$

$$= -\frac{1}{\pi}\left[\frac{x\sin nx}{n} + \frac{\cos nx}{n^2}\right]_{-\pi}^{0} + \frac{1}{\pi}\left[\frac{x\sin nx}{n} + \frac{\cos nx}{n^2}\right]_{\pi}^{0}$$

$$= \frac{2}{n^2\pi}\left[\cos n\pi - 1\right] = \frac{2}{n^2\pi}\left[(-1)^n - 1\right] = \begin{cases} 0 & n = 2,4,6,\cdots \\ -\dfrac{4}{n^2\pi} & n = 1,3,5,\cdots \end{cases}$$

因为在计算 a_n 时,$n \neq 0$,所以 a_0 需另外计算

$$a_0 = \frac{1}{\pi}\int_{-\pi}^{\pi} f(x)\mathrm{d}x = \frac{1}{\pi}\left[\int_{-\pi}^{0}(-x)\mathrm{d}x + \int_{0}^{\pi} x\mathrm{d}x\right] = \pi$$

$$b_n = \frac{1}{\pi}\int_{-\pi}^{\pi} f(x)\sin nx\mathrm{d}x = \frac{1}{\pi}\left[\int_{-\pi}^{0}(-x)\sin nx\mathrm{d}x + \int_{0}^{\pi} x\sin nx\mathrm{d}x\right]$$

$$= \frac{1}{\pi}\left[\left(\frac{x\cos nx}{n} - \frac{\sin nx}{n^2}\right)_{-\pi}^{0} + \left(-\frac{x\cos nx}{n} + \frac{\sin nx}{n^2}\right)_{0}^{\pi}\right]$$

$$= 0 \qquad (n = 1,2,3,\cdots)$$

由于此函数没有间断点,因此,$f(x)$ 的傅里叶级数展开为

$$f(x) = \frac{\pi}{2} - \frac{4}{\pi}\left[\cos x + \frac{1}{3^2}\cos 3x + \cdots +\right.$$

$$\left. \frac{1}{(2n-1)^2}\cos(2n-1)x + \cdots\right] \qquad x \in \mathbf{R}$$

10.5.3 正弦级数或余弦级数

在上面的例子中,例 1 是奇函数,它的展开式中只有正弦项,而例 2 是偶函数,它的展开式中只有常数项和余弦项,这不是偶然的,通过定积分的计算,可得到以下结论:

(1) 如果 $f(x)$ 是奇函数,则其傅里叶系数为

$$a_n = 0 \qquad (n = 0,1,2,\cdots)$$

$$b_n = \frac{2}{\pi}\int_{0}^{\pi} f(x)\sin nx\mathrm{d}x \qquad (n = 1,2,\cdots)$$

此时,$f(x)$ 的傅里叶级数为 $\sum_{n=1}^{\infty} b_n\sin nx$,它只有正弦项,称为正弦级数;

(2) 如果 $f(x)$ 是偶函数,则其傅里叶系数为

$$b_n = 0 \qquad (n = 1,2,\cdots)$$

$$a_n = \frac{2}{\pi}\int_{0}^{\pi} f(x)\cos nx\mathrm{d}x \qquad (n = 0,1,2,\cdots)$$

此时,$f(x)$ 的傅里叶级数为 $\dfrac{a_0}{2} + \sum\limits_{n=1}^{\infty} a_n \cos nx$,它只有余弦项,称为余弦级数.

10.5.4 一般周期的傅里叶级数

1) 周期为 $2l$ 的函数的展开式

前面讨论了周期为 2π 的函数如何展开成傅里叶级数,那么,周期为 $2l$ 的函数如何展开成傅里叶级数呢? 下面我们不加证明地给出,如果 $f(x)$ 的周期为 $2l$,则 $f(x)$ 的傅里叶级数展开式

$$f(x) = \frac{a_0}{2} + \sum_{n=1}^{\infty} \left(a_n \cos \frac{n\pi x}{l} + b_n \sin \frac{n\pi x}{l} \right) \tag{10.15}$$

其中

$$a_0 = \frac{1}{l} \int_{-l}^{l} f(x)\,\mathrm{d}x$$

$$a_n = \frac{1}{l} \int_{-l}^{l} f(x) \cos \frac{n\pi x}{l}\,\mathrm{d}x \qquad (n = 1,2,\cdots) \tag{10.16}$$

$$b_n = \frac{1}{l} \int_{-l}^{l} f(x) \sin \frac{n\pi x}{l}\,\mathrm{d}x \qquad (n = 1,2,\cdots)$$

例 3 设 $f(x) = \dfrac{x^2}{2}\,(-1 \leqslant x < 1)$ 是以 2 为周期的函数,试将其展开成傅里叶级数.

解 此函数的图形如图 10.3 所示.

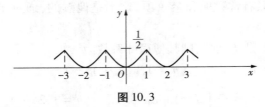

图 10.3

易知,$f(x)$ 是偶函数,且 $l = 1$,故由式(10.16)有

$$b_n = 0 \qquad (n = 1,2,\cdots)$$

$$a_0 = \frac{2}{l} \int_0^l f(x)\,\mathrm{d}x = 2 \int_0^1 \frac{x^2}{2}\,\mathrm{d}x = \frac{1}{3}$$

$$a_n = \frac{2}{l} \int_0^l f(x) \cos \frac{n\pi x}{l}\,\mathrm{d}x = 2 \int_0^1 \frac{x^2}{2} \cos n\pi x\,\mathrm{d}x = \frac{2(-1)^n}{n^2 \pi^2} \qquad (n = 1,2,\cdots)$$

由于 $f(x)$ 无间断点,因此由收敛定理,得

$$f(x) = \frac{1}{6} + \frac{2}{\pi^2} \left(-\cos \pi x + \frac{1}{2^2} \cos 2\pi x - \frac{1}{3^2} \cos 3\pi x + \cdots \right) \quad (-\infty < x < +\infty)$$

2) 傅里叶级数的复数形式

在无线电技术中,经常需要进行谐波分析,若用前面讨论的傅里叶级数形式来分析就较烦琐. 特别地,求 n 次谐波的振幅 A_n,需先求出 a_n, b_n,然后由公式 $A_n = \sqrt{a_n^2 + b_n^2}$ 才能得出. 有没有其他较为简单的方法求出 A_n? 这就是我们介绍傅里叶级数的复数形式的目的之一.

由欧拉公式 $e^{ix} = \cos x + i \sin x$,得

$$\cos \frac{n\pi x}{l} = \frac{1}{2} \left(e^{i\frac{n\pi x}{l}} + e^{-i\frac{n\pi x}{l}} \right)$$

$$\sin \frac{n\pi x}{l} = \frac{i}{2} \left(-e^{i\frac{n\pi x}{l}} + e^{-i\frac{n\pi x}{l}} \right)$$

于是,式(10.15)变为

$$f(x) = \frac{a_0}{2} + \sum_{n=1}^{\infty} \left[a_n \cdot \frac{1}{2} \left(e^{i\frac{n\pi x}{l}} + e^{-i\frac{n\pi x}{l}} \right) + b_n \cdot \frac{i}{2} \left(-e^{i\frac{n\pi x}{l}} + e^{-i\frac{n\pi x}{l}} \right) \right]$$

$$= \frac{a_0}{2} + \sum_{n=1}^{\infty} \left[\frac{a_n - ib_n}{2} e^{i\frac{n\pi x}{l}} + \frac{a_n + ib_n}{2} e^{-i\frac{n\pi x}{l}} \right]$$

令

$$c_0 = \frac{a_0}{2} \quad c_n = \frac{a_n - ib_n}{2} \quad \bar{c}_n = \frac{a_n + ib_n}{2}$$

其中,$\bar{c}_n$ 是 c_n 的共轭复数($n = 1, 2, \cdots$).

于是,上式写为

$$f(x) = c_0 + \sum_{n=1}^{\infty} \left(c_n e^{i\frac{n\pi x}{l}} + \bar{c}_n e^{-i\frac{n\pi x}{l}} \right) \tag{10.17}$$

由式(10.16)不难得到

$$c_0 = \frac{1}{2l} \int_{-l}^{l} f(x) \, dx$$

$$c_n = \frac{a_n - ib_n}{2} = \frac{1}{2l} \int_{-l}^{l} f(x) e^{-i\frac{n\pi x}{l}} \, dx \quad (n = 1, 2, \cdots)$$

$$\bar{c}_n = \frac{a_n + ib_n}{2} = \frac{1}{2l} \int_{-l}^{l} f(x) e^{i\frac{n\pi x}{l}} \, dx \quad (n = 1, 2, \cdots)$$

若记

$$c_{-n} = \frac{1}{2l} \int_{-l}^{l} f(x) e^{-i\frac{(-n)\pi x}{l}} dx \qquad (n = 1, 2, \cdots)$$

则有 $\bar{c}_n = c_{-n}$，且还可知，c_{-n} 相当于 c_n 中的 $n = -1, -2, -3, \cdots$ 时的情况.

因此，式(10.17)进一步化为

$$f(x) = c_0 + \sum_{n=1}^{\infty} \left(c_n e^{i\frac{n\pi x}{l}} + c_{-n} e^{i\frac{(-n)\pi x}{l}} \right)$$

$$= c_0 e^{i\frac{0\pi x}{l}} + \sum_{n=1}^{\infty} c_n e^{i\frac{n\pi x}{l}} + \sum_{n=-1}^{-\infty} c_n e^{i\frac{n\pi x}{l}}$$

$$= \sum_{n=-\infty}^{+\infty} c_n e^{i\frac{n\pi x}{l}} \tag{10.18}$$

式(10.18)称为 $f(x)$ 的傅里叶级数的复数形式. 其中

$$c_n = \frac{1}{2l} \int_{-l}^{l} f(x) e^{-i\frac{n\pi x}{l}} dx \qquad (n = 0, \pm 1, \pm 2, \cdots) \tag{10.19}$$

容易看出

$$|c_n| = |\bar{c}_n| = \frac{\sqrt{a_n^2 + b_n^2}}{2}$$

因此，n 次谐波的振幅为

$$A_n = \sqrt{a_n^2 + b_n^2} = 2|c_n| \qquad (n = \pm 1, \pm 2, \cdots)$$

例 4　设 $f(x)$ 是以 4 为周期的函数，且在 $[-2, 2)$ 上的表达式为

$$f(x) = \begin{cases} 0 & -2 \leqslant x \leqslant -\dfrac{1}{2} \\ e & -\dfrac{1}{2} < x < \dfrac{1}{2} \\ 0 & \dfrac{1}{2} \leqslant x < 2 \end{cases}$$

试将其展开成傅里叶级数的复数形式，并求其 n 次谐波的振幅.

解　因 $l = 2$，故由式(10.19)得

$$c_n = \frac{1}{4} \int_{-2}^{2} f(x) e^{-i\frac{n\pi x}{2}} dx = \frac{1}{4} \int_{-\frac{1}{2}}^{\frac{1}{2}} e \cdot e^{-i\frac{n\pi x}{2}} dx$$

$$= \frac{ei}{2n\pi} \left[e^{-i\frac{n\pi x}{2}} \right]_{-\frac{1}{2}}^{\frac{1}{2}} = \frac{e}{n\pi} \sin\frac{n\pi}{4} \qquad (n = 1, 2, \cdots)$$

而

$$c_0 = \frac{1}{4}\int_{-2}^{2} f(x)\,\mathrm{d}x = \frac{1}{4}\int_{-\frac{1}{2}}^{\frac{1}{2}} \mathrm{e}\,\mathrm{d}x = \frac{\mathrm{e}}{4}$$

易知，$x = 4k \pm \dfrac{1}{2}\,(k \in \mathbf{Z})$ 是 $f(x)$ 的间断点. 因此，当 $x \neq 4k \pm \dfrac{1}{2}\,(k \in \mathbf{Z})$，$f(x)$ 的傅里叶级数的复数形式为

$$f(x) = \frac{\mathrm{e}}{4} + \sum_{\substack{n=-\infty \\ n\neq 0}}^{+\infty} \frac{\mathrm{e}}{n\pi}\sin\frac{n\pi}{4}\mathrm{e}^{\mathrm{i}\cdots} \qquad \left(\cdots \pm \frac{1}{2}, k \in \mathbf{Z}\right)$$

其 n 次谐波的振幅为

$$A_n = 2\,|c_n| = 2\left|\frac{\mathrm{e}}{n\pi}\right|$$

习题 10-5

基础题

1. 将下列周期为 2π 的函数展开成傅里叶级数，其中 $f(x)$ 在 $[-\pi,\pi)$ 内的表达式为：

(1) $f(x) = 3x^2 + 1$ (2) $f(x) = \mathrm{e}^{2x}$

2. 设 $f(x) = \cos\dfrac{x}{2}$，试将其展开成傅里叶级数.

提高题

1. 设 $f(x) = \dfrac{\pi - x}{2}$，试将其展开成傅里叶级数.

2. 设 $f(x) = 2x^2$，试将其展开成傅里叶级数.

第 11 章　微分方程

寻找函数关系在实践中具有重要意义. 有时虽然不能直接找出所需的函数关系,但可以建立起未知函数和它们的导数之间的方程,这样的方程称为微分方程. 微分方程分为常微分方程和偏微分方程,在本章中,主要介绍常微分方程的概念和几种常用的微分方程的解法.

§11.1　微分方程的基本概念

先从实例建立几个微分方程的模型,引入微分方程的基本概念.

例 1　一条曲线经过 $(0,1)$ 点,且该曲线上任意一点处的切线斜率比该点的横坐标大 2,求这条曲线的方程.

解　设所求曲线的方程为 $y=f(x)$,且该曲线上任意一点的坐标为 (x,y),由题意可得

$$y' = x + 2 \tag{11.1}$$

式(11.1) 两端积分,得

$$y = \frac{1}{2}x^2 + 2x + C \tag{11.2}$$

此处的 C 为任意常数. 将 $y\Big|_{x=0} = 1$ 代入式(11.2),得 $C = 1$. 从而所求的曲线方程为

$$y = \frac{1}{2}x^2 + 2x + 1$$

例 2　列车在平直路上以 20 m/s 的速度行驶,刹车时获得加速度 $a = -0.4$ m/s^2,求刹车后的运动规律.

解 设列车在刹车后 t s 行驶了 s m, 求列车刹车后的运动规律, 即 $s = s(t)$.

已知

$$\begin{cases} \dfrac{\mathrm{d}^2 s}{\mathrm{d}t^2} = -0.4 & (11.3) \\[2mm] s \Big|_{t=0} = 0, \dfrac{\mathrm{d}s}{\mathrm{d}t} \Big|_{t=0} = 20 & (11.4) \end{cases}$$

对式 (11.3) 两端积分一次, 可得

$$v = \frac{\mathrm{d}s}{\mathrm{d}t} = -0.4t + C_1 \tag{11.5}$$

再对式 (11.5) 积分一次, 得

$$s = -0.2t^2 + C_1 t + C_2 \tag{11.6}$$

此处 C_1, C_2 都是任意常数.

将式 (11.4) 中的条件 $t = 0, \dfrac{\mathrm{d}s}{\mathrm{d}t} = 20, s = 0$ 代入式 (11.5) 和式 (11.6), 得

$$C_1 = 20, C_2 = 0$$

因此, 所求的运动规律为

$$s = -0.2t^2 + 20t \tag{11.7}$$

说明: 利用这一规律可求出刹车后多少时间列车才能停住, 以及制动后行驶了多少路程.

由于例 1 中的几何问题和例 2 中的物理问题都含有未知函数的导数, 因此, 给出下面微分方程的定义.

定义 1 含有未知函数及其导数 (或微分) 的方程, 称为**微分方程**. 微分方程中所含未知函数导数的最高阶数, 称为微分方程的**阶**.

如例 1 中的式 (11.1) 是一阶微分方程, 例 2 中的式 (11.3) 是二阶微分方程.

一般地, n 阶常微分方程的形式为

$$F(x, y, y', \cdots, y^{(n)}) = 0 \tag{11.8}$$

$$y^{(n)} = f(x, y, y', \cdots, y^{(n-1)}) \tag{11.9}$$

式 (11.9) 称为 n 阶显式微分方程.

在上述方程中, $y^{(n)}$ 是必须出现的, 而方程中的其他变量可选择性出现. 例如, n 阶微分方程

$$y^{(n)} - 1 = 0$$

里，$y^{(n)}$ 以外的其他变量都没有出现.

微分方程分为常微分方程和偏微分方程两类. 其中，未知函数为一元函数的微分方程，称为**常微分方程**；多元未知函数的微分方程，称为**偏微分方程**.

例如

$$\frac{\partial^2 z}{\partial x^2} - \frac{\partial^2 z}{\partial y^2} = 1$$

是偏微分方程. 本章只讨论常微分方程.

定义 2　使微分方程成为恒等式的函数 $y = \varphi(x)$，称为**微分方程的解**.

解有两种形式，包括通解和特解. 含有任意常数的个数与方程的阶数相同的解，称为**通解**；不含任意常数的解，称为**特解**.

例 2 中的式（11.6）含有两个任意常数，它是二阶微分方程（11.3）的通解，其图形是一族曲线. 通过式（11.4）给的特定条件，可确定两个任意常数 C_1, C_2，从而得到方程对应的特解式（11.7），特解的图形是积分曲线族中的一条曲线，称为**微分方程的积分曲线**. 其中，用来确定任意常数的特定条件称为**初始条件**.

一般地，n 阶方程的初始条件为

$$y(x_0) = y_0, y'(x_0) = y'_0, \cdots, y^{(n-1)}(x_0) = y_0^{(n-1)}$$

例 3　验证函数 $y = C_1 e^x + C_2 e^{-x}$（C_1, C_2 是任意常数）是二阶微分方程 $y'' - y = 0$ 的通解，并求满足初始条件 $y\big|_{x=0} = 0, y'\big|_{x=0} = 2$ 的特解.

解　对函数 $y = C_1 e^x + C_2 e^{-x}$ 连续求两次导，得

$$y' = C_1 e^x - C_2 e^{-x}$$

$$y'' = C_1 e^x + C_2 e^{-x}$$

将 y'', y 代入方程 $y'' - y = 0$，得

$$(C_1 e^x + C_2 e^{-x}) - (C_1 e^x + C_2 e^{-x}) \equiv 0$$

由于方程是一个恒等式，且 C_1, C_2 是两个任意常数，故函数 $y = C_1 e^x + C_2 e^{-x}$ 是原微分方程的通解. 再将初始条件代入 y 和 y'，可得 $C_1 = 1, C_2 = -1$，即特解为

$$y = e^x - e^{-x}$$

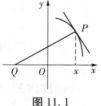

图 11.1

例 4　已知曲线上点 $P(x, y)$ 处的法线与 x 轴交点为 Q，且线段 PQ 被 y 轴平分，求所满足的微分方程.

解　如图 11.1 所示，设点 $P(x, y)$ 处的法线方程为

$$Y - y = -\frac{1}{y'}(X - x)$$

令 $Y = 0$，得 x 轴上的交点 Q 的横坐标

$$X = x + yy'$$

由线段 PQ 被 y 轴平分，得 Q 点的横坐标为 $-x$，故 $x + yy' = -x$，即

$$2x + yy' = 0$$

习题 11-1

基础题

1. 指出下列微分方程的阶：

（1）$y'' + 2xy - 3y = 0$；　　　　（2）$xy\mathrm{d}y + (x^2 - 2y^2)\mathrm{d}x = 0$；

（3）$(y')^4 - y^2 = 0$；　　　　　　（4）$x^2y'' - xy' + 2y = 0$；

（5）$y' - \sin xy = 4\mathrm{e}^x$；　　　　（6）$\dfrac{\mathrm{d}^2\rho}{\mathrm{d}\theta^2} = 7\rho - \cos\theta^2$.

2. 判断下列函数是否为微分方程的解：

（1）$y'' + y = 0, y = \sin x + \cos x$；

（2）$y'' = x^2 + y^2, y = \dfrac{1}{x}$；

（3）$(x + y)\mathrm{d}x + x\mathrm{d}y = 0, y = \dfrac{C - x^2}{2x}$；

（4）$y'' - 2y' + y = 0, y = C_1\mathrm{e}^x + C_2\mathrm{e}^{-x}$.

提高题

1. 验证函数 $y = C_1\cos kx + C_2\sin kx\,(C_1, C_2$ 为常数$)$ 是微分方程 $\dfrac{\mathrm{d}^2y}{\mathrm{d}x^2} + k^2y = 0$

的通解，并求满足初始条件 $y\bigg|_{x=0} = A, \dfrac{\mathrm{d}y}{\mathrm{d}x}\bigg|_{x=0} = 0$ 的特解.

2. 判断 $y = \mathrm{e}^{2x}, y = \mathrm{e}^{3x}, y = 2\mathrm{e}^{2x} + 3\mathrm{e}^{3x}, y = C_1\mathrm{e}^{2x} + C_2\mathrm{e}^{3x}$ 是否为方程

$$y'' - 5y' + 6y = 0$$

的解，并指出特解和通解.

3. 确定下列各题函数中所含的参数, 使其满足所给的初始条件:

$(1) x^2 - y^2 = C, y\big|_{x=0} = 5$;

$(2) y = (C_1 + C_2 x) e^{2x}, y\big|_{x=0} = 0, y'\big|_{x=0} = 1$.

§11.2　可分离变量的方程

本节将讨论一阶微分方程 $y' = f(x, y)$ 的解法.

在微分方程 $\dfrac{\mathrm{d}y}{\mathrm{d}x} = \dfrac{2x}{\sin y}$ 中, 不能直接对等式两端积分求解, 但通过适当变形

$$\sin y \mathrm{d}y = 2x \mathrm{d}x$$

得到方程左边只含有 y 的函数及其微分, 方程右边只含有 x 的函数与它的微分, 此时 x 与 y 分离了, 对上式积分, 可得

$$\int \sin y \mathrm{d}y = \int 2x \mathrm{d}x$$

即

$$\cos y = -x^2 + C (C \text{ 为任意常数})$$

得到了微分方程的通解.

一般, 一阶微分方程 $y' = f(x, y)$ 如果能变形为

$$g(y)\mathrm{d}y = f(x)\mathrm{d}x \tag{11.10}$$

则称该方程为可分离变量的方程.

参考上述引例, 对于可分离变量的方程(11.10), 设 $y = \varphi(x)$ 是该方程的解, 则有恒等式

$$g[\varphi(x)]\varphi'(x)\mathrm{d}x = f(x)\mathrm{d}x$$

对式(11.10) 两端积分, 得

$$\int g(y)\mathrm{d}y = \int f(x)\mathrm{d}x$$

设左右两端的原函数分别为 $G(y)$, $F(x)$, 则有

$$G(y) = F(x) + C \tag{11.11}$$

设二元方程

$$H(x,y) = F(x) - G(y) + C = 0$$

所确定的隐函数是 $y = \Phi(x)$,由隐函数的求导定理可知,当 $G(y)$ 与 $F(x)$ 可微且 $G'(y) = g(y) \neq 0$ 时,有

$$y' = \Phi'(x) = -\frac{H_x}{H_y} = \frac{F'(x)}{G'(y)} = \frac{f(x)}{g(y)}$$

说明由式(11.11)确定的隐函数 $y = \Phi(x)$ 是式(11.10)的解.同样,当 $F'(x) = f(x) \neq 0$ 时,由式(11.11)确定的隐函数 $x = \psi(y)$ 也是式(11.10)的解.

根据上述过程,给出可分离变量的微分方程的解法如下:

(1)分离变量,得到形如 $g(y)\mathrm{d}y = f(x)\mathrm{d}x$ 的微分方程.

(2)两边同时积分 $\int g(y)\mathrm{d}y = \int f(x)\mathrm{d}x$,得到通解 $G(y) = F(x) + C$.

(3)代入定解条件,得到特解.

例1 求微分方程 $\dfrac{\mathrm{d}y}{\mathrm{d}x} = 3x^2 y$ 的通解.

解 分离变量得

$$\frac{\mathrm{d}y}{y} = 3x^2 \mathrm{d}x$$

两端积分,有 $\int \dfrac{\mathrm{d}y}{y} = \int 3x^2 \mathrm{d}x$,可得

$$\ln|y| = x^3 + C_1 \tag{11.12}$$

即

$$y = \pm \mathrm{e}^{x^3 + C_1} = \pm \mathrm{e}^{C_1} \mathrm{e}^{x^3}$$

令 $C = \pm \mathrm{e}^{C_1}$,得到通解

$$y = C\mathrm{e}^{x^3} (C \text{ 为任意常数})$$

注:在求解微分方程的过程中每一步不一定是同解变形,因此可能增、减解,但在该通解 $y = C\mathrm{e}^{x^3}$ 中含分离变量时丢失的解 $y = 0$.此外,为了更方便求出通解,式(11.12)可直接用 $\ln|y| = x^3 + \ln|C|$ 代替,同时,由于 C 为任意常数,可将 $\ln|y|$ 写成 $\ln y$ 而不影响结果.

例2 解初值问题

$$\begin{cases} xy\mathrm{d}x + (1 + x^2)\mathrm{d}y = 0 \\ y(0) = 1 \end{cases}$$

解 分离变量,得

$$\frac{\mathrm{d}y}{y} = -\frac{x}{1+x^2}\mathrm{d}x$$

两端积分,有

$$\ln|y| = \ln\frac{1}{\sqrt{1+x^2}} + \ln|C|$$

即

$$y\sqrt{1+x^2} = C(C\text{ 为任意常数})$$

由初始条件 $y(0) = 1$,得 $C = 1$,故所求特解为

$$y\sqrt{1+x^2} = 1$$

在分离变量的过程中,通常采用换元法来求解微分方程,如下述例子.

例3 求微分方程 $y' = \sin^2(x - y + 1)$ 的通解.

解 令 $u = x - y + 1$,两端求导得

$$u' = 1 - y'$$

将方程中的 y' 代入上式,有

$$1 - u' = \sin^2 u$$

即

$$\sec^2 u\mathrm{d}u = \mathrm{d}x$$

两段积分,解得

$$\tan u = x + C$$

故所求通解为

$$\tan(x - y + 1) = x + C(C\text{ 为任意常数})$$

习题 11-2

基础题

1. 判断以下方程是否为可分离变量的微分方程:

(1) $(2x - 1)\mathrm{d}x + y^2\mathrm{d}y = 0$;　　　　(2) $(x^3 + y)y' = xy$;

(3) $\cot y\mathrm{d}x = \tan x\mathrm{d}y$;　　　　(4) $\dfrac{\mathrm{d}\rho}{\mathrm{d}\theta} - 2\rho = 4$;

$(5) x^4(y' - x) = y^3$； $\qquad$ $(6) \mathrm{e}^{-y}\left(1 + \dfrac{\mathrm{d}y}{\mathrm{d}x}\right) = 1.$

2. 求下列微分方程的通解：

$(1)(x \ln x)y' - y = 0$； $\qquad$ $(2) xy' + y = y^2$；

$(3) \sqrt{1 - y^2}\,\mathrm{d}x - y\sqrt{1 - x^2}\,\mathrm{d}y = 0$； $(4) y'\tan x - y = a$；

$(5) xy' = y \ln y$； $\qquad$ $(6)\cos x \sin y \mathrm{d}x + \sin x \cos y \mathrm{d}y = 0.$

3. 求下列微分方程在所给初始条件下的特解：

$(1) y'(x^2 - 4) = 2xy, y \Big|_{x=0} = 1$；

$(2) y' = \dfrac{1 + y^2}{1 + x^2}, y \Big|_{x=0} = 1$；

$(3)(x^2 - 1)y' + 2xy^2 = 0, y \Big|_{x=0} = 2$；

$(4)\cos y \mathrm{d}x + (1 + \mathrm{e}^{-x})\sin y \mathrm{d}y = 0, y \Big|_{x=0} = \dfrac{\pi}{4}$；

$(5)\sin x \mathrm{d}y - y \ln y \mathrm{d}x = 0, y \Big|_{x=\frac{\pi}{2}} = \mathrm{e}.$

提高题

1. 求解方程 $y - xy' = a(1 + x^2 y'), y \Big|_{x=1} = 1.$

2. 求方程 $y' = \dfrac{2x - y + 1}{2x - y - 1}$ 的通解.

3. 一曲线通过点 $\left(1, \dfrac{1}{3}\right)$，且该曲线上任何一点的斜率等于原点到该切点的连线斜率的 2 倍，求曲线方程.

§11.3 齐次方程

定义 形如 $\dfrac{\mathrm{d}y}{\mathrm{d}x} = f\left(\dfrac{y}{x}\right)$ 的一阶微分方程，称为一阶齐次方程，简称齐次方程.

例如，$\dfrac{\mathrm{d}y}{\mathrm{d}x} = \dfrac{x+y}{x-y}$ 是齐次方程，因为它可化为 $\dfrac{\mathrm{d}y}{\mathrm{d}x} = \dfrac{1 + \dfrac{y}{x}}{1 - \dfrac{y}{x}}$ 的形式. 又如，方程

$$\frac{\mathrm{d}y}{\mathrm{d}x} = \frac{x^2 + y^2 \sin \dfrac{y}{x}}{x^2 - y^2 \cos \dfrac{y}{x}}$$ 分子分母同除 x^2，可得 $\dfrac{\mathrm{d}y}{\mathrm{d}x} = \dfrac{1 + \left(\dfrac{y}{x}\right)^2 \sin\left(\dfrac{y}{x}\right)}{1 - \left(\dfrac{y}{x}\right)^2 \cos\left(\dfrac{y}{x}\right)}$ 也是一个齐次

方程.

一般地，齐次方程可化为可分离变量的方程. 它的解法如下：

(1) 对一阶微分方程进行变形，得到形如 $\dfrac{\mathrm{d}y}{\mathrm{d}x} = f\left(\dfrac{y}{x}\right)$ 的微分方程.

(2) 变量代换，令 $u = \dfrac{y}{x}$，将原方程化为可分离变量的微分方程 $f(u)\,\mathrm{d}u = g(x)\,\mathrm{d}x$.

(3) 两边同时积分，得到方程的解.

(4) 用 $\dfrac{y}{x}$ 代替 u，可得齐次微分方程的通解.

例1 求解微分方程 $y' = \dfrac{y}{x} + \tan \dfrac{y}{x}$.

解 令 $u = \dfrac{y}{x}$，则 $y = xu, y' = u + xu'$，代入原方程得

$$u + xu' = u + \tan u$$

分离变量

$$\frac{\cos u}{\sin u}\,\mathrm{d}u = \frac{\mathrm{d}x}{x}$$

两端积分

$$\int \frac{\cos u}{\sin u}\,\mathrm{d}u = \int \frac{\mathrm{d}x}{x}$$

得

$$\ln|\sin u| = \ln|x| + \ln|C|$$

即

$$\sin u = Cx\ (C\ \text{为任意常数})$$

故原方程的通解为 $\sin \dfrac{y}{x} = Cx\ (C\ \text{为任意常数})$.

注:当 $C = 0$ 时, $y = 0$ 也是方程的解.

例2 解微分方程 $(y^2 - 2xy)dx + x^2 dy = 0$.

解 将方程变形为 $\dfrac{dy}{dx} = 2\dfrac{y}{x} - \left(\dfrac{y}{x}\right)^2$,令 $u = \dfrac{y}{x}$,则有

$$u + xu' = 2u - u^2$$

分离变量

$$\frac{du}{u^2 - u} = -\frac{dx}{x}$$

即

$$\left(\frac{1}{u - 1} - \frac{1}{u}\right)du = -\frac{dx}{x}$$

积分得

$$\ln\left|\frac{u - 1}{u}\right| = -\ln|x| + \ln|C|$$

化解后,则

$$\frac{x(u - 1)}{u} = C$$

代回原变量,得通解为

$$x(y - x) = Cy(C \text{ 为任意常数})$$

注:

(1) 通解不一定是方程的全部解. 例如,方程 $(x + y)y' = 0$ 有解 $y = -x$ 和 $y = C$,后者是含有任意常数 C 的通解,但不包含前一个解.

(2) 微分方程 $\dfrac{dy}{dx} = g(x, y)$ 的 $g(x, y)$ 若满足以下条件: $g(\lambda x, \lambda y) = \lambda^0 g(x, y)$,对任意的 $\lambda \neq 0$ 均成立,则 $g(x, y) = x^0 g\left(1, \dfrac{y}{x}\right) = f\left(\dfrac{y}{x}\right)$ 恰为齐次方程.

习题 11-3

基础题

1. 判断下列方程类型(齐次或非齐次):

$(1)\,2x\dfrac{\mathrm{d}y}{\mathrm{d}x} - y = xy\dfrac{\mathrm{d}y}{\mathrm{d}x};$ $\qquad(2) - x\dfrac{\mathrm{d}y}{\mathrm{d}x} = y(\ln 2y - \ln x);$

$(3)\,(y + x^2)\,\mathrm{d}x + 3x\mathrm{d}y = 0;$ $\qquad(4)\,y' = \dfrac{y}{x} + \dfrac{x}{y}.$

2. 求下列齐次方程的通解：

$(1)\,(x^2 + y^2)\,\mathrm{d}x - xy\mathrm{d}y = 0;$

$(2)\,xy' - y - \sqrt{y^2 - x^2} = 0;$

$(3)\,x\dfrac{\mathrm{d}y}{\mathrm{d}x} = y\ln\dfrac{y}{x};$

$(4)\,\left(2x\sin\dfrac{y}{x} + 3y\cos\dfrac{y}{x}\right)\mathrm{d}x - 3x\cos\dfrac{y}{x}\mathrm{d}y = 0.$

3. 求下列齐次方程的特解：

$(1)\,y' = \dfrac{y^2}{x^2} - 2,\ y\Big|_{x=1} = 0;$

$(2)\,x\mathrm{d}y - 5y\mathrm{d}x = y\mathrm{d}y,\ y\Big|_{x=1} = 1;$

$(3)\,y' = \mathrm{e}^{\frac{y}{x}} + \dfrac{y}{x},\ y\Big|_{x=1} = 0;$

$(4)\,(x^2 + 2xy - y^2)\,\mathrm{d}x + (y^2 + 2xy - x^2)\,\mathrm{d}y = 0,\ y\Big|_{x=1} = 1.$

提高题

1. 求解方程 $x\dfrac{\mathrm{d}y}{\mathrm{d}x} + y = 2\sqrt{xy}.$

2. 解初值问题 $\begin{cases} (x + y)\mathrm{d}y + y\mathrm{d}x = 0 \\ y\Big|_{x=0} = 1 \end{cases}.$

§11.4　一阶线性微分方程

本节讨论一阶线性微分方程的解法. 一阶线性微分方程标准形式为

$$\frac{\mathrm{d}y}{\mathrm{d}x} + P(x)y = Q(x)$$

它对未知函数 y 及其导数是一次方程. 若 $Q(x) \equiv 0$,则称方程是齐次的;若 $Q(x) \not\equiv 0$,则称为非齐次的.

解一阶齐次线性方程 $\frac{\mathrm{d}y}{\mathrm{d}x} + P(x)y = 0$ 的步骤如下:

(1) 分离变量,得到 $\frac{\mathrm{d}y}{y} = -P(x)\mathrm{d}x$.

(2) 两边积分得 $\ln|y| = -\int P(x)\mathrm{d}x + \ln|C|$.

(3) 得到通解为 $y = C\mathrm{e}^{-\int P(x)\mathrm{d}x}$.

对于解一阶非齐次线性方程 $\frac{\mathrm{d}y}{\mathrm{d}x} + P(x)y = Q(x)$,用**常数变易法**,即将对应齐次线性方程通解中的任意常数 C 替换为待定函数 $u(x)$,求出 $u(x)$ 使其满足非齐次方程. 设通解是 $y(x) = u(x)\mathrm{e}^{-\int P(x)\mathrm{d}x}$,由通解求出 y',将 y' 和 y 代入非齐次方程,得

$$u'\mathrm{e}^{-\int P(x)\mathrm{d}x} - P(x)u\mathrm{e}^{-\int P(x)\mathrm{d}x} + P(x)u\mathrm{e}^{-\int P(x)\mathrm{d}x} = Q(x)$$

即 $\frac{\mathrm{d}u}{\mathrm{d}x} = Q(x)\mathrm{e}^{\int P(x)\mathrm{d}x}$,两端积分得

$$u = \int Q(x)\mathrm{e}^{\int P(x)\mathrm{d}x}\mathrm{d}x + C$$

将其代入 $y(x) = u(x)\mathrm{e}^{-\int P(x)\mathrm{d}x}$,故原方程的通解为

$$y(x) = \mathrm{e}^{-\int P(x)\mathrm{d}x}\left[\int Q(x)\mathrm{e}^{\int P(x)\mathrm{d}x}\mathrm{d}x + C\right] \qquad (11.13)$$

即

$$y(x) = C\mathrm{e}^{-\int P(x)\mathrm{d}x} + \mathrm{e}^{-\int P(x)\mathrm{d}x}\int Q(x)\mathrm{e}^{\int P(x)\mathrm{d}x}\mathrm{d}x \qquad (11.14)$$

注:式(11.14)右端的第一项是对应的齐次方程的通解,第二项是非齐次方程的特解,即式(11.13)中的 $C = 0$. 因此,线性微分方程的通解有以下性质:它是由对应齐次线性方程的通解与非齐次线性方程的一个特解的和构成的.

记忆式(11.14)时,可令 $\Delta = \int P(x)\mathrm{d}x$,则有通解 $y(x) = C\mathrm{e}^{-\Delta} + \mathrm{e}^{-\Delta}\int Q(x)\mathrm{e}^{\Delta}\mathrm{d}x$.

一般,一阶非齐次线性方程$\dfrac{\mathrm{d}y}{\mathrm{d}x} + P(x)y = Q(x)$ 的求解方法如下：

方法1：先解对应的齐次方程,再用常数变易法得到非齐次方程的通解.

方法2：求出 $\Delta = \displaystyle\int P(x)\mathrm{d}x$ 和 $\displaystyle\int Q(x)\mathrm{e}^{\Delta}\mathrm{d}x$,再代入通解公式

$$y(x) = C\mathrm{e}^{-\Delta} + \mathrm{e}^{-\Delta}\int Q(x)\mathrm{e}^{\Delta}\mathrm{d}x$$

例1　解方程$\dfrac{\mathrm{d}y}{\mathrm{d}x} - \dfrac{2y}{x+1} = (x+1)^{\frac{5}{2}}$.

解　先解齐次方程$\dfrac{\mathrm{d}y}{\mathrm{d}x} - \dfrac{2y}{x+1} = 0$,即$\dfrac{\mathrm{d}y}{y} = \dfrac{2\mathrm{d}x}{x+1}$.

积分得

$$\ln|y| = 2\ln|x+1| + \ln|C|$$

则 $y = C(x+1)^2$.

用常数变易法求特解. 令 $y = u(x) \cdot (x+1)^2$,有

$$y' = u' \cdot (x+1)^2 + 2u \cdot (x+1)$$

代入非齐次方程得 $u' = (x+1)^{\frac{1}{2}}$,求得 $u = \dfrac{2}{3}(x+1)^{\frac{3}{2}} + C$.

因此,原方程通解为

$$y = (x+1)^2\left[\frac{2}{3}(x+1)^{\frac{3}{2}} + C\right]$$

注：此外,本题还能利用非齐次线性方程的通解公式解方程,读者可以尝试求解.

例2　求初值问题

$$\begin{cases} \dfrac{\mathrm{d}y}{\mathrm{d}x} - 3y = \mathrm{e}^{2x} \\ y\Big|_{x=0} = 1 \end{cases}$$

解　由一阶线性方程通解公式,得

$$y = C\mathrm{e}^{\int 3\,\mathrm{d}x} + \mathrm{e}^{\int 3\,\mathrm{d}x}\int(\mathrm{e}^{2x} \cdot \mathrm{e}^{-\int 3\,\mathrm{d}x})\,\mathrm{d}x$$

故原方程的通解为

$$y = C\mathrm{e}^{3x} - \mathrm{e}^{2x}$$

将 $x = 0, y = 1$ 代入通解,得 $C = 2$,故方程的特解为

$$y = 2e^{3x} - e^{2x}$$

例3　求方程 $\dfrac{\mathrm{d}x}{\sqrt{xy}} + \left[\dfrac{2}{y} - \sqrt{\dfrac{x}{y^3}}\right]\mathrm{d}y = 0\ (x,y > 0)$ 的通解.

解　方程可看成以 y 为自变量，$\sqrt{x}$ 为因变量的一阶线性方程. 即有

$$\frac{\mathrm{d}x}{\sqrt{x}} = 2\mathrm{d}\sqrt{x}$$

故原方程可变形为 $2\dfrac{\mathrm{d}\sqrt{x}}{\sqrt{y}} + \left[\dfrac{2}{y} - \sqrt{\dfrac{x}{y^3}}\right]\mathrm{d}y = 0$，即

$$\frac{\mathrm{d}\sqrt{x}}{\mathrm{d}y} - \frac{1}{2y}\sqrt{x} = -\frac{1}{\sqrt{y}}$$

由一阶线性方程通解公式，得

$$\sqrt{x} = C\,\mathrm{e}^{\int \frac{1}{2y}\mathrm{d}y} + \mathrm{e}^{\int \frac{1}{2y}\mathrm{d}y}\int\left(-\frac{1}{\sqrt{y}}\right)\mathrm{e}^{-\int \frac{1}{2y}\mathrm{d}y}\mathrm{d}y$$

解得 $\sqrt{x} = \sqrt{y}\ln\dfrac{C}{y}\,(C > 0)$，即所求通解为

$$y\,\mathrm{e}^{\sqrt{\frac{x}{y}}} = C\ (C > 0)$$

例4　解微分方程 $(x + 1)y' - ny = (x + 1)^{n+1}\mathrm{e}^x$.

解　将方程变为标准的一阶线性微分方程

$$y' - \frac{n}{(x + 1)}y = (x + 1)^n\mathrm{e}^x$$

有 $P(x) = -\dfrac{n}{(x + 1)}$，$Q(x) = (x + 1)^n\mathrm{e}^x$. 可得

$$\Delta = \int P(x)\,\mathrm{d}x = -\ln|x + 1|^n$$

$$\int Q(x)\,\mathrm{e}^{\Delta}\mathrm{d}x = \mathrm{e}^x$$

故通解为

$$y(x) = (C + \mathrm{e}^x)(x + 1)^n$$

习题 11-4

基础题

1. 求下列微分方程的通解:

(1) $\dfrac{\mathrm{d}y}{\mathrm{d}x} + y = e^{-x}$;

(2) $xy' + y = x^2 + 3x + 2$;

(3) $y' + y \cos x = e^{-\sin x}$;

(4) $y' + y \tan x = \sin 2x$;

(5) $\dfrac{\mathrm{d}y}{\mathrm{d}x} + 2xy = 4x$;

(6) $y' + 2xy = x\,e^{-x^2}$.

2. 求下列微分方程在各初始条件下的特解:

(1) $\dfrac{\mathrm{d}y}{\mathrm{d}x} - y \tan x = \sec x, y\big|_{x=0} = 0$;

(2) $\dfrac{\mathrm{d}y}{\mathrm{d}x} + \dfrac{y}{x} = \dfrac{\sin x}{x}, y\big|_{x=\pi} = 1$;

(3) $\dfrac{\mathrm{d}y}{\mathrm{d}x} + y \cot x = 5e^{\cos x}, y\big|_{x=\frac{\pi}{2}} = -4$;

(4) $\dfrac{\mathrm{d}y}{\mathrm{d}x} + \dfrac{2 - 3x^2}{x^3} y = 1, y\big|_{x=1} = 0$.

提高题

1. 求下列微分方程的通解:

(1) $y \ln y \mathrm{d}x + (x - \ln y) \mathrm{d}y = 0$;

(2) $(x - 2) \dfrac{\mathrm{d}y}{\mathrm{d}x} = y + 2(x - 2)^3$;

(3) $(y^2 - 6x) \dfrac{\mathrm{d}y}{\mathrm{d}x} + 2y = 0$;

(4) $(e^{x+y} - e^x) \mathrm{d}x + (e^{x+y} + e^y) \mathrm{d}y = 0$.

2. 用变量替换将下列方程化为可分离变量的方程,再求通解.

(1) $\dfrac{\mathrm{d}y}{\mathrm{d}x} = \dfrac{1}{x - y} + 1$;

(2) $xy' + y = y(\ln x + \ln y)$;

(3) $y' = y^2 + 2(\sin x - 1)y + \sin^2 x - 2\sin x - \cos x + 1$;

(4) $y(xy+1)\mathrm{d}x + x(1+xy+x^2y^2)\mathrm{d}y = 0$.

3. 一曲线通过原点,并且它在点 (x,y) 处的切线斜率等于 $2x+y$,求该曲线方程.

§11.5   可降阶的高阶微分方程

本节讨论二阶及其以上的高阶微分方程,主要研究下面 3 类可降阶的高阶微分方程的解法. 如二阶微分方程 $y''=f(x,y,y')$,若能通过代换将其降为一阶,就可考虑用前几节的方法来求解.

11.5.1   二阶微分方程 $y''=f(x,y')$

形如

$$y''=f(x,y')$$

的方程,右端不明显地含有未知函数 y. 若设 $y'=p(x)$,则

$$y''=\frac{\mathrm{d}p}{\mathrm{d}x}=p'$$

原方程化为一阶方程 $p'=f(x,p)$,如果方程是前面能求解的一阶微分方程,则可求出其解. 设其通解为

$$p=\varphi(x,C_1)$$

故有一阶微分方程

$$\frac{\mathrm{d}y}{\mathrm{d}x}=\varphi(x,C_1)$$

对上式两端积分,得原方程的通解

$$y=\int\varphi(x,C_1)\mathrm{d}x+C_2$$

例1   求解 $\begin{cases} (1+x^2)y''=2xy' \\ y\big|_{x=0}=1, y'\big|_{x=0}=3 \end{cases}$.

解   设 $y'=p(x)$,则 $y''=p'$,代入方程得

$$(1+x^2)p'=2xp$$

分离变量后,有

$$\frac{\mathrm{d}p}{p} = \frac{2x\mathrm{d}x}{1 + x^2}$$

两端积分

$$\ln|p| = \ln(1 + x^2) + \ln|C_1|$$

即

$$p = C_1(1 + x^2)$$

利用 $y'\Big|_{x=0} = 3$，得 $C_1 = 3$，于是有

$$y' = 3(1 + x^2)$$

两端再积分，得

$$y = x^3 + 3x + C_2$$

由条件 $y\Big|_{x=0} = 1$，得 $C_2 = 1$. 因此，所求特解为

$$y = x^3 + 3x + 1$$

例2　设物体 A 从点 $(0,1)$ 出发，以大小为常数 v 的速度沿 y 轴正向运动，物体 B 从 $(-1,0)$ 与 A 同时出发，速度大小为 $2v$，方向始终指向 A，试建立物体 B 的运动轨迹应满足的微分方程，并写出初始条件.

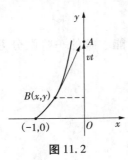

图 11.2

解　设 t 时刻物体 B 位于 (x,y)，如图 11.2 所示. 有 $B(x,y)$ 点处切线 AB 的斜率

$$y' = \frac{1 + vt - y}{-x}$$

变形后，得到方程

$$xy' = y - vt - 1$$

方程两边对 x 求导（时间 t 是关于 x 的函数），得

$$x\frac{\mathrm{d}^2 y}{\mathrm{d}x^2} = -v\frac{\mathrm{d}t}{\mathrm{d}x} \tag{11.15}$$

又由弧长公式得 B 在这段时间内经过的路程

$$s = \int_{-1}^{x} \sqrt{1 + y'^2}\,\mathrm{d}x$$

且

$$2v = \frac{\mathrm{d}s}{\mathrm{d}t}$$

$$= \frac{\mathrm{d}}{\mathrm{d}t}\int_{-1}^{x} \sqrt{1 + y'^2}\,\mathrm{d}x$$

$$= \sqrt{1 + y'^2} \, \frac{\mathrm{d}x}{\mathrm{d}t}$$

故

$$\frac{\mathrm{d}t}{\mathrm{d}x} = \frac{1}{2v} \sqrt{1 + \left(\frac{\mathrm{d}y}{\mathrm{d}x}\right)^2}$$

代入式(11.15)得所求微分方程

$$xy'' + \frac{1}{2} \sqrt{1 + y'^2} = 0$$

其初始条件为 $y \big|_{x=-1} = 0, y' \big|_{x=-1} = 1.$

11.5.2 二阶微分方程 $y'' = f(y, y')$

方程 $y'' = f(y, y')$ 中不明显地含有自变量 x，令 $y' = p(y)$，则由复合函数 $p(y)$ 的求导法则有

$$y'' = \frac{\mathrm{d}p}{\mathrm{d}x} = \frac{\mathrm{d}p}{\mathrm{d}y} \cdot \frac{\mathrm{d}y}{\mathrm{d}x} = p\frac{\mathrm{d}p}{\mathrm{d}y}$$

故方程化为

$$p\frac{\mathrm{d}p}{\mathrm{d}y} = f(y, p)$$

设其通解为 $p = \varphi(y, C_1)$，即得

$$y' = \varphi(y, C_1)$$

该方程是可分离变量的微分方程. 分离变量后积分有 $\displaystyle\int \frac{\mathrm{d}y}{\varphi(y, C_1)} = \int \mathrm{d}x$，得原方程的通解

$$\int \frac{\mathrm{d}y}{\varphi(y, C_1)} = x + C_2$$

例3 求解 $yy'' - y'^2 = 0$.

解 设 $y' = p(y)$，则 $y'' = \dfrac{\mathrm{d}p}{\mathrm{d}x} = \dfrac{\mathrm{d}p}{\mathrm{d}y}\dfrac{\mathrm{d}y}{\mathrm{d}x} = p\dfrac{\mathrm{d}p}{\mathrm{d}y}$. 代入方程得

$$yp\frac{\mathrm{d}p}{\mathrm{d}y} - p^2 = 0$$

即 $\dfrac{\mathrm{d}p}{p} = \dfrac{\mathrm{d}y}{y}$，两端积分得

$$\ln|p| = \ln|y| + \ln|C_1|$$

化解得

$$p = C_1 y$$

因此，一阶线性齐次方程 $y' = C_1 y$ 的通解为

$$y = C_2 e^{C_1 x}$$

例4 解初值问题 $\begin{cases} y'' - e^{2y} = 0 \\ y\Big|_{x=0} = 0, y'\Big|_{x=0} = 1 \end{cases}$.

解 令 $y' = p(y), y'' = p\dfrac{\mathrm{d}p}{\mathrm{d}y}$，代入方程得

$$p\,\mathrm{d}p = e^{2y}\mathrm{d}y$$

积分得

$$\frac{1}{2}p^2 = \frac{1}{2}e^{2y} + C_1$$

利用初始条件，得 $C_1 = 0$，根据 $p\Big|_{y=0} = y'\Big|_{x=0} = 1 > 0$，有

$$\frac{\mathrm{d}y}{\mathrm{d}x} = p = e^y$$

积分得 $-e^{-y} = x + C_2$，再由 $y\Big|_{x=0} = 0$，得 $C_2 = -1$.

因此，所求特解为

$$1 - e^{-y} = x$$

11.5.3 n 阶微分方程 $y^{(n)} = f(x)$

方程 $y^{(n)} = f(x)$ 中，把 $y^{(n-1)}$ 作为新的未知函数，则方程是 $y^{(n-1)}$ 的一阶微分方程. 令 $z = y^{(n-1)}$，则 $\dfrac{\mathrm{d}z}{\mathrm{d}x} = y^{(n)} = f(x)$，因此，方程两边积分，有

$$z = y^{(n-1)} = \int f(x)\,\mathrm{d}x + C_1$$

同理，可得

$$y^{(n-2)} = \int \left[\int f(x)\,\mathrm{d}x + C_1 \right] \mathrm{d}x + C_2$$

连续 n 次积分，可得含 n 个任意常数的通解.

例5 求解 $y''' = e^{2x} - \cos x$.

解 对方程连续积分 3 次，有

$$y'' = \int (e^{2x} - \cos x) \, dx + C'_1$$

$$= \frac{1}{2} e^{2x} - \sin x + C'_1$$

$$y' = \frac{1}{4} e^{2x} + \cos x + C'_1 x + C_2$$

得到通解

$$y = \frac{1}{8} e^{2x} + \sin x + C_1 x^2 + C_2 x + C_3 \quad \left(C_1 = \frac{1}{2} C'_1 \right)$$

由此可知,降阶法是求解高阶微分方程的一种常用方法. 当 $y'' = f(x, y')$ 时, 令 $y' = p(x)$,则 $y'' = \dfrac{dp}{dx}$;当 $y'' = f(y, y')$ 时,令 $y' = p(y)$,则 $y'' = p \dfrac{dp}{dy}$;当 $y^{(n)} = f(x)$ 时,通过逐次积分求解.

习题 11-5

基础题

1. 求下列各微分方程的通解:

(1) $y'' = x + \sin x$;

(2) $y''' = x e^x$;

(3) $y'' = \dfrac{1}{1 + x^2}$;

(4) $y'' = 1 + y'^2$;

(5) $y'' = y' + x$;

(6) $xy'' + y' = 0$.

2. 求下列微分方程的特解:

(1) $y^3 y'' + 1 = 0, y \big|_{x=1} = 1, y' \big|_{x=1} = 0$;

(2) $y'' - ay'^2 = 0, y \big|_{x=0} = 0, y' \big|_{x=0} = -1$;

(3) $y''' = e^{ax}, y \big|_{x=1} = y' \big|_{x=1} = y'' \big|_{x=1} = 0$.

提高题

1. 求解下列各微分方程:

(1) $yy'' + 2y'^2 = 0$;

(2) $y^3 y'' - 1 = 0$;

(3) $y'' = \dfrac{1}{\sqrt{y}}$;

(4) $y'' = (y')^3 + y'$.

2. 求下列微分方程的特解:

(1) $y'' = e^{2y}, y\big|_{x=0} = y'\big|_{x=0} = 0$;

(2) $y'' = 3\sqrt{y}, y\big|_{x=0} = 1, y'\big|_{x=0} = 2$;

(3) $y'' + y'^2 = 1, y\big|_{x=0} = 0, y'\big|_{x=0} = 0$.

3. 求 $y'' = 6x + 2$ 的积分曲线,使得该曲线经过点 $A(0,1)$ 且在此点与直线 $y = 2x + 1$ 相切.

§11.6   二阶线性微分方程

本节中,主要讨论二阶线性微分方程解的结构及其解法.

形如

$$y'' + p(x)y' + q(x)y = f(x)$$

的方程称为二阶线性微分方程.

当 $f(x) \equiv 0$ 时,称方程为齐次的;否则,称为非齐次的.

先讨论二阶齐次线性方程

$$y'' + p(x)y' + q(x)y = 0 \qquad (11.16)$$

定理 1   若函数 $y_1(x), y_2(x)$ 是二阶线性齐次方程(11.16)的两个解,则

$$y = C_1 y_1(x) + C_2 y_2(x)\ (C_1, C_2\ \text{为任意常数})$$

也是该方程的解,该定理又称齐次方程解的叠加原理.

证明   将

$$y = C_1 y_1(x) + C_2 y_2(x)$$

代入方程左边,得

$$\left[C_1 y_1'' + C_2 y_2''\right] + p(x)\left[C_1 y_1' + C_2 y_2'\right] + q(x)\left[C_1 y_1 + C_2 y_2\right]$$
$$= C_1\left[y_1'' + p(x)y_1' + q(x)y_1\right] + C_2\left[y_2'' + p(x)y_2' + q(x)y_2\right]$$
$$= 0$$

说明：$y = C_1 y_1(x) + C_2 y_2(x)$ 不一定是所给二阶方程的通解. 例如，$y_1(x)$ 是某二阶齐次方程的解，则 $y_2(x) = 2y_1(x)$ 也是齐次方程的解. 但是

$$C_1 y_1(x) + C_2 y_2(x) = (C_1 + 2C_2)y_1(x)$$

并不是通解.

为解决通解的判别问题，下面引入函数的线性相关与线性无关概念.

定义　设 $y_1(x), y_2(x), \cdots, y_n(x)$ 是定义在区间 I 上的 n 个函数，若存在不全为 0 的常数 $k_1, k_2, \cdots, k_n$，使得

$$k_1 y_1(x) + k_2 y_2(x) + \cdots + k_n y_n(x) \equiv 0, x \in I$$

则称这 n 个函数在 I 上线性相关，否则称为线性无关.

例如，$1, \cos^2 x, \sin^2 x$，在 $(-\infty, +\infty)$ 上都有

$$1 - \cos^2 x - \sin^2 x \equiv 0$$

故它们在任何区间 I 上都线性相关. 又如，$1, x, x^2$，若在某区间 I 上

$$k_1 + k_2 x + k_3 x^2 \equiv 0$$

则根据二次多项式至多只有两个零点，可见 k_1, k_2, k_3 必须全为 0，故 $1, x, x^2$ 在任何区间 I 上都线性无关.

两个函数在区间 I 上线性相关与线性无关的**充要条件**：

(1) $y_1(x), y_2(x)$ 线性相关 $\Longleftrightarrow$ 存在不全为 0 的 k_1, k_2 使 $k_1 y_1(x) + k_2 y_2(x) \equiv 0$

$$\Longleftrightarrow \frac{y_1(x)}{y_2(x)} \equiv -\frac{k_2}{k_1}(\text{不妨设 } k_1 \neq 0);$$

(2) $y_1(x), y_2(x)$ 线性无关 $\Longleftrightarrow \dfrac{y_1(x)}{y_2(x)} \not\equiv$ 常数.

此外，若 $y_1(x), y_2(x)$ 中有一个恒为 0，则 $y_1(x), y_2(x)$ 必线性相关.

定理 2　若 $y_1(x), y_2(x)$ 是二阶齐次线性方程的两个线性无关特解，则

$$y = C_1 y_1(x) + C_2 y_2(x) \quad (C_1, C_2 \text{ 为任意常数})$$

是该方程的通解.

例如，方程 $y'' + y = 0$ 有特解 $y_1 = \cos x, y_2 = \sin x$，且 $\dfrac{y_2}{y_1} = \tan x \not\equiv$ 常数，故方程的通解为

$$y = C_1 \cos x + C_2 \sin x$$

再讨论二阶非齐次线性方程

$$y'' + p(x)y' + q(x)y = f(x) \qquad (11.17)$$

解的结构. 一阶非齐次线性方程的通解是由其对应的齐次方程通解加上非齐次方程的一个特解构成的. 事实上,二阶非齐次线性方程的通解也有同样的结构,即下面的定理.

定理3 设 $y^*(x)$ 是二阶非齐次方程(11.17)的一个特解,$Y(x)$ 是相应齐次方程的通解,则

$$y = Y(x) + y^*(x) \qquad (11.18)$$

是非齐次方程的通解.

证明 将式(11.18)代入方程(11.17)左端,得

$$(Y'' + y^{*\prime\prime}) + p(x)(Y' + y^{*\prime}) + q(x)(Y + y^*)$$
$$= (y^{*\prime\prime} + p(x)y^{*\prime} + q(x)y^*) + (Y'' + p(x)Y' + q(x)Y)$$
$$= f(x) + 0$$
$$= f(x)$$

故式(11.18)是非齐次方程的解,又由于 Y 中含有两个任意常数因而式(11.18)也是通解.

例如,方程 $y'' + y = x$ 有特解 $y^* = x$,对应齐次方程 $y'' + y = 0$ 有通解

$$Y = C_1 \cos x + C_2 \sin x$$

因此,该方程的通解为

$$y = C_1 \cos x + C_2 \sin x + x$$

通常,二阶非齐次线性方程的特解也可用下面的定理求出.

定理4 设 $y_1^*(x), y_2^*(x)$ 分别是方程

$$y'' + P(x)y' + Q(x)y = f_1(x)$$

和

$$y'' + P(x)y' + Q(x)y = f_2(x)$$

的特解,则 $y = y_1^*(x) + y_2^*(x)$ 是方程

$$y'' + P(x)y' + Q(x)y = f_1(x) + f_2(x)$$

的特解. 该定理也称非齐次方程之解的叠加原理,读者可以尝试证明.

注:定理3和定理4均可推广到 n 阶线性非齐次方程.

例1 已知微分方程 $y'' + p(x)y' + q(x)y = f(x)$ 有3个解 $y_1 = x, y_2 = e^x, y_3 = e^{2x}$,求此方程满足初始条件 $y(0) = 1, y'(0) = 3$ 的特解.

解 $y_2 - y_1$ 与 $y_3 - y_1$ 是对应齐次方程的特解,且

$$\frac{y_2 - y_1}{y_3 - y_1} = \frac{e^x - x}{e^{2x} - x} \neq 常数$$

因而两个特解线性无关,故原方程通解为

$$y = C_1(e^x - x) + C_2(e^{2x} - x) + x$$

代入初始条件 $y(0) = 1, y'(0) = 3$,得 $C_1 = -1, C_2 = 2$,故所求特解为

$$y = 2e^{2x} - e^x$$

下面讨论一类特殊的二阶齐次线性方程,式(11.16)中 y', y 的系数 $p(x)$, $q(x)$ 都是常数 p, q,即方程变为

$$y'' + py' + qy = 0 (p, q \text{ 为常数}) \tag{11.19}$$

称为二阶常系数齐次线性微分方程.

要得到方程(11.19)的通解,可先求出它的两个线性无关的特解 y_1, y_2,则 $y = C_1 y_1 + C_2 y_2$ 就是所求通解. 因为 r 为常数时,函数 e^{rx} 和它的导数只差常数因子,由于指数函数的这个特点,尝试选取适当的常数 r,使得 $y = e^{rx}$ 满足方程(11.19).

令方程(11.19)的解为 $y = e^{rx}$(r 为待定常数),求导得到

$$y' = re^{rx}, y'' = r^2 e^{rx}$$

代入方程(11.19),有

$$(r^2 + pr + q) e^{rx} = 0$$

即

$$r^2 + pr + q = 0 \tag{11.20}$$

称方程(11.20)为微分方程(11.19)的特征方程,其根称为特征根.

因此,当 r 是方程(11.20)的根时,$y = e^{rx}$ 就是方程(11.19)的解. 考查方程(11.20)的根有以下3种情况:

(1)当 $p^2 - 4q > 0$ 时,方程(11.19)有两个相异实根 r_1, r_2,则微分方程有两个线性无关的特解 $y_1 = e^{r_1 x}, y_2 = e^{r_2 x}$. 因此,方程的通解为

$$y = C_1 e^{r_1 x} + C_2 e^{r_2 x}$$

(2)当 $p^2 - 4q = 0$ 时,特征方程有两个相等实根 $r_1 = r_2 = -\dfrac{p}{2}$,则微分方程有

一个特解 $y_1 = e^{r_1 x}$. 为了得到通解,还需求出另一个线性无关的特解 y_2. 设 $\dfrac{y_2}{y_1} = u(x)$,有 $y_2 = e^{r_1 x} u(x)$,接下来求 $u(x)$.

对 y_2 求导,得

$$y_2' = e^{r_1x}(u' + r_1u)$$

$$y_2'' = e^{r_1x}(u'' + 2r_1u' + r_1^2u)$$

将 y_2, y_2', y_2'' 代入方程(11.19),得

$$e^{r_1x}\left[(u'' + 2r_1u' + r_1^2u) + p(u' + r_1u) + qu\right] = 0$$

化解后有

$$u'' + (2r_1 + p)u' + (r_1^2 + pr_1 + q)u = 0$$

由于 $r_1 = -\dfrac{p}{2}$ 是方程的解,故上式

$$u'' = 0$$

取 $u = x$,则得 $y_2 = x e^{r_1x}$. 因此,原方程的通解为

$$y = (C_1 + C_2x)e^{r_1x}$$

(3)当 $p^2 - 4q < 0$ 时,特征方程有一对共轭复根

$$r_1 = \alpha + i\beta, r_2 = \alpha - i\beta \ (\beta \neq 0)$$

这时,原方程有两个复数解: $y_1 = e^{(\alpha+i\beta)x}, y_2 = e^{(\alpha-i\beta)x}$,由欧拉公式 $e^{i\theta} = \cos\theta + i\sin\theta$,得

$$y_1 = e^{(\alpha+i\beta)x} = e^{\alpha x}(\cos\beta x + i\sin\beta x)$$

$$y_2 = e^{(\alpha-i\beta)x} = e^{\alpha x}(\cos\beta x - i\sin\beta x)$$

利用解的叠加原理,得原方程的线性无关的两个特解为

$$\bar{y}_1 = \frac{1}{2}(y_1 + y_2) = e^{\alpha x}\cos\beta x$$

$$\bar{y}_2 = \frac{1}{2i}(y_1 - y_2) = e^{\alpha x}\sin\beta x$$

因此,原方程的通解为

$$y = e^{\alpha x}(C_1\cos\beta x + C_2\sin\beta x)$$

综上所述,求二阶常系数齐次线性微分方程(11.19)的通解步骤如下:

(1)写出特征方程 $r^2 + pr + q = 0$.

(2)求出特征方程的两个特征根 r_1, r_2.

(3)根据3种不同情况,按照表11.1写出方程(11.19)的通解.

表 11.1

特征根	通解
$r_1 \neq r_2$ 两个不等的实根	$y = C_1e^{r_1x} + C_2e^{r_2x}$

续表

特征根	通解
$r_1 = r_2 = -\dfrac{p}{2}$ 两个相等的实根	$y = (C_1 + C_2 x)\mathrm{e}^{r_1 x}$
$r_{1,2} = \alpha \pm \mathrm{i}\beta$ 一对共轭复根	$y = \mathrm{e}^{\alpha x}(C_1 \cos \beta x + C_2 \sin \beta x)$

注:以上结论可推广到高阶常系数齐次线性微分方程的求解.

例2 求方程 $y'' - y' - 2y = 0$ 的通解.

解 特征方程为

$$r^2 - r - 2 = 0$$

解得方程的特征根为

$$r_1 = -1, r_2 = 2$$

因此,原方程的通解为

$$y = C_1 \mathrm{e}^{-x} + C_2 \mathrm{e}^{2x}$$

例3 求解初值问题

$$\begin{cases} \dfrac{\mathrm{d}^2 s}{\mathrm{d}t^2} + 2\dfrac{\mathrm{d}s}{\mathrm{d}t} + s = 0 \\ s\Big|_{t=0} = 4, \dfrac{\mathrm{d}s}{\mathrm{d}t}\Big|_{t=0} = -2 \end{cases}$$

解 特征方程 $r^2 + 2r + 1 = 0$ 有重根 $r_1 = r_2 = -1$. 因此,原方程的通解为

$$s = (C_1 + C_2 t)\mathrm{e}^{-t}$$

利用初始条件,得 $C_1 = 4, C_2 = 2$. 于是,所求初值问题的解为

$$s = (4 + 2t)\mathrm{e}^{-t}$$

例4 求微分方程 $y'' - 2y' + 5y = 0$ 的通解.

解 特征方程为

$$r^2 - 2r + 5 = 0$$

解得特征根

$$r_{1,2} = 1 \pm 2\mathrm{i}$$

为一对共轭复根. 因此,原方程的通解为

$$y = \mathrm{e}^x(C_1 \cos 2x + C_2 \sin 2x)$$

最后,讨论二阶常系数非齐次线性微分方程的求解.

二阶常系数线性非齐次微分方程的形式为

$$y'' + py' + qy = f(x)(p,q \text{ 为常数}) \tag{11.21}$$

根据解的结构定理,其通解为

$$y = Y + y^*$$

其中,Y 为对应的齐次方程的通解,y^* 为非齐次方程的一个特解. 本节中已讨论过齐次方程的通解求法,这里进一步讨论求非齐次方程的一个特解 y^* 的方法. 以下根据式(11.21)右端 $f(x)$ 的几种特殊形式,介绍求 y^* 的方法. 这种不需要积分,代入原方程比较两端表达式以确定待定系数来求特解的方法,称为**待定系数法**.

对于一类特殊的二阶常系数线性非齐次微分方程

$$y'' + py' + qy = e^{\lambda x} P_m(x) \tag{11.22}$$

其中,λ 为实数,$P_m(x)$ 为 m 次多项式. 要找到特解 y^* 使得上述等式成立,且 $e^{\lambda x} P_m(x)$ 的导数仍与多项式和 $e^{\lambda x}$ 有关,容易证明特解 y^* 也是与 $e^{\lambda x} P_m(x)$ 同类型的函数,因此,设特解为 $y^* = e^{\lambda x} Q(x)$,其中,$Q(x)$ 为待定多项式. 将特解求导有

$$y^{*}{}' = e^{\lambda x}[\lambda Q(x) + Q'(x)]$$
$$y^{*}{}'' = e^{\lambda x}[\lambda^2 Q(x) + 2\lambda Q'(x) + Q''(x)]$$

再将 $y^*,y^{*}{}',y^{*}{}''$ 代入方程(11.22),有

$$Q''(x) + (2\lambda + p)Q'(x) + (\lambda^2 + p\lambda + q)Q(x) = P_m(x)$$

(1)若 λ 不是特征方程的根,即 $\lambda^2 + p\lambda + q \neq 0$,由于 $P_m(x)$ 是一个 m 次多项式,要使上式成立,$Q(x)$ 也应该是一个 m 次多项式. 则取 $Q(x)$ 为 m 次待定系数多项式,从而求出特解为

$$y^* = e^{\lambda x} Q_m(x)$$

(2)若 λ 是特征方程的单根,即

$$\lambda^2 + p\lambda + q = 0, 2\lambda + p \neq 0$$

此时,$Q'(x)$ 为 m 次多项式,故特解形式为

$$y^* = xQ_m(x)e^{\lambda x}$$

(3)若 λ 是特征方程的重根,即

$$\lambda^2 + p\lambda + q = 0, 2\lambda + p = 0$$

则 $Q''(x)$ 是 m 次多项式,故特解形式为

$$y^* = x^2 Q_m(x)e^{\lambda x}$$

例 5 求方程 $y'' - 2y' - 3y = 3x + 1$ 的一个特解.

解 本题中的二阶常系数线性非齐次微分方程右端 $f(x) = \mathrm{e}^{\lambda x} P_m(x)$，且 $\lambda = 0$，特征方程为 $r^2 - 2r - 3 = 0$，$\lambda = 0$ 不是特征方程的根.

故设所求特解为 $y^* = b_0 x + b_1$，代入方程有

$$-3b_0 x - 3b_1 - 2b_0 = 3x + 1$$

比较系数，得

$$\begin{cases} -3b_0 = 3 \\ -2b_0 - 3b_1 = 1 \end{cases}$$

即 $b_0 = -1$，$b_1 = \dfrac{1}{3}$. 因此，特解为

$$y^* = -x + \frac{1}{3}$$

例6 求微分方程 $y'' + 6y' + 9y = 6x\mathrm{e}^{-3x}$ 的通解.

解 先求对应齐次方程的通解. 因为特征方程 $r^2 + 6r + 9 = 0$ 有两个相等的实根 $r_1 = r_2 = -3$，所以对应齐次方程的通解为

$$Y = (C_1 + C_2 x)\mathrm{e}^{-3x}$$

再求非齐次方程的一个特解. 因为方程右端 $f(x) = 6x\mathrm{e}^{-3x}$，属于 $\mathrm{e}^{\lambda x} P_1(x)$ 型，其中

$$P_1(x) = 6x, \quad \lambda = -3$$

且 $\lambda = -3$ 是特征方程的二重根，故设特解为

$$y^* = x^2(b_0 x + b_1)\mathrm{e}^{-3x}$$

因此，有

$$y^{*\prime} = \left[-3b_0 x^3 + (3b_0 - 3b_1)x^2 + 2b_1 x\right]\mathrm{e}^{-3x}$$

$$y^{*\prime\prime} = \left[9b_0 x^3 + (-18b_0 + 9b_1)x^2 + (6b_0 - 12b_1)x + 2b_1\right]\mathrm{e}^{-3x}$$

将 y^*，$y^{*\prime}$，$y^{*\prime\prime}$ 代入原方程并整理，得

$$6b_0 x + 2b_1 = 6x$$

比较两端系数，得 $b_0 = 1$，$b_1 = 0$，则特解为

$$y^* = x^3\mathrm{e}^{-3x}$$

故原方程的通解为

$$y = (C_1 + C_2 x + x^3)\mathrm{e}^{-3x}$$

根据 $f(x)$ 的两种特殊形式，列出特解 y^* 的形式见表 11.2.

表 11.2

$f(x)$ 形式	条件	特解 y^* 形式
	0 不是特征根	$y^* = Q_m(x)$（m 次多项式）
$f(x) = P_m(x)$ 为 m 次多项式	0 是单特征根	$y^* = xQ_m(x)$
	0 是重特征根	$y^* = x^2 Q_m(x)$
	λ 不是特征根	$y^* = \mathrm{e}^{\lambda x} Q_m(x)$
$f(x) = \mathrm{e}^{\lambda x} P_m(x)$ 为 m 次多项式	λ 是单特征根	$y^* = x \mathrm{e}^{\lambda x} Q_m(x)$
	λ 是重特征根	$y^* = x^2 \mathrm{e}^{\lambda x} Q_m(x)$

习题 11-6

基础题

1. 判断下列函数在其定义区间内是线性相关还是线性无关：

（1）$y_1 = \sin x, y_2 = x$；　　　　　　（2）$y_1 = \sin x \cos x, y_2 = \sin 2x$；

（3）$y_1 = \mathrm{e}^{2x}, y_2 = x \mathrm{e}^{2x}$；　　　　　（4）$y_1 = \ln x, y_2 = x \ln x$；

（5）$y_1 = \mathrm{e}^{2x} \cos x, y_2 = \mathrm{e}^{2x} \sin x$；　　（6）$y_1 = \mathrm{e}^{ax}, y_2 = \mathrm{e}^{bx}$.

2. 验证下列所给函数是否为方程的通解：

（1）$y = C_1 \mathrm{e}^x + C_2 \mathrm{e}^{2x} + \dfrac{1}{12} \mathrm{e}^{5x}$，方程 $y'' - 3y' + 2y = \mathrm{e}^{5x}$；

（2）$y = C_1 x^2 + C_2 x^2 \ln x$，方程 $x^2 y'' - 3xy' + 4y = 0$；

（3）$y = C_1 x^5 + \dfrac{C_2}{x} - \dfrac{x^2}{9} \ln x$，方程 $x^2 y'' - 3xy' - 5y = x^2 \ln x$；

（4）$y = C_1 \cos 3x + C_2 \sin 3x + \dfrac{1}{32}(4x \cos x + \sin x)$，方程 $y'' + 9y = x \cos x$.

提高题

1. 求下列方程的通解：

（1）$y'' + y' - 2y = 0$；　　　　　　（2）$y'' - 4y' = 0$；

$(3)y'' + 6y' + 13y = 0;$　　　　$(4)4y'' - 20y' + 25y = 0;$

$(5)2y'' + y' - y = 2e^x;$　　　　$(6)y'' + a^2y = e^x;$

$(7)y'' - 6y' + 9y = (x + 1)e^{3x};$　　$(8)2y'' + 5y' = 5x^2 - 2x - 1.$

2. 求下列方程的特解:

$(1)y'' - 3y' - 4y = 0, y\Big|_{x=0} = 0, y'\Big|_{x=0} = -5;$

$(2)y'' + 25y = 0, y\Big|_{x=0} = 2, y'\Big|_{x=0} = 5;$

$(3)y'' - y = 4xe^x, y\Big|_{x=0} = 0, y'\Big|_{x=0} = 1;$

$(4)y'' - 4y' = 5, y\Big|_{x=0} = 1, y'\Big|_{x=0} = 0.$

§11.7　欧拉方程

　　本节介绍一类特殊的变系数线性微分方程——欧拉方程,并通过变量代换的方式将其转化为常系数线性微分方程来求解.

　　欧拉方程的形式为

$$x^n y^{(n)} + p_1 x^{n-1} y^{(n-1)} + \cdots + p_{n-1} xy' + p_n y = f(x) \tag{11.23}$$

其中, $p_k(k = 1, 2, \cdots, n)$ 为常数.

　　令 $x = e^t$,则 $t = \ln x$,有

$$\frac{dy}{dx} = \frac{dy}{dt} \cdot \frac{dt}{dx} = \frac{1}{x} \frac{dy}{dt}$$

即

$$xy' = \frac{dy}{dt}$$

由

$$\frac{d^2y}{dx^2} = \frac{d}{dt}\left(\frac{1}{x}\frac{dy}{dt}\right) \cdot \frac{dt}{dx} = \frac{1}{x^2}\left(\frac{d^2y}{dt^2} - \frac{dy}{dt}\right)$$

得

$$x^2 y'' = \frac{d^2y}{dt^2} - \frac{dy}{dt}$$

$$\vdots$$

记 $D = \dfrac{d}{dt}, D^k = \dfrac{d^k}{dt^k}(k = 2, 3, \cdots)$，则由上述计算可知

$$xy' = Dy$$
$$x^2 y'' = D^2 y - Dy = D(D - 1)y$$

用归纳法可证明

$$x^k y^{(k)} = D(D - 1) \cdots (D - k + 1)y$$

于是，方程(11.23)转化为常系数线性方程

$$D^n y + b_1 D^{n-1} y + \cdots + b_n y = f(e^t)$$

即

$$\dfrac{d^n y}{dt^n} + b_1 \dfrac{d^{n-1} y}{dt^{n-1}} + \cdots + b_n y = f(e^t)$$

例1　求方程 $x^2 y'' - 2xy' + 2y = \ln^2 x - 2\ln x$ 的通解.

解　令 $x = e^t$，则 $t = \ln x$，记 $D = \dfrac{d}{dt}$，则原方程化为

$$D(D - 1)y - 2Dy + 2y = t^2 - 2t$$

即

$$(D^2 - 3D + 2)y = t^2 - 2t$$

或

$$\dfrac{d^2 y}{dt^2} - 3\dfrac{dy}{dt} + 2y = t^2 - 2t \qquad (11.24)$$

对应齐次方程的特征方程为

$$r^2 - 3r + 2 = 0$$

其根 $r_1 = 1, r_2 = 2$，则式(11.24)对应的齐次方程的通解为

$$Y = C_1 e^t + C_2 e^{2t}$$

设特解 $y^* = At^2 + Bt + C$，代入式(11.24)确定系数，得

$$y^* = \dfrac{1}{2} t^2 + \dfrac{1}{2} t + \dfrac{1}{4}$$

式(11.24)的通解为

$$y = C_1 e^t + C_2 e^{2t} + \dfrac{1}{2} t^2 + \dfrac{1}{2} t + \dfrac{1}{4}$$

换回原变量，得原方程通解为

$$y = C_1 x + C_2 x^2 + \frac{1}{2} \ln^2 x + \frac{1}{2} \ln x + \frac{1}{4}$$

例2 求方程 $y'' - \dfrac{y'}{x} + \dfrac{y}{x^2} = \dfrac{2}{x}$ 的通解.

解 将方程化为 $x^2 y'' - x y' + y = 2x$,令 $x = e^t$,记 $D = \dfrac{\mathrm{d}}{\mathrm{d}t}$,则方程化为

$$\left[D(D - 1) - D + 1 \right] y = 2e^t$$

即

$$(D^2 - 2D + 1) y = 2e^t \tag{11.25}$$

特征根 $r_1 = r_2 = 1$,设特解 $y = A t^2 e^t$,代入式(11.25),解得 $A = 1$,所求通解为

$$y = (C_1 + C_2 t) e^t + t^2 e^t$$
$$= (C_1 + C_2 \ln x) x + x \ln^2 x$$

 习题 11-7

基础题

求下列欧拉方程的通解:

(1) $x^2 y'' + x y' - y = 0$; (2) $y'' - \dfrac{y'}{x} + \dfrac{y}{x^2} = \dfrac{2}{x}$;

(3) $x^3 y''' + 3 x^2 y'' - 2 x y' + 2y = 0$; (4) $x^2 y'' - 2 x y' + 2y = \ln^2 x - 2 \ln x$.

提高题

求解下列方程:

(1) $x^2 y'' + x y' - 4y = x^3$; (2) $x^2 y'' - x y' + 4y = x \sin(\ln x)$;

(3) $x^2 y'' - 3 x y' + 4y = x + x^2 \ln x$; (4) $x^3 y''' + 2 x y' - 2y = x^2 \ln x + 3x$.

§11.8 微分方程的应用

本节在读者掌握一阶和简单二阶微分方程的解法基础上,介绍一些用微分

方程解决简单的实际应用问题. 下面通过几个典型的例子来说明建立微分方程模型的过程.

11.8.1 一阶微分方程应用举例

例1 某车间体积为 $12\,000\,m^3$, 开始时空气中含有 0.1% 的 CO_2, 为了降低车间内空气中 CO_2 的含量, 用一台风量为 $2\,000\,m^3/s$ 的鼓风机通入含 0.03% 的 CO_2 的新鲜空气, 同时以同样的风量将混合均匀的空气排出, 问鼓风机开启 6 min 后, 车间内 CO_2 的百分比降低到多少?

解 设鼓风机开启后 t 时刻 CO_2 的含量为 $x(t)\%$.

由题可得, 在 $[t, t+dt]$ 内, CO_2 的通入量 $= 2\,000 \cdot dt \cdot 0.03$, CO_2 的排出量 $= 2\,000 \cdot dt \cdot x(t)$. 又根据等量关系

$$CO_2 \text{ 的改变量} = CO_2 \text{ 的通入量} - CO_2 \text{ 的排出量}$$

列出方程

$$12\,000 dx = 2000 \cdot dt \cdot 0.03 - 2000 \cdot dt \cdot x(t)$$

整理方程, 得 $\dfrac{dx}{x - 0.03} = -\dfrac{1}{6} dt$, 再对方程两端积分 $\displaystyle\int \dfrac{dx}{x - 0.03} = \int -\dfrac{1}{6} dt$, 有

$$x = 0.03 + C e^{-\frac{1}{6}t}$$

根据条件 $x\Big|_{t=0} = 0.1$, 得 $C = 0.07$, 代入以上通解, 有

$$x = 0.03 + 0.07 e^{-\frac{1}{6}t}$$

当 $t = 6$ 时

$$x\Big|_{t=6} = 0.03 + 0.07 e^{-1} \approx 0.056$$

故 6 min 后, 车间内 CO_2 的百分比降低到 0.056%.

例2 生物活体含有少量固定比的放射性 ^{14}C, 其死亡时存在的 ^{14}C 量按与瞬时存量成比例的速率减少, 其半衰期约为 5 730 年, 在 1972 年初长沙马王堆一号墓发掘时, 若测得墓中木炭 ^{14}C 含量为原来的 77.2%, 试断定马王堆一号墓主人辛追的死亡时间.

解 设墓中木炭 ^{14}C 在 t 时含量为 $x(t)$, 由题设有

$$\frac{dx}{dt} = -kx \qquad (k > 0)$$

分离变量得 $\dfrac{dx}{x} = -kdt$, 两端积分有

$$\ln x = \ln \mid C \mid - kt$$

即

$$x = C\,\mathrm{e}^{-kt}$$

记木炭中 $^{14}\mathrm{C}$ 的初始含量为 x_0，代入方程通解得 $C = x_0$. 又由 $^{14}\mathrm{C}$ 的半衰期为 5 730 年，得

$$\frac{1}{2} x_0 = x_0 \mathrm{e}^{-k \cdot 5\,730}$$

解得 $k = \dfrac{\ln 2}{5\,730}$，则有 $x = x_0 \mathrm{e}^{-\frac{\ln 2}{5\,730}t}$，求得 $t = -\dfrac{5\,730}{\ln 2} \ln \dfrac{x}{x_0}$，当 $\dfrac{x}{x_0} = 0.772$ 时

$$t = -\frac{5\,730}{\ln 2} \ln 0.772 \approx 2\,139 \text{ 年}$$

故距1972年初马王堆一号墓发掘时，墓主人已死亡约 2 139 年. 由 2 139 - 1 971 = 168 可知，墓主人辛追死亡时间约为公元前 168 年.

11.8.2　二阶微分方程应用举例

例3　质量为 m 的质点受力 F 的作用沿 Ox 轴作直线运动，设力 F 仅是时间 t 的函数 $F = F(t)$. 在开始时刻 $t = 0$ 时，$F(0) = F_0$，随着时间 t 的增大，此力 F 均匀地减小，直到 $t = T$ 时，$F(T) = 0$. 如果开始时质点位于原点，且初速度为零，求质点的运动规律.

解　设质点的运动规律为 $x = x(t)$.

根据牛顿第二定律，质点运动的微分方程为

$$m \frac{\mathrm{d}^2 x}{\mathrm{d}t^2} = F(t)$$

由题设可知，$F(t) = kt + b$，将 $F(0) = F_0$，$F(T) = 0$ 代入上式，得

$$F(t) = F_0 \left(1 - \frac{t}{T} \right)$$

从而得质点运动的微分方程为

$$\frac{\mathrm{d}^2 x}{\mathrm{d}t^2} = \frac{F_0}{m} \left(1 - \frac{t}{T} \right), \quad x \Big|_{t=0} = 0, \frac{\mathrm{d}x}{\mathrm{d}t} \Big|_{t=0} = 0$$

两端积分，则有

$$\frac{\mathrm{d}x}{\mathrm{d}t} = \frac{F_0}{m} \left(t - \frac{t^2}{2T} \right) + C_1 \tag{11.26}$$

再次积分，得

$$x = \frac{F_0}{m}\left(\frac{t^2}{2} - \frac{t^3}{6T}\right) + C_1 t + C_2 \qquad (11.27)$$

将 $\left.\dfrac{\mathrm{d}x}{\mathrm{d}t}\right|_{t=0} = 0$ 和 $x\big|_{t=0} = 0$ 分别代入式(11.26)和式(11.27),得 $C_1 = 0$,
$C_2 = 0$,则质点的运动规律为

$$x = \frac{F_0}{m}\left(\frac{t^2}{2} - \frac{t^3}{6T}\right) \qquad (0 \leqslant t \leqslant T)$$

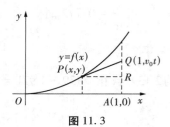

图 11.3

例 4 设位于坐标原点的甲舰向位于 x 轴上点 $A(1,0)$ 处的乙舰发射导弹,导弹头始终对准乙舰. 如果乙舰以最大的速度 v_0(v_0 是常数)沿平行于 y 轴的直线行驶,导弹的速度是 $5v_0$,求导弹运行的曲线方程. 又乙舰行驶多远时,导弹将它击中?

解 假设导弹在 t 时刻的位置为 $P(x(t), y(t))$. 乙舰位于 $Q(1, v_0 t)$. 由于导弹头始终对准乙舰,故此时直线 PQ 就是导弹的轨迹曲线弧 OP 在点 P 处的切线,于是有

$$y' = \frac{v_0 t - y}{1 - x} \qquad (11.28)$$

即 $v_0 t = (1 - x)y' + y$. 又根据题意,弧 OP 的长度为 $|AQ|$ 的 5 倍,即

$$\int_0^x \sqrt{1 + y'^2}\,\mathrm{d}x = 5v_0 t \qquad (11.29)$$

由式(11.28)和式(11.29)消去 t 整理得模型

$$(1 - x)y'' = \frac{1}{5}\sqrt{1 + y'^2} \qquad (11.30)$$

初始条件为 $y(0) = 0, y'(0) = 0$,解得导弹的运行轨迹方程为

$$y = -\frac{5}{8}(1 - x)^{\frac{4}{5}} + \frac{5}{12}(1 - x)^{\frac{6}{5}} + \frac{5}{24}$$

当 $x = 1$ 时,$y = \dfrac{4}{25}$,即当乙舰航行到点 $\left(1, \dfrac{5}{24}\right)$ 处时被导弹击中,被击中时间为

$$t = \frac{y}{v_0} = \frac{5}{24v_0}$$

综合上述例子可知,用微分方程寻求实际问题中未知函数的一般步骤

如下：

（1）分析问题，建立微分方程，确定初始条件.

（2）求出微分方程的通解.

（3）由初始条件确定通解中任意常数，得方程相应的特解，即为所求函数.

习题 11-8

基础题

1. 已知放射性物质镭的衰变速度与该时刻现有存镭量成正比，且镭经过 $1\ 600$ 年后，只剩余原始量的 $\dfrac{1}{2}$. 试求镭的质量与时间的函数关系.

2. 假设设备在每一时刻由于磨损而价值耗损的速度与它的实际价格成正比. 已知最初价格为 y_0，试求 x 年后的价格 $f(x)$.

3. 设降落伞从跳伞塔下落，所受空气的阻力与速度成正比，降落伞离开塔顶（$t = 0$）时的速度为 0. 求降落伞下落速度与时间 t 的函数关系.

提高题

1. 大炮以仰角 α，初速度 v_0 发射炮弹，若不计空气阻力，求弹道曲线的方程.

2. 有一弹性系数为 200 N/cm 的弹簧上挂 50 g 的物体，一外力 $f(t) = 400 \cos 4t$ 作用在物体上. 假定物体原来在平衡位置，有向上的初速度 2 cm/s. 如果阻力忽略不计，求物体在任一时刻 t 的位移 $s(t)$.

部分习题参考答案

习题 6-1

基础题

1. A. Ⅳ   B. Ⅴ   C. Ⅷ   D. Ⅲ

2. $|AB| = 5$

3. $(1) xOy - (a, b, -c)$, $yOz - (-a, b, c)$, $xOz - (a, -b, c)$

   $(2) x - (a, -b, -c)$, $y - (-a, b, -c)$, $z - (-a, -b, c)$

   $(3) O(0,0,0) - (-a, -b, -c)$

4. (x, y, z) 或 $\{x, y, z\}$

5. $\left(\pm\dfrac{\sqrt{2}}{2}a, 0, 0 \right)$, $\left(0, \pm\dfrac{\sqrt{2}}{2}a, 0 \right)$, $\left(\pm\dfrac{\sqrt{2}}{2}a, 0, a \right)$, $\left(0, \pm\dfrac{\sqrt{2}}{2}a, a \right)$

6. (1) 0 或 -8

   $(2) \left(\dfrac{5}{2}, 0, -2 \right)$ 或 $\left(\dfrac{5}{2}, 0, -6 \right)$

7. (1) 模 2

   $(2) \cos\alpha = -\dfrac{1}{2}$, $\cos\beta = -\dfrac{\sqrt{2}}{2}$, $\cos\gamma = \dfrac{1}{2}$, $\alpha = \dfrac{2\pi}{3}$, $\beta = \dfrac{3\pi}{4}$, $\gamma = \dfrac{\pi}{3}$

   $(3) \left(-\dfrac{1}{2}, -\dfrac{\sqrt{2}}{2}, \dfrac{1}{2} \right)$

提高题

1. $\pm\left(\dfrac{6}{11}, \dfrac{7}{11}, -\dfrac{6}{11} \right)$

2. $\cos^2\alpha + \cos^2\beta + \cos^2\gamma = 1$；$\sin^2\alpha + \sin^2\beta + \sin^2\gamma = 2$

3. $(1)\,13$，$(2)\,7\boldsymbol{j}$

4. $\left(\pm\dfrac{1}{2\sqrt{2}},\ \pm\dfrac{1}{2\sqrt{2}},\ \dfrac{\sqrt{3}}{2}\right)$

5. $\boldsymbol{a} = (2,2,2)$

习题 6-2

基础题

1. B

2. $\boldsymbol{a}\cdot\boldsymbol{b} = -1$，$\boldsymbol{a}\times\boldsymbol{b} = \{-3,5,7\}$

3. $(\boldsymbol{a}\times\boldsymbol{b})\cdot\boldsymbol{c} = \begin{vmatrix} 2 & -3 & 2 \\ -1 & 1 & 2 \\ 1 & 0 & 3 \end{vmatrix} = -11$

4. $(1)\,\boldsymbol{a}\parallel\boldsymbol{b}$

   $(2)\,\boldsymbol{a}\perp\boldsymbol{b}$

5. $prj_{\boldsymbol{b}}\boldsymbol{a} = |\boldsymbol{a}|\cos(\boldsymbol{a},\boldsymbol{b}) = |\boldsymbol{a}|\dfrac{\boldsymbol{a}}{|\boldsymbol{a}|\,|\boldsymbol{b}|}\boldsymbol{b} = \dfrac{\boldsymbol{a}}{|\boldsymbol{b}|}\boldsymbol{b} = \dfrac{6}{3} = 2$

6. $(1)\,\boldsymbol{a}\cdot\boldsymbol{b} = 3$，$\boldsymbol{a}\times\boldsymbol{b} = (5,1,7)$

   $(2)\,(-2\boldsymbol{a})\cdot 3\boldsymbol{b} = -18$，$\boldsymbol{a}\times 2\boldsymbol{b} = (10,2,14)$

   $(3)\,\cos(\hat{\boldsymbol{a}},\boldsymbol{b}) = \dfrac{3}{2\sqrt{21}}$

提高题

1. $\pm\left(\dfrac{3}{\sqrt{17}},\ -\dfrac{2}{\sqrt{17}},\ -\dfrac{2}{\sqrt{17}}\right)$

2. $S_{\triangle ABC} = \dfrac{1}{2}|\overrightarrow{OA}\times\overrightarrow{OB}| = \dfrac{\sqrt{19}}{2}$

3. $S_{\triangle ABC} = \left|\dfrac{1}{2}\begin{vmatrix} x_1 & y_1 & 1 \\ x_2 & y_2 & 1 \\ x_3 & y_3 & 1 \end{vmatrix}\right|$

4. $\lambda (\boldsymbol{a} \times \boldsymbol{b}) = \lambda \begin{vmatrix} \boldsymbol{i} & \boldsymbol{j} & \boldsymbol{k} \\ 1 & 2 & 1 \\ 0 & 1 & 1 \end{vmatrix} = \lambda (1, -1, 1)$

5. (1) $\angle M_1 M_2 M_3 = \dfrac{\pi}{3}$

(2) $\pm \dfrac{(\overrightarrow{M_1 M_2} \times \overrightarrow{M_2 M_3})}{|\overrightarrow{M_1 M_2} \times \overrightarrow{M_2 M_3}|} = \pm \left(\dfrac{1}{\sqrt{3}}, \dfrac{1}{\sqrt{3}}, \dfrac{1}{\sqrt{3}} \right)$

6. $C\left(0, 0, \dfrac{1}{5} \right)$

 习题 6-3

基础题

1. $3x - 7y + 5z - 4 = 0$

2. $x + y - 3z - 4 = 0$

3. $y + 5 = 0$

4. $14x + 9y - z - 15 = 0$

$\begin{vmatrix} x - x_1 & y - y_1 & z - z_1 \\ x_2 - x_1 & y_2 - y_1 & z_2 - z_1 \\ x_3 - x_1 & y_3 - y_1 & z_3 - z_1 \end{vmatrix} = 0$

5. (1) 过点 $(0, 3, 0)$ 且平行于坐标面 xOz 的平面

(2) 过 x 轴且垂直于坐标面 yOz 的平面

(3) 截距分别为 $8, -4, \dfrac{8}{3}$ 的平面

6. (1) 平行；(2) 垂直

提高题

1. $\cos \theta = \dfrac{|1 \times 2 + (-1) \times 1 + 2 \times 1|}{\sqrt{6} \sqrt{6}} = \dfrac{3}{6} = \dfrac{1}{2}$，故 $\theta = \dfrac{\pi}{3}$

2. $d = \dfrac{|3 + 8 - 36 + 12|}{\sqrt{3^2 + 4^2 + 12^2}} = \dfrac{13}{\sqrt{13^2}} = 1$

3. $d = 2$

4. (1) $x + z - 2 = 0$

   (2) $2x + y + 2z - 10 = 0$

   (3) $2x - y - z = 0$

5. $d = \dfrac{|D_2 - D_1|}{\sqrt{A^2 + B^2 + C^2}}$

 习题 6-4

基础题

1. $\dfrac{x - x_1}{x_2 - x_1} = \dfrac{y - y_1}{y_2 - y_1} = \dfrac{z - z_1}{z_2 - z_1}$

2. 直线参数式方程为 $\begin{cases} x = 4t \\ y = -t + \dfrac{1}{4} \\ z = -3t - \dfrac{5}{4} \end{cases}$

3. (1) $L_1 \perp L_2$

   (2) $L_1 \ /\!/ \ L_2$

4. C

5. $x - y - z - 5 = 0$

6. $\dfrac{x}{-2} = \dfrac{y - 2}{3} = \dfrac{z - 4}{1}$

7. $8x - 9y - 22z - 59 = 0$

提高题

1. 投影为 $(3, -2, 1)$

2. $x - 3y + z + 2 = 0$

3. $\begin{cases} x = 2 \\ y = 5 \\ z = 2 \end{cases}$

4. $d = \dfrac{\sqrt{26}}{3}$

 **习题 6-5**

基础题

1. $4x + 4y + 10z - 63 = 0$

2. $(x-1)^2 + (y-2)^2 + (z-3)^2 = 14$

3. $(x-1)^2 + (y+2)^2 + (z+1)^2 = 6$,表示以 $(1, -2, -1)$ 为圆心,$\sqrt{6}$ 为半径的球面

4. $x^2 + y^2 + z^2 = 9$

5. 在 xOz 面上的 $z = x + a$ 绕 x 轴旋转一周,所得旋转曲面为:$\pm\sqrt{y^2 + z^2} = x + a$ 即 $(x + a)^2 = y^2 + z^2$;同理,绕 z 轴旋转一周后,得旋转曲面方程为:$z = \pm\sqrt{x^2 + y^2} + a$,即 $(z - a)^2 = x^2 + y^2$

6.

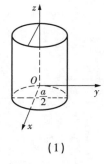

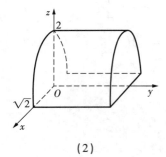

(1)   (2)

提高题

1. $(x-1)^2 + (y+1)^2 - 4(z-1) = 0$

2. $4x^2 - 9(y^2 + z^2) = 36$ 和 $4(x^2 + z^2) - 9y^2 = 36$

3. (1) xOy 面上的曲线 $\dfrac{x^2}{4} + \dfrac{y^2}{9} = 1$(或 xOz 面上的曲线 $\dfrac{x^2}{4} + \dfrac{z^2}{9} = 1$)绕 x 轴旋转一周所得

   (2) xOy 面上的曲线 $x^2 - \dfrac{y^2}{4} = 1$(或 yOz 面上的曲线 $z^2 - \dfrac{y^2}{4} = 1$)绕 y 轴旋转一周所得

4.

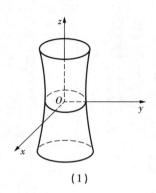

(1)

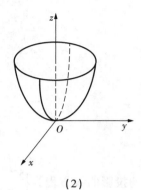

(2)

习题 6-6

基础题

1. (1)平面解析几何:表示两直线交点;空间解析几何:表示两平面的交线

   (2)平面解析几何:表示椭圆 $\dfrac{x^2}{4} + \dfrac{y^2}{9} = 1$ 与切线 $y = 3$ 的交点;空间解析几何:表示椭圆柱面与平面 $y = 3$ 的交线

2. 交线方程为 $\begin{cases} x^2 + y^2 + z^2 = a^2 \\ x^2 + y^2 = 2az \end{cases}$

3. $3y^2 - z^2 = 16$

4. $\begin{cases} \dfrac{1}{4}(3y + z + 1)^2 + 4y^2 = 4 \\ x = 0 \end{cases}$

5. $\begin{cases} x = \dfrac{3}{\sqrt{2}} \cos t \\ y = \dfrac{3}{\sqrt{2}} \cos t, 0 \leqslant t \leqslant 2\pi \\ z = 3 \sin t \end{cases}$

6. 所求立体在 xOy 面上的投影,就是 xOy 面的圆 $x^2 + y^2 = 1$ 在 xOy 面上所围的部分: $x^2 + y^2 \leqslant 1$

提高题

1.

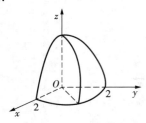

2. 原曲线在 xOy 面上的投影曲线方程为 $\begin{cases} y^2 - 2x + 9 = 0 \\ z = 0 \end{cases}$

原曲线是由旋转抛物面 $y^2 + z^2 - 2x = 0$ 被 $z = 3$ 平面所截的抛物线

3. $\begin{cases} 2x^2 - 2x + y^2 = 8 \\ z = 0 \end{cases}$

4. $\begin{cases} x = 1 + 2\sqrt{2}\cos t \\ y = 2\sqrt{2}\sin t, 0 \leqslant t \leqslant 2\pi \\ z = 0 \end{cases}$

5. $\begin{cases} y = a\sin\dfrac{z}{b} \\ x = 0 \end{cases}$

 习题 7-1

基础题

1. $F(1,3) = 5, F(s,1) = \dfrac{s-2}{2s-1}$

2. $\varphi(0,1) = 1, \varphi(2,3) = \dfrac{1}{5}$

3. (1) $x - y \neq 0$

(2) $x > 0, y > 0, z > 0$

(3) $xy > 0$

(4) $\dfrac{x^2}{a^2} + \dfrac{y^2}{b^2} \leqslant 1$

$(5)\begin{cases} x^2 + y^2 \leqslant 4 \\ y^2 + 1 > 2x \end{cases}$

$(6)\, r^2 < x^2 + y^2 + z^2 \leqslant R^2$

4. $(1)(0,0)$

$(2)\, y^2 = 2x$

提高题

1. $f(tx, ty) = t^2 f(x, y)$

2. $f(-x, -y) = 2x^2 + y^2$

3. $f(x - y, x + y) = (x^2 - y^2)^{2x}$

4. $(1)\, 1$

$(2)\, \ln 2$

$(3)\, -\dfrac{1}{4}$

$(4)\, -2$

$(5)\, 2$

$(6)\, 0$

5. (1) 提示: $y = kx$

(2) 提示: $y = x, y = -x$ 分别算

习题 7-2

基础题

1. $(1)\, \dfrac{\partial z}{\partial x} = 3x^2 y - y^3,\ \dfrac{\partial z}{\partial y} = x^3 - 3xy^2$

$(2)\, \dfrac{\partial s}{\partial u} = \dfrac{1}{v} - \dfrac{v}{u^2},\ \dfrac{\partial s}{\partial v} = \dfrac{1}{u} - \dfrac{u}{v^2}$

$(3)\, \dfrac{\partial z}{\partial x} = \dfrac{1}{2x\sqrt{\ln(xy)}},\ \dfrac{\partial z}{\partial y} = \dfrac{1}{2y\sqrt{\ln(xy)}}$

$(4)\, \dfrac{\partial z}{\partial x} = y[\cos(xy) - \sin(2xy)],\ \dfrac{\partial z}{\partial y} = x[\cos(xy) - \sin(2xy)]$

$(5)\, \dfrac{\partial z}{\partial x} = \dfrac{2}{y}\csc\dfrac{2x}{y},\ \dfrac{\partial z}{\partial y} = -\dfrac{2x}{y^2}\csc\dfrac{2x}{y}$

$(6)\ \dfrac{\partial z}{\partial x} = y^2(1+xy)^{y-1},\ \dfrac{\partial z}{\partial y} = (1+xy)^y\left[\ln(1+xy) + \dfrac{xy}{1+xy}\right]$

$(7)\ \dfrac{\partial u}{\partial x} = \dfrac{y}{z}x^{\frac{y}{z}-1},\ \dfrac{\partial u}{\partial y} = \dfrac{1}{z}x^{\frac{y}{z}}\cdot\ln x,\ \dfrac{\partial u}{\partial z} = -\dfrac{y}{z^2}x^{\frac{y}{z}}\cdot\ln x$

$(8)\ \dfrac{\partial u}{\partial x} = \dfrac{z(x-y)^{z-1}}{1+(x-y)^{2z}},\ \dfrac{\partial u}{\partial y} = -\dfrac{z(x-y)^{z-1}}{1+(x-y)^{2z}},\ \dfrac{\partial u}{\partial z} = \dfrac{(x-y)^z\ln(x-y)}{1+(x-y)^{2z}}$

2. $f_x(1,0) = 1$, $f_y(1,0) = \dfrac{1}{2}$

3. $\left.\dfrac{\partial^2 z}{\partial x^2}\right|_{\left(0,\frac{\pi}{2}\right)} = 2,\ \left.\dfrac{\partial^2 z}{\partial x\partial y}\right|_{\left(0,\frac{\pi}{2}\right)} = -1,\ \left.\dfrac{\partial^2 z}{\partial y^2}\right|_{\left(0,\frac{\pi}{2}\right)} = 0$

4. 略

5. 略

6. $(1)\ \dfrac{\partial^2 u}{\partial x^2} = \dfrac{y^2 - x^2}{(x^2 + y^2)^2},\ \dfrac{\partial^2 u}{\partial x\partial y} = -\dfrac{2xy}{(x^2+y^2)^2},$

$\dfrac{\partial^2 u}{\partial y\partial x} = -\dfrac{2xy}{(x^2+y^2)^2},\ \dfrac{\partial^2 u}{\partial y^2} = \dfrac{x^2 - y^2}{(x^2 + y^2)^2}$

$(2)\ f_{xx} = (2-y)\cos(x+y) - x\sin(x+y),$

$f_{yy} = (-2-x)\sin(x+y) - y\cos(x+y),$

$f_{xy} = (1-y)\cos(x+y) - (1+x)\sin(x+y) = f_{yx}$

$(3)\ \dfrac{\partial^2 z}{\partial x^2} = 2a^2\cos 2(ax+by),\ \dfrac{\partial^2 z}{\partial y^2} = 2b^2\cos 2(ax+by),$

$\dfrac{\partial^2 z}{\partial x\partial y} = 2ab\cos 2(ax+by) = \dfrac{\partial^2 z}{\partial y\partial x}$

$(4)\ \dfrac{\partial^2 z}{\partial x^2} = \dfrac{2xy}{(x^2+y^2)^2},\ \dfrac{\partial^2 z}{\partial y^2} = \dfrac{-2xy}{(x^2+y^2)^2},\ \dfrac{\partial^2 z}{\partial x\partial y} = \dfrac{y^2 - x^2}{(x^2+y^2)^2} = \dfrac{\partial^2 z}{\partial y\partial x}$

提高题

2. $f_x(x,1) = 1$

习题 7-3

基础题

1. $(1)\ \mathrm{d}z = \dfrac{y^2\mathrm{d}x - xy\mathrm{d}y}{(x^2 + y^2)^{\frac{3}{2}}}$

$(2)\mathrm{d}z = yx^{y-1}\mathrm{d}x + x^y\ln x\mathrm{d}y$

$(3)\mathrm{d}z = \mathrm{e}^{xy}(y\mathrm{d}x + x\mathrm{d}y)$

$(4)\mathrm{d}z = [\sin(x^2 + y^2) + 2x^2\cos(x^2 + y^2)]\mathrm{d}x + 2xy\cos(x^2 + y^2)\mathrm{d}y$

$(5)\mathrm{d}z = \left(y + \dfrac{1}{y}\right)\mathrm{d}x + \left(x - \dfrac{x}{y^2}\right)\mathrm{d}y$

$(6)\mathrm{d}z = \mathrm{e}^{\frac{x^2+y^2}{xy}}\left[\left(2x + \dfrac{x^4 - y^4}{x^2y}\right)\mathrm{d}x + \left(2y + \dfrac{y^4 - x^4}{xy^2}\right)\mathrm{d}y\right]$

2. -0.2

3. $\Delta z = 13.73, \mathrm{d}z = -14$

4. $\mathrm{d}u = -yz\csc^2 xy\mathrm{d}x - xz\csc^2 xy\mathrm{d}y + \cot xy\mathrm{d}z$

提高题

1. A

2. 2.95

习题 7-4

基础题

1. $\dfrac{\mathrm{d}u}{\mathrm{d}t} = \mathrm{e}^{x-2y}(\cos t - 6t^2) = \mathrm{e}^{\sin t - 2t^3}(\cos t - 6t^2)$

2. $\dfrac{\mathrm{d}z}{\mathrm{d}x} = a^y(1 + \ln a) = a^{\ln x}(1 + \ln a)$

3. $\dfrac{\partial z}{\partial x} = 3x^2\sin y\cos y(\cos y - \sin y)$

4. $\dfrac{\partial z}{\partial x} = \dfrac{2\mathrm{e}^{2(x+y)} + y\cos x}{\mathrm{e}^{2(x+y)} + y\sin x}$, $\dfrac{\partial z}{\partial y} = \dfrac{2\mathrm{e}^{2(x+y)} + \sin x}{\mathrm{e}^{2(x+y)} + y\sin x}$

5. 略

6. $\dfrac{\partial z}{\partial x} = 6y(1 + 3x)^{2y-1}$, $\dfrac{\partial z}{\partial y} = 2(1 + 3x)^{2y}\ln(1 + 3x)$

7. $\dfrac{\partial z}{\partial x} = \dfrac{1}{\sqrt{1 - xy^2}} \cdot \dfrac{y}{2\sqrt{x}}$, $\dfrac{\partial z}{\partial y} = \dfrac{\sqrt{x}}{\sqrt{1 - xy^2}}$

8. $\mathrm{d}z = (\mathrm{e}^{-xy} - xy\mathrm{e}^{-xy} + y\cos xy)\mathrm{d}x + (-x^2\mathrm{e}^{-xy} + x\cos xy)\mathrm{d}y$

提高题

1. $\dfrac{\partial z}{\partial x} = 4x$，$\dfrac{\partial z}{\partial y} = 4y$

2. $\dfrac{\partial z}{\partial x} = \dfrac{2x}{y^2}\ln(3x - 2y) + \dfrac{3x^2}{(3x - 2y)y^2}$，$\dfrac{\partial z}{\partial y} = -\dfrac{2x^2}{y^3}\ln(3x - 2y) - \dfrac{2x^2}{(3x - 2y)y^2}$

3. $\dfrac{3(1 - 4t^2)}{\sqrt{1 - (3t - 4t^3)^2}}$

4. $\dfrac{e^x(1 + x)}{1 + x^2 e^{2x}}$

5. $e^{ax}\sin x$

6. （1）$\dfrac{\partial u}{\partial x} = 2xf_1' + y e^{xy}f_2'$，$\dfrac{\partial u}{\partial y} = -2yf_1' + x e^{xy}f_2'$

   （2）$\dfrac{\partial u}{\partial x} = \dfrac{1}{y}f_1'$，$\dfrac{\partial u}{\partial y} = -\dfrac{x}{y^2}f_1' + \dfrac{1}{z}f_2'$，$\dfrac{\partial u}{\partial z} = -\dfrac{y}{z^2}f_2'$

   （3）$\dfrac{\partial u}{\partial x} = f_1' + yf_2' + yzf_3'$，$\dfrac{\partial u}{\partial y} = xf_2' + xzf_3'$，$\dfrac{\partial u}{\partial z} = xyf_3'$

习题 7-5

基础题

1. $\dfrac{\mathrm{d}y}{\mathrm{d}x} = \dfrac{y^2 - e^x}{\cos y - 2xy}$

2. $\dfrac{\partial z}{\partial x} = \dfrac{2 - x}{z + 1}$，$\dfrac{\partial z}{\partial y} = \dfrac{2y}{z + 1}$

3. $\dfrac{\partial z}{\partial x} = \dfrac{yz}{e^z - xy}$，$\dfrac{\partial z}{\partial y} = \dfrac{xy}{e^z - xy}$

4. 略

5. $\dfrac{\partial z}{\partial x} = -\left(1 + \dfrac{F_x + F_u}{F_v}\right)$，其中，$u = x + y$，$v = x + y + z$

提高题

1. $\dfrac{\partial z}{\partial x} = \dfrac{yz - \sqrt{xyz}}{\sqrt{xyz} - xy}$，$\dfrac{\partial z}{\partial y} = \dfrac{xz - 2\sqrt{xyz}}{\sqrt{xyz} - xy}$

2. $\dfrac{\partial z}{\partial x} = \dfrac{z}{x+z}$, $\dfrac{\partial z}{\partial y} = \dfrac{z^2}{y(x+z)}$

3. （1）$\dfrac{\mathrm{d}y}{\mathrm{d}x} = -\dfrac{x(6z+1)}{2y(3z+1)}$, $\dfrac{\mathrm{d}z}{\mathrm{d}x} = \dfrac{x}{3z+1}$

   （2）$\dfrac{\mathrm{d}x}{\mathrm{d}z} = \dfrac{y-z}{x-y}$, $\dfrac{\mathrm{d}y}{\mathrm{d}z} = \dfrac{z-x}{x-y}$

   （3）$\dfrac{\partial u}{\partial x} = \dfrac{-uf_1'(2yvg_2'-1) - f_2'g_1'}{(xf_1'-1)(2yvg_2'-1) - f_2'g_1'}$, $\dfrac{\partial v}{\partial x} = \dfrac{g_1'(xf_1' + uf_1' - 1)}{(xf_1'-1)(2yvg_2'-1) - f_2'g_1'}$

   （4）$\dfrac{\partial u}{\partial x} = \dfrac{\sin v}{\mathrm{e}^u(\sin v - \cos v)+1}$, $\dfrac{\partial u}{\partial y} = \dfrac{-\cos v}{\mathrm{e}^u(\sin v - \cos v)+1}$,

   $\dfrac{\partial v}{\partial x} = \dfrac{\cos v - \mathrm{e}^u}{u[\mathrm{e}^u(\sin v - \cos v)+1]}$, $\dfrac{\partial v}{\partial y} = \dfrac{\sin v + \mathrm{e}^u}{u[\mathrm{e}^u(\sin v - \cos v)+1]}$

习题 7-6

基础题

1. 切线方程：$\dfrac{x - \dfrac{1}{2}}{1} = \dfrac{y-2}{-4} = \dfrac{z-1}{8}$

   法平面方程：$2x - 8y + 16z - 1 = 0$

2. 切线方程：$\dfrac{x-x_0}{1} = \dfrac{y-y_0}{\dfrac{m}{y_0}} = \dfrac{z-z_0}{-\dfrac{1}{2z_0}}$

   法平面方程：$(x-x_0) + \dfrac{m}{y_0}(y-y_0) - \dfrac{1}{2z_0}(z-z_0) = 0$

3. 切线方程：$\dfrac{x-1}{16} = \dfrac{y-1}{9} = \dfrac{z-1}{-1}$

   法平面方程：$16x + 9y - z - 24 = 0$

4. 切平面方程：$x + 2y - 4 = 0$

   法线方程：$\begin{cases} \dfrac{x-2}{1} = \dfrac{y-1}{2} \\ z = 0 \end{cases}$

5. 切平面方程：$ax_0x + by_0y + cz_0z = 1$

   切线方程：$\dfrac{x-x_0}{ax_0} = \dfrac{y-y_0}{by_0} = \dfrac{z-z_0}{cz_0}$

提高题

1. $P_1(-1,1,-1)$ 及 $P_2\left(-\dfrac{1}{3},\dfrac{1}{9},-\dfrac{1}{27}\right)$

2. 切平面方程：$x - y + 2z = \pm\sqrt{\dfrac{11}{2}}$

3. $\cos\gamma = \dfrac{3}{\sqrt{22}}$

习题 7-7

基础题

1. $1 + 2\sqrt{3}$

2. $\dfrac{\sqrt{2}}{3}$

3. $\dfrac{1}{ab}\sqrt{2(a^2 + b^2)}$

4. 5

5. $\mathbf{grad}\, f(0,0,0) = 3\mathbf{i} - 2\mathbf{j} - 6\mathbf{k},\ \mathbf{grad}\, f(1,1,1) = 6\mathbf{i} + 3\mathbf{j}$

提高题

1. $\dfrac{98}{13}$

2. $\dfrac{6}{7}\sqrt{14}$

3. $x_0 + y_0 + z_0$

4. 增加最快的方向为 $\mathbf{n} = \dfrac{1}{\sqrt{21}}(2\mathbf{i} - 4\mathbf{j} + \mathbf{k})$，方向导数为 $\sqrt{21}$；

  增加最慢的方向为 $-\mathbf{n} = \dfrac{1}{\sqrt{21}}(-2\mathbf{i} + 4\mathbf{j} - \mathbf{k})$，方向导数为 $-\sqrt{21}$

习题 7-8

基础题

1. (1)(0,0),极小值点
   (2)驻点在直线 $x - y + 1 = 0$ 上,无极值
   (3)驻点(0,0),(0,2),(2,0),(2,2),其中,(0,0) 为极大值点,(2,2) 为极小值点

2. 极大值 $f(2, -2) = 8$

3. 极小值 $f\left(\dfrac{1}{2}, -1\right) = -\dfrac{e}{2}$

4. 极小值 $f(3, 3) = 0$

5. 极大值 $z\left(\dfrac{1}{2}, \dfrac{1}{2}\right) = \dfrac{1}{4}$

6. $x = y = z = \dfrac{a}{3}$

7. $M_0\left(\dfrac{3}{4}, 2, -\dfrac{3}{4}\right)$

8. 长 $x = \sqrt[3]{2V}$,宽 $y = \sqrt[3]{2V}$,高 $z = \dfrac{1}{2}\sqrt[3]{2V}$

提高题

1. A

2. 当两直角边都是 $\dfrac{l}{\sqrt{2}}$ 时,可得最大的周长

3. 当长、宽都是 $\sqrt[3]{2k}$,高是 $\dfrac{1}{2}\sqrt[3]{2k}$ 时,水池的表面积最小

习题 8-1

基础题

1. $\displaystyle\iint\limits_{D} \rho(x, y)\,\mathrm{d}\sigma$

2. $P = 4Q$

提高题

1. (1) ① $\iint\limits_{D}(x+y)^2 \mathrm{d}x\mathrm{d}y \geqslant \iint\limits_{D}(x+y)^3 \mathrm{d}x\mathrm{d}y$

   ② $\iint\limits_{D}(x+y)^2 \mathrm{d}x\mathrm{d}y \leqslant \iint\limits_{D}(x+y)^3 \mathrm{d}x\mathrm{d}y$

   (2) ① $\iint\limits_{D} \mathrm{e}^{xy} \mathrm{d}x\mathrm{d}y \leqslant \iint\limits_{D} \mathrm{e}^{2xy} \mathrm{d}x\mathrm{d}y$

   ② $\iint\limits_{D} \mathrm{e}^{xy} \mathrm{d}x\mathrm{d}y \geqslant \iint\limits_{D} \mathrm{e}^{2xy} \mathrm{d}x\mathrm{d}y$

2. (1) $0 \leqslant I \leqslant 3$
   (2) $0 \leqslant I \leqslant 6$
   (3) $0 \leqslant I \leqslant \pi^2$
   (4) $4\pi \leqslant I \leqslant 4\pi\mathrm{e}^4$
   (5) $30\pi \leqslant I \leqslant 75\pi$

习题 8-2

基础题

1. (1) $3\dfrac{3}{8}$

   (2) $\dfrac{3}{2}\mathrm{e} - \mathrm{e}^2 - \dfrac{2}{\mathrm{e}}$

   (3) 0

   (4) 0

2. (1) $\dfrac{7}{6}$

   (2) $\dfrac{1}{8}$

   (3) 4

   (4) 1

   (5) $\dfrac{6}{55}$

(6) $e^6 - 9e^2 - 4$

(7) $e - \dfrac{1}{e}$

(8) $\dfrac{64}{15}$

3. (1) $\displaystyle\int_0^1 \mathrm{d}x \int_x^1 f(x, y)\,\mathrm{d}y$

(2) $\displaystyle\int_0^4 \mathrm{d}x \int_{\frac{x}{2}}^{\sqrt{x}} f(x, y)\,\mathrm{d}y$

(3) $\displaystyle\int_0^1 \mathrm{d}y \int_{e^y}^e f(x, y)\,\mathrm{d}x$

(4) $\displaystyle\int_0^1 \mathrm{d}y \int_{2-y}^{1+\sqrt{1-y^2}} f(x, y)\,\mathrm{d}x$

4. (1) $\dfrac{3}{4}\pi a^4$

(2) $\dfrac{1}{6} a^3 \left[\sqrt{2} + \ln(1 + \sqrt{2})\right]$

(3) $\sqrt{2} - 1$

(4) $\dfrac{1}{8}\pi a^4$

5. (1) $\dfrac{1}{3} a^3$

(2) $\pi(e^4 - 1)$

(3) $\pi[3\ln 3 - 2\ln 2 - 1]$

(4) $\dfrac{3}{16}\pi^2$

提高题

1. (1) $\dfrac{9}{4}$

(2) $14a^4$

(3) $\dfrac{2\pi}{3}(b^3 - a^3)$

(4) π

基础题

1. $\dfrac{3}{2}$

2. （1）$\dfrac{1}{10}$

（2）$\dfrac{1}{36}$

（3）$\dfrac{2}{9}$

（4）$\dfrac{59}{480}\pi R^5$

3. （1）$\dfrac{324}{5}\pi$

（2）$\dfrac{2}{5}\pi$

（3）$\dfrac{5}{6}\pi$

4. （1）$\dfrac{4\left(b^5-a^5\right)}{15}\pi$

（2）$\dfrac{8-5\sqrt{2}}{30}\pi$

（3）$\dfrac{32}{15}\pi$

提高题

1. （1）$\dfrac{1}{8}$

（2）$\dfrac{16}{3}\pi$

（3）$\dfrac{\pi}{10}$

习题 8-4

基础题

1. （1）$\sqrt{7}\,\pi$

（2）$12\left(\arcsin\dfrac{1}{3} + 2\sqrt{2} - 3\right)$

（3）$\sqrt{2}\,\pi$

（4）$(\pi - 2)a^2$

2. （1）$\dfrac{\pi}{2}\left[\sqrt{2} + \ln(1 + \sqrt{2}\,)\right]$

（2）$\dfrac{2}{3}\pi(3\sqrt{6} - 4)$

3. （1）$\left(0,\dfrac{4}{3\pi}\right)$

（2）$\left(\dfrac{a^2 + ab + b^2}{2(a + b)},0\right)$

提高题

1. $16R^2$

2. （1）$\dfrac{4}{3},\left(\dfrac{4}{3},0\right)$

（2）$6,\left(\dfrac{3}{4},\dfrac{3}{2}\right)$

（3）$\dfrac{27}{2},\left(\dfrac{19}{15},\dfrac{1}{2}\right)$

习题 9-1

基础题

一、1. B

2. A

3. D

4. D

5. C

6. D

二、1. $I_1 = I_2$

2. $\sqrt{2}$

3. 6

4. 0

5. π

6. 2

7. 3

三、(1) $\dfrac{1}{12}(5\sqrt{5} + 6\sqrt{2} - 1)$

(2) $e^a\left(2 + \dfrac{a}{4}\pi\right) - 2$

(3) 9

(4) $\dfrac{256}{15}a^3$

(5) $2\pi^2 a^3(1 + 2\pi^2)$

提高题

1. $2a^2$

2. $2\pi a^{2n+1}$

3. $4a^{\frac{7}{3}}$

4. $\dfrac{8\sqrt{2}}{3}a\pi^3$

5. $2\pi a^2$

习题9-2

基础题

一、1. C

2. B

3. C

4. D

5. A

6. C

二、1. 0

2. $-\dfrac{56}{15}$

3. $\dfrac{4}{3}$

4. $\dfrac{5}{6}a^3$

三、1. (1) $\dfrac{34}{3}$

(2) 11

(3) 14

(4) $\dfrac{32}{3}$

2. 0

3. -2π

4. 13

5. $-\dfrac{14}{15}$

提高题

1. πa^2

2. (1) $\displaystyle\int_L \left[\dfrac{3}{5}P(x,y) + \dfrac{4}{5}Q(x,y) \right]\mathrm{d}s$

(2) $\displaystyle\int_L \dfrac{P(x,y) + 2xQ(x,y)}{\sqrt{1 + 4x^2}}\mathrm{d}s$

(3) $\displaystyle\int_L \left[\sqrt{2x - x^2}\,P(x,y) + (1 - x)Q(x,y) \right]\mathrm{d}s$

3. $\displaystyle\int_P \dfrac{P + 2xQ + 3yR}{\sqrt{1 + 4x^2 + 9y^2}}\mathrm{d}s$

4. $\dfrac{448}{3} - \cos 4 - 7\mathrm{e}^8$

习题 9-3

基础题

一、1. A

2. D

3. B

4. B

5. D

6. C

7. D

8. B

9. A

二、1. 2σ

2. 6π

3. -27π

4. 0

5. 2

6. $2e^4$

三、1. $-\pi$

2. 12

3. $\dfrac{\pi^2}{4}$

4. $-\dfrac{7}{6}+\dfrac{\sin 2}{4}$

5. (1) $\dfrac{5}{2}$

(2) 5

6. (1) $\dfrac{x^2}{2}+2xy+\dfrac{y^2}{2}$

(2) x^2y

(3) $x^2\cos y+y^2\sin x$

7. $\dfrac{3}{4}\pi-2$

8. $\dfrac{\pi}{2} - 6$

提高题

1. $e^{\pi a}\sin 2a - 2\pi m a^2$

2. $3,\dfrac{79}{5}$

3. $\dfrac{1}{30}$

4. $\dfrac{3}{8}\pi a^2$

5. 236

习题 9-4

基础题

一、1. A

2. D

3. C

4. D

5. B

6. D

7. C

二、1. $4\pi a^4$

2. $\dfrac{4\pi a^8}{105}$

3. πa^3

4. $-\pi a^3$

5 0

6. 0

7. $2\sqrt{22}$

8. $\dfrac{\sqrt{3}}{6}$

9. $-\dfrac{27}{2}$

三、1. （1）$\dfrac{13}{3}\pi$

（2）$\dfrac{149}{30}\pi$

（3）$\dfrac{111}{15}\pi$

2. $\dfrac{81\sqrt{2}}{2}\pi$

3. 9π

4. $4\sqrt{61}$

5. $a\pi(a^2-h^2)$

提高题

1. $\dfrac{149}{30}\pi$

2. $\displaystyle\iint\limits_{\Sigma}R(x,y,z)\mathrm{d}x\mathrm{d}y=\pm\iint\limits_{D_{xy}}R(x,y,0)\mathrm{d}x\mathrm{d}y$，积分曲面在 Σ 上侧时为正号，取在下侧时为负号

3. $\dfrac{\pi}{4}$

习题 9-5

基础题

一、1. C

2. D

3. B

4. D

5. A

二、1. 0

2. 0

3. $\dfrac{4}{3}\pi a^{3}$

4. $\dfrac{4}{3}\pi R^{3}$

三、1. $\dfrac{\pi}{4}R^{7}\left(\dfrac{4}{5}\cdot\dfrac{2}{3}-\dfrac{6}{7}\cdot\dfrac{4}{5}\cdot\dfrac{2}{3}\right)=\dfrac{2}{105}\pi R^{7}$

2. $\dfrac{3}{2}\pi$

3. $\dfrac{1}{8}$

4. （1）$\displaystyle\iint\limits_{\Sigma}\left(\dfrac{3}{5}P+\dfrac{2}{5}Q+\dfrac{2\sqrt{3}}{5}R\right)\mathrm{d}S$

（2）$\displaystyle\iint\limits_{\Sigma}\dfrac{2xP+2yQ+R}{\sqrt{1+4x^{2}+4y^{2}}}\mathrm{d}S$

提高题

1. $2\pi\mathrm{e}^{2}$

2. $\dfrac{\pi}{2}$

习题 9-6

基础题

一、1. B

2. D

3. C

4. B

二、1. $\dfrac{4}{3}\pi a^{3}$

2. $\dfrac{12}{5}\pi a^{5}$

3. $3abc$

4. $(a+b+c)abc$

三、1. $3a^4$

2. $\dfrac{12}{5}\pi a^5$

3. $\dfrac{2}{5}\pi a^5$

4. 81π

5. $\dfrac{3}{2}$

提高题

1. $-\dfrac{9}{2}\pi$

2. $\dfrac{\pi}{4}$

3. $6\pi \cdot \dfrac{32}{5} \cdot (1 - \cos 2)$

4. $2\pi \cdot \dfrac{32}{5} \cdot \dfrac{2}{3} - \dfrac{16}{3}\pi = \dfrac{16}{5}\pi$

习题 9-7

基础题

一、1. D

2. A

3. C

二、1. 0

2. (1) $\{y + z + yz, z + x + xz, x + y + xy\}$

(2) 0

(3) **0**

3. $2\boldsymbol{i} + 4\boldsymbol{j} + 6\boldsymbol{k}$

4. $[x\sin(\cos z) - xy^2\cos(xz)]\boldsymbol{i} - y\sin(\cos z)\boldsymbol{j} + [y^2 z\cos(xz) - x^2\cos y]\boldsymbol{k}$

三、1. $-\sqrt{3}\pi a^2$

*2. $\pi a\sqrt{a^2 + b^2}$

3. -20π

4. 9π

*5. (1) 0

    (2) -4

提高题

1. $-\sqrt{3}\pi a^2$

3. 12π

4. $\boldsymbol{i} + \boldsymbol{j}$

5. $-\dfrac{9}{2}a^3$

习题 10-1

基础题

1. (1) $(-1)^n \dfrac{n+2}{n^2}$

    (2) $\dfrac{1}{n\ln(n+1)}$

2. (1) $\displaystyle\sum_{n=1}^{\infty} (-1)^{n-1} \dfrac{1}{2^n}$

    (2) $\displaystyle\sum_{n=1}^{\infty} \dfrac{2n-1}{2n}$

3. 略

4. (1) 发散

    (2) 收敛

提高题

1. (1) $(-1)^n \dfrac{2n-1}{2^n}$

    (2) $\dfrac{x^{\frac{n}{2}}}{2^n n!}$ 或 $\dfrac{x^{\frac{n}{2}}}{(2n)!!}$

2. (1) 收敛

(3) 发散

 习题 10-2

基础题

(1) 发散

(2) 收敛

(3) 收敛

(4) 发散

(5) 发散

(6) 发散

(7) 收敛

(8) 收敛

(9) 发散

(10) 发散

提高题

1. (1) 发散

(2) 收敛

(3) 收敛

2. (1) 条件收敛

(2) 绝对收敛

(3) 发散

 习题 10-3

基础题

1. (1) $1,(-1,1)$

(2) $+\infty,(-\infty,+\infty)$

(3) $3,(-3,3)$

(4) $1,(-1,1)$

(5) $R,(-\infty, +\infty)$

(6) $\dfrac{1}{2},\left(-\dfrac{1}{2},\dfrac{1}{2}\right)$

2. (1) $\dfrac{1}{(1-x)^2}(-1 < x < 1)$

(2) $\dfrac{1}{2}\ln\dfrac{1+x}{1-x}(-1 < x < 1)$

提高题

1. (1) $3,(-3,3)$

(2) $1(-1,1)$

(3) $e,(-e,e)$

(4) $\dfrac{1}{2},\left(-\dfrac{1}{2},\dfrac{1}{2}\right)$

2. (1) $\dfrac{1}{4}\ln\dfrac{1+x}{1-x}+\dfrac{1}{2}\arctan x - x(-1 < x < 1)$

(2) $\dfrac{x^2}{(1-x)^2}-x^2-2x^3(-1 < x < 1)$

习题 10-4

基础题

1. (1) $a^x = \displaystyle\sum_{n=0}^{\infty}\dfrac{(x\ln a)^n}{n!}(-\infty < x < +\infty)$

(2) $\ln(3+x) = \ln 3 + \displaystyle\sum_{n=1}^{\infty}(-1)^{n-1}\dfrac{1}{n}\left(\dfrac{x}{3}\right)^n(-3 < x < 3]$

(3) $\sin^2 x = \displaystyle\sum_{n=1}^{\infty}(-1)^{n-1}\dfrac{(2x)^{2n}}{2(2n)!}(-\infty < x < +\infty)$

(4) $\dfrac{e^x - e^{-x}}{2} = \displaystyle\sum_{n=1}^{\infty}\dfrac{x^{2n-1}}{(2n-1)!}(-\infty < x < +\infty)$

2. $\dfrac{1}{x} = \dfrac{1}{3}\displaystyle\sum_{n=0}^{\infty}(-1)^n\dfrac{(x-3)^n}{3^n}(0,6)$

提高题

1. (1) $\dfrac{x}{\sqrt{1+x^2}} = x + \displaystyle\sum_{n=1}^{\infty} (-1)^n \dfrac{2(2n)!}{(n!)^2} \left(\dfrac{x}{2}\right)^{2n+1} (0,2]$

    (2) $(1+x)\ln(1+x) = x + \displaystyle\sum_{n=2}^{\infty} \dfrac{(-1)^n x^n}{n(n-1)} (-1,1]$

2. $\cos x = \dfrac{1}{2} \displaystyle\sum_{n=0}^{\infty} (-1)^n \left[\dfrac{\left(x+\dfrac{\pi}{3}\right)^{2n}}{(2n)!} + \sqrt{3}\, \dfrac{\left(x+\dfrac{\pi}{3}\right)^{2n+1}}{(2n+1)!} \right] (-\infty < x < +\infty)$

 习题 10-5

基础题

1. (1) $f(x) = \pi^2 + 1 + 12 \displaystyle\sum_{n=1}^{\infty} (-1)^n \dfrac{\cos nx}{(n)^2}$

    (2) $f(x) = \dfrac{e^{2\pi} - e^{-2\pi}}{\pi} \left[\dfrac{1}{4} + \displaystyle\sum_{n=1}^{\infty} (-1)^n \dfrac{2\cos nx - n\sin nx}{n^2 + 4} \right]$

2. $f(x) = \dfrac{2}{\pi} + \dfrac{4}{\pi} \displaystyle\sum_{n=1}^{\infty} (-1)^{n-1} \dfrac{\cos nx}{4n^2 - 1}$

提高题

1. $f(x) = \displaystyle\sum_{n=1}^{\infty} \dfrac{\sin nx}{n}$

2. $f(x) = \dfrac{4}{\pi} \displaystyle\sum_{n=1}^{\infty} \left[-\dfrac{2}{n^3} + (-1)^n \left(\dfrac{2}{n^3} - \dfrac{\pi^2}{n} \right) \right] \sin nx$

 习题 11-1

基础题

1. (1) 二阶

（2）一阶

（3）一阶

（4）二阶

（5）一阶

（6）二阶

2.（1）是

（2）否

（3）是

（4）否

提高题

1. 特解：$y = A \cos kx$

2. 特解；特解；特解；通解

3.（1）$y^2 - x^2 = 25$

（2）$y = x\mathrm{e}^{2x}$

习题 11-2

基础题

1.（1）是

（2）否

（3）是

（4）是

（5）否

（6）是

2.（1）$y = C \ln x$

（2）$Cx = 1 - \dfrac{1}{y}$

（3）$\sqrt{1 - y^2} = -\arcsin x + C$

（4）$y = C \sin x - a$

（5）$y = \mathrm{e}^{Cx}$

（6）$\sin x \sin y = C$

3. (1) $y = -\dfrac{1}{4}(x^2 - 4)$

   (2) $y = \dfrac{1+x}{1-x}$

   (3) $y = \dfrac{1}{\ln|x^2 - 1| + \dfrac{1}{2}}$

   (4) $(1 + e^x)\sec y = 2\sqrt{2}$

   (5) $y = e^{\tan\frac{x}{2}}$

提高题

1. $y = \dfrac{a+x}{1+ax}$

2. $2\ln(2x - y - 3) = y - x + C$ (提示:令 $u = 2x - y$)

3. $y = \dfrac{1}{3}x^2$

 习题 11-3

基础题

1. (1) 非齐次
   (2) 齐次
   (3) 非齐次
   (4) 齐次

2. (1) $y^2 = x^2(2\ln|x| + C)$

   (2) $y + \sqrt{y^2 - x^2} = Cx^2$

   (3) $\ln\dfrac{y}{x} = Cx + 1$

   (4) $\sin\dfrac{y}{x} = Cx^{\frac{2}{3}}$

3. (1) $2x - y = 2x^3(x + y)$

   (2) $\ln y + \dfrac{x}{y} = 1$

（3）$\ln x = 1 - e^{-\frac{y}{x}}$

（4）$\dfrac{x + y}{x^2 + y^2} = 1$

提高题

1. $x - \sqrt{xy} = C$

2. $xy + \dfrac{1}{2}y^2 = \dfrac{1}{2}$

 **习题 11-4**

基础题

1. （1）$y = e^{-x}(x + C)$

（2）$y = \dfrac{1}{3}x^2 + \dfrac{3}{2}x + 2 + \dfrac{C}{x}$

（3）$y = (x + C)e^{-\sin x}$

（4）$y = C\cos x - 2\cos^2 x$

（5）$y = 2 + Ce^{-x^2}$

（6）$y = e^{-x^2}\left(C + \dfrac{x^2}{2}\right)$

2. （1）$y = \dfrac{x}{\cos x}$

（2）$y = \dfrac{\pi - 1 - \cos x}{x}$

（3）$y\sin x + 5e^{\cos x} = 1$

（4）$2y = x^3 - x^3 e^{x^{-2}-1}$

提高题

1. （1）$2x\ln y = \ln^2 y + C$

（2）$y = (x - 2)^3 + C(x - 2)$

（3）$x = Cy^3 + \dfrac{1}{2}y^2$

（4）$(e^x + 1)(e^y - 1) = C$

2. (1) $(x - y)^2 = -2x + C$

　(2) $y = \dfrac{1}{x}e^{Cx}$

　(3) $y = 1 - \sin x - \dfrac{1}{x + C}$

　(4) $2x^2 y^2 \ln |y| - 2xy - 1 = Cx^2 y^2$

3. $y = 2(e^x - x - 1)$

习题 11-5

基础题

1. (1) $y = \dfrac{1}{6}x^3 - \sin x + C_1 x + C_2$

　(2) $y = (x - 3)e^x + C_1 x^2 + C_2 x + C_3$

　(3) $y = x \arctan x - \dfrac{1}{2}\ln(1 + x^2) + C_1 x + C_2$

　(4) $y = -\ln |\cos(x + C_1)| + C_2$

　(5) $y = C_1 e^x - \dfrac{1}{2}x^2 - x + C_2$

　(6) $y = C_1 \ln |x| + C_2$

2. (1) $y = \sqrt{2x - x^2}$

　(2) $y = -\dfrac{1}{a}\ln(Cx + 1)$

　(3) $y = \dfrac{1}{a^3}e^{ax} - \dfrac{e^a}{2a}x^2 + \dfrac{e^a}{a^2}(a - 1)x + \dfrac{e^a}{2a^3}(2a - a^2 - 2)$

提高题

1. (1) $y^3 = C_1 x + C_2$

　(2) $C_1 y^2 - 1 = (C_1 x + C_2)^2$

　(3) $x + C_2 = \pm\left[\dfrac{2}{3}\left(\sqrt{y} + C_1\right)^{\frac{3}{2}} - 2C_1\sqrt{\sqrt{y} + C_1}\right]$

　(4) $y = \arcsin(C_2 e^x) + C_1$

2. (1) $y = \ln\sec x$

$(2) y = \left(\dfrac{1}{2} x + 1 \right)^{4}$

$(3) y = \ln(e^{x} + e^{-x}) - \ln 2$

3. $y = x^{3} + x^{2} + 2x + 1$

 习题 11-6

基础题

1. (1) 线性无关

   (2) 线性相关

   (3) 线性无关

   (4) 线性无关

   (5) 线性无关

   (6) 线性无关

2. (1) 是

   (2) 是

   (3) 是

   (4) 是

提高题

1. $(1) y = C_{1}e^{x} + C_{2}e^{-2x}$

   $(2) y = C_{1} + C_{2}e^{4x}$

   $(3) y = e^{-3x}(C_{1} \cos 2x + C_{2} \sin 2x)$

   $(4) y = (C_{1} + C_{2}x)e^{\frac{5}{2}x}$

   $(5) y = C_{1}e^{\frac{x}{2}} + C_{2}e^{-x} + e^{x}$

   $(6) y = C_{1} \cos ax + C_{2} \sin ax + \dfrac{e^{x}}{1 + a^{2}}$

   $(7) y = (C_{1} + C_{2}x)e^{3x} + \dfrac{x^{2}}{2} \left(\dfrac{1}{3} x + 1 \right) e^{3x}$

   $(8) y = C_{1} + C_{2}e^{-\frac{5}{2}x} + \dfrac{1}{3}x^{3} - \dfrac{3}{5}x^{2} + \dfrac{7}{25}x$

2. $(1) y = e^{-x} - e^{4x}$

(2)$y = 2\cos 5x + \sin 5x$

(3)$y = e^x - e^{-x} + e^x(x^2 - x)$

(4)$y = \dfrac{11}{16} + \dfrac{5}{16}e^{4x} - \dfrac{5}{4}x$

习题 11-7

基础题

(1)$y = C_1 x + \dfrac{C_2}{x}$

(2)$y = x(C_1 + C_2\ln|x|) + x\ln^2|x|$

(3)$y = C_1 x + C_2 x\ln|x| + C_3 x^{-2}$

(4)$y = C_1 x + C_2 x^2 + \dfrac{1}{2}(\ln^2 x + \ln x) + \dfrac{1}{4}$

提高题

(1)$y = C_1 x^2 + C_2 x^{-2} + \dfrac{1}{5}x^3$

(2)$y = x[C_1\cos(\sqrt{3}\ln x) + C_2\sin(\sqrt{3}\ln x)] + \dfrac{1}{2}x\sin(\ln x)$

(3)$y = C_1 x^2 + C_2 x^2\ln x + x + \dfrac{1}{6}x^2\ln^3 x$

(4)$y = C_1 x + x[C_2\cos(\ln x) + C_3\sin(\ln x)] + \dfrac{1}{2}x^2(\ln x - 2) + 3x\ln x$

习题 11-8

基础题

1. $R = R_0 e^{-0.000433t}$,时间以年为单位

2. $f(x) = y_0 e^{-kx}$

3. $v = \dfrac{mg}{k}(1 - \mathrm{e}^{-\frac{k}{m}t})$

提高题

1. $\begin{cases} x = v_0 t \cos \alpha \\ y = v_0 t \sin \alpha - \dfrac{1}{2}gt^2 \end{cases}$

2. $s(t) = \dfrac{2}{3}\cos 2t - \sin 2t - \dfrac{2}{3}\cos 4t$